GENES

Escribiendo el guion de la vida

ÓSCAR HUERTAS ROSALES
PAULA RUIZ HUESO
ROSA PORCEL
PEDRO MORELL MIRANDA
ALEX RICHTER-BOIX
VÍCTOR GARCÍA TAGUA
ADRIÁN VILLALBA FELIPE
CARLOS ROMÁ MATEO
GUILLERMO PERIS RIPOLLÉS
ISABEL LÓPEZ CALDERÓN
CONCHI LILLO
IGNACIO CRESPO PITA
ANA J. CÁCERES
SARA ROBISCO CAVITE
CARLOS BRIONES

Ilustraciones iniciales de cada capítulo:
CIRENIA ARIAS BALDRICH

LIBROS
EN EL
BOLSILLO

© Textos: Sus autores, 2021
© Ilustraciones iniciales de cada capítulo: Cirenia Arias Baldrich., 2021
© Talenbook, s.l., 2021
Edición en Libros en el Bolsillo, septiembre de 2025
       www.almuzaralibros.com
       info@almuzaralibros.com
       Síguenos en redes sociales: @AlmuzaraLibros

Libros en el bolsillo: Óscar Córdoba
Edición: Antonio Cuesta
Coordina: Adrián Villalba Felipe
Impreso por Black Print

I.S.B.N: 978-84-19414-99-1
Depósito Legal: M-19181-2025

Código IBIC: PDX; PDZ; BGT
Código THEMA: PDX; PDZ; DNBT
Código BISAC: SCI034000

Talenbook, s.l.
C/ Cervantes, 26 • 28014 • Madrid

Impreso en España - *Printed in Spain*

ÍNDICE

PREFACIO

Hablar del último medio siglo es hablar de la revolución de la ingeniería genética, una hazaña que marcará un antes y un después en nuestras vidas. Nunca había sido tan importante conocerse a uno mismo, empezando por nuestros propios *Genes*. En estos tiempos encontramos palabras como «ADN», «secuenciación» e incluso «PCR», que han dejado de resultarnos completamente ajenas. De ahí que surja la necesidad de integrar algunos conceptos relacionados con la genética, de vital importancia en la actualidad. Vivimos inmersos en una vorágine de nuevo conocimiento que se genera y se traslada a nuestras vidas en un abrir y cerrar de ojos. Hace cien años se consideraban ignorantes a las personas que no podían leer ni escribir. Sin embargo, hoy en día lo son quienes no saben (o no quieren) aprender. Desgraciadamente esto último lo hemos podido comprobar en medio de la crisis sanitaria tan grave que nos ha sacudido a raíz de la pandemia de COVID-19.

Estos son los antecedentes que motivan el nacimiento del libro *Genes*. Este es un trabajo colaborativo realizado por quince conocidos científicos y divulgadores que tratan de abordar, capítulo a capítulo, aspectos fundamentales de la genética. La obra que el lector tiene entre las manos está configurada a partir de muchas historias que, al igual que sucede en la realidad, se entretejen unas con otras dibujando la silueta de lo que hoy en día sabemos sobre el apasionante mundo del ADN. A estos capítulos que se han divulgado con la palabra cabría encontrar otra lectura adicional: cada uno de ellos enlaza con el siguiente a través de una ilustración. Estas permiten una lectura a dos niveles, no sería de extrañar que se interprete la imagen de forma distinta antes y después de leer cada capítulo. También se invita al lector a que repase cada uno de los trazos con los que la ilustradora de *Genes* ha mimado cada imagen y así se aventure a descubrir secretos que hayan pasado desapercibidos.

Genes es un libro autoexplicativo, que contiene en sus párrafos las herramientas necesarias (complementadas con un glosario) para que una persona con conocimiento medio pueda entender sus explicaciones. No obstante, la obra va más allá de divulgar las cuestiones fundamentales que conocemos desde hace años. De esta manera se hace hincapié en los últimos acontecimientos relevantes que han tenido lugar durante este mismo siglo. Pruebas de ello son la aparición de las famosas herramientas CRISPR, la controvertida edición genética de dos bebés chinas... o el diseño de nucleótidos artificiales para la síntesis de un nuevo código genético que no existe en la naturaleza.

Todo esto y mucho más se puede encontrar el lector al pasar de página. Sin más dilación, bienvenido/a a la aventura de *Genes: Escribiendo el guion de la vida.*

ADRIÁN VILLALBA FELIPE
En París a 12 de septiembre de 2021

PRÓLOGO

La palabra «divulgar» procede del latín «*divulgare*», propagar conocimiento. Este es el objetivo de *Genes*, un libro que intenta acercar distintos aspectos de la genética a un gran público a través de la visión de quince magníficos divulgadores. Cada autor ha escogido la historia que más le atrae, aquella de la que más sabe y que quiere compartir. Porque este es el mérito de este libro, además de explicar y hacer de puente entre la genética y el lector, introduce matices que solo una persona entusiasmada con lo que hace puede transmitir. Pasión. Pasión por la genética, por sus fundamentos, por sus avances, y por todo lo que nos queda por descubrir. Porque no dudéis, el siglo XXI va a ser el siglo de la biotecnología y la biomedicina, dos de las áreas en las que la genética es instrumental, la palanca que moverá al mundo.

En una época en que la pseudociencia y las noticias falsas nos invaden, debemos informarnos de la mano de los mejores, de quienes pueden pintar con sus palabras el marco del futuro, porque el futuro que nos aguarda es tan incierto como apasionante. Así, en esta selección de contribuciones podemos encontrar la historia breve del nacimiento de la genética como ciencia, el descubrimiento del ADN como material genético, así como el uso de este conocimiento adquirido como herramienta para convertirnos en verdaderos ingenieros genéticos. También encontramos artículos sobre la base genética de lo que somos —tan similares y, a la vez, distintos de otros Homo—, un mosaico hecho de fragmentos de ADN de nuestros ancestros; datos sobre nuestro genoma, dúctil y dinámico, con elementos móviles que saltan y cambian de posición. Nos adentraremos en la respuesta del genoma al ambiente cambiante, puesto que la epigenética va más allá de la información genética transmisible, y regula y determina muchas de nuestras características a corto y medio plazo. Este conocimiento sobre nuestra información genética va a permitir diseñar estrategias terapéuticas más adecuadas para las enfermedades que padecemos o vamos a padecer, porque la medicina personalizada será la medicina que procurará el bienestar del paciente según su información genética; pero no hay que olvidar que nuestro genoma es lo más íntimo de nuestra herencia, y que esta información puede ser usada a favor o en contra de nosotros o nuestra progenie. ¿Quién quiere nuestro ADN? ¿En qué bancos de datos estará depositado y quién tendrá acceso a nuestra información genética? Quizás algún día utilizaremos nuestro ADN como un DNI que nos identifique. Por otra parte, si conocemos esta información genética codificada en nuestro genoma, quizás podremos cambiarla o modificarla, por ejemplo, para curar enfermedades genéticas, corrigiendo las mutaciones que las causan mediante técnicas de edición genética, como el sistema CRISPR. De hecho, aunque no dominamos la tecnología todavía, ya existen niños modificados genéticamente mediante edición génica, contraviniendo las normas y recomendaciones bioéticas de muchos países. ¿Fue un experimento, o un error?

¿Qué haremos con este conocimiento de nuestro genoma? Las técnicas son accesibles y existen los llamados biohackers, que ponen los avances biotecnológicos al alcance de todo el mundo, sin control y sin regulación, ya sea en el garaje o en la cocina de casa. ¿No deberíamos tener una regulación más estricta, pero sobre todo, más éticamente sostenible? Sabemos que podemos manipular genéticamente plantas, generando nuevas simientes para hacer frente al cambio climático o al hambre en el mundo. También podemos crear animales quiméricos con células de distintos individuos, y animales modificados genéticamente para estudiar enfermedades humanas, o quizás, incluso, intentar regenerar especies extinguidas. ¿Se podría lograr? ¿Serían viables estos organismos o su falta de diversidad genética los condenaría a ser una curiosidad genética? ¿Qué es un pollosaurio? ¿Y un mamufante?

Estamos en la era en que los avances tecnológicos permiten descodificar nuestra información. Podemos secuenciar todo nuestro genoma en muy poco tiempo, pero cada vez es más evidente que somos mucho más de lo que creemos que somos. En cada uno de nosotros hay entre 2-3 kilos de microorganismos que viven en nuestras mucosas, orificios, tubo digestivo y superficie de la piel. El ADN conjunto de esta microbiota con la que convivimos excede en cantidad de genes distintos a los que contiene nuestro genoma. Si analizáramos nuestro ADN de forma conjunta con el de nuestra microbiota, este conocimiento genético holístico nos permitiría comprendernos mejor, a la vez que disponer de herramientas para analizar y prevenir la expansión tan rápida de una posible pandemia como la de la COVID-19.

Si salimos fuera de nuestro pequeño mundo humano y nos fijamos en lo que nos rodea, ¿qué variantes genéticas se han seleccionado con la domesticación de animales? La vida en nuestro mundo tiene unas características comunes, siempre basadas en el ADN, el ácido nucleico donde se almacena la información genética de nuestras células, pero ¿hay ADN en otros planetas? Si existiera vida extraterrestre, ¿estaría basada en el ADN? Muchas preguntas y todas merecen respuesta.

Genes pone en vuestras manos todos estos temas relacionados con la genética de forma amena e interesante, con esquemas ilustrativos, glosario y con referencias añadidas para quien quiera profundizar. Como sociedad, debemos conocer estos avances, porque las aplicaciones de este conocimiento sobre nuestro genoma, y sobre el de los organismos con los que compartimos el planeta, inciden directamente sobre cuestiones bioéticas de relevancia. La investigación en genética nos permitirá ahondar y ofrecer respuestas en este futuro compartido, pero la sociedad también debe decidir qué parte de la información genética, cómo, cuándo, y para qué objetivos quiere utilizarla, porque de la mano del conocimiento, van la responsabilidad, el poder y, también, el progreso. De ahí la relevancia de un libro como *Genes*, tan necesario e inspirador.

GEMMA MARFANY
Catedrática de Genética de la Universitat de Barcelona, investigadora y divulgadora científica

1.

CONOCERSE A UNO MISMO ERA ESTO

ÓSCAR HUERTAS ROSALES

«Una vez conocí a un niño que se llamaba Hugo Cabret. Hugo quería resolver un mensaje secreto, y ese mensaje guio sus pasos... hasta que llegó a su destino».
La invención de Hugo, BRIAN SELZNICK

Enfrentarse a desentrañar los secretos de la genética y la biología molecular ha debido de ser como ponerse a montar un reloj con tren de engranaje. Pero sin instrucciones, sin saber para qué se usa un reloj y con los ojos tapados.

Miras el reloj. Puede que sepas que sirve para medir el tiempo. Observas las agujas. Una va a mayor velocidad que la otra. Imaginas que debe de haber un mecanismo detrás. Quieres levantar el cristal de la caja para observar de cerca el dial, pero el bisel te lo impide. Descubres que primero hay que desmontar el fondo y acceder al mecanismo que fija la carrura. Al abrirlo te das cuenta de que las agujas se unen a decenas de placas, coronas y ruedas, muelles y piñones, virolas y pivotes. Áncora, eje, volante, árbol de barrilete y trinquete... y ruedas y más ruedas. Primera, segunda, tercera, cuarta... ¿Imaginas que en lugar de dártelo montado te lo entregan por fascículos? ¿O que tienes que calcular el aumento de velocidad o la división rotacional? Imagina que se lo tienes que explicar a otra persona, pero no sabes el nombre de cada pieza. Tienes que ponerle un nombre.

En realidad, el símil del reloj apenas se acerca a lo que me refiero. Por lo menos sabes que un reloj sirve y debe servir para medir el tiempo. Es mucho más complicado. Ha sido más bien como intentar montar un autómata de Georges Méliès pero sin instrucciones, sin saber qué hace, con los ojos tapados, las manos atadas y sin tener todas las piezas. Sí, ahora sí creo que nos podemos hacer una idea de lo difícil que ha sido (y es) desenmarañar los secretos de la genética. Pero estamos aquí para contarte algunos de ellos. La genética está tan metida en tu vida que sería irresponsable que no sepas nada de ella. Si vives en una selva tienes que saber que los mosquitos pican y transmiten enfermedades. Si vives en un desierto deberías saber que el agua no abunda, pero a veces llueve. Si vives en el polo sur deberías saber que hace mucho frío, pero no corres riesgo de que te coma un oso polar. Y si vives en el siglo XXI deberías saber algo de genética. Es importante.

El físico y novelista inglés Charles Percy Snow clamaba en su discurso del 7 de mayo de 1959 *Las dos culturas* la brecha existente entre científicos e «intelectuales literatos». En su obra Snow lamenta que la cultura tradicional no haya comprendido la revolución industrial y mucho menos la revolución científica que son, junto con la revolución agrícola, los únicos cambios cualitativos que ha conocido la especie humana.

Estas reflexiones se hacían en los años 50 y Snow creía que en el año 2000 las diferencias entre la sociedad occidental y el resto habrían desaparecido. Me temo que estaba equivocado. En palabras de Xurxo Mariño: «*Algo falla en los sistemas educativos occidentales cuando los científicos desconocen a, por ejemplo, Julio Cortázar o Karl Popper; mientras que artistas y literatos ignoran las implicaciones prácticas y filosóficas de los últimos descubrimientos en cosmología o en biología molecular*».

Es posible que la biología molecular y la genética, que parten del conocimiento teórico pero tienen una aplicación inmediata y práctica, además de belleza a través de sus ilustraciones, sean el campo de conocimiento punto de encuentro entre las dos culturas. El conocimiento y aplicación de la biología molecular conlleva profundas consecuencias intelectuales y sociales, y su entendimiento, según Snow, «*podría cambiar la imagen que el hombre tiene de sí mismo más profundamente que ningún otro descubrimiento científico desde Darwin*».

Si eres de los que asoma tímidamente la nariz al mundo de la genética y la biología molecular es posible que tengas la sensación de que lo más sencillo de estudiar y analizar se encuentra en los microorganismos y por tanto lo lógico sería comenzar a aprender a modificar a estas amigas unicelulares (los temas éticos se los dejo a Ignacio Crespo en el capítulo 12 y Ana Jiménez en el 13). Sin embargo, en este libro te vas a dar cuenta de que lo primero que aprendimos a modificar fueron las plantas (puedes ir al capítulo 3 de Rosa Porcel), los animales y a nosotros mismos (adelante, visita el capítulo 4 de Pedro Morell para ver este aspecto) muchos miles de años antes de saber que los microorganismos existían. Es posible incluso que el primer gran experimento de genética lo hiciéramos entre las especies de humanos (mira el capítulo 5 de Alex Richter-Boix).

Como decía, albergas la sensación de que deberíamos empezar por microorganismos y tienes razón. Pero hemos debido descubrir los microorganismos (a partir de 1600 y los primeros microscopios), descartar que estos se producían por generación espontánea (échale un ojo a los textos de Pasteur), entender que tenemos un origen común con toda la vida de la tierra (ya planteado por Charles R. Darwin en 1859, como verás en el capítulo 15 de Carlos Briones) y entender que usamos una maquinaria genética común (1865 Mendel, pero sobre todo a partir del llamado Dogma de la Biología) para comprender que, efectivamente, debíamos empezar por el principio.

La investigación científica es un proceso realizado por mujeres y hombres a lo largo de la historia y en todo el mundo, con equipos de personas que han trabajado de forma conjunta. A pesar de que pongamos aquí fechas, nombres y banderas, no me gustaría que te llevaras la sensación de que esto lo puede hacer una sola persona o un pequeño grupo de mentes brillantes, ni mucho menos. Tras cada publicación, cada fecha y cada nombre, tras cada premio y reconocimiento hay vidas y situaciones que merece la pena conocer. Bien podrías tomar esta obra como un comienzo, una guía de épocas y fechas para seguir buscando e indagando. Te daremos herramientas y enlaces para eso.

De momento, en esencia diría que hay tres grandes hitos que han revolucionado la biología y los tres están relacionados con darnos cuenta de su universalidad.

1. La teoría de la evolución y el origen de los seres vivos. Pongamos la banderita en 1859, por señalar una fecha.
2. Dilucidar la estructura y mecanismo de la replicación de la información genética. La chincheta se puede pinchar en 1953.
3. Descubrir el diseño animal y los procesos básicos de su regulación. Aquí debemos poner una cinta que va de 1985 al 2000, aunque sigue a día de hoy.

(Sí, ya sé que hablar de universalidad teniendo la Tierra como único ejemplo de estudio de la vida es un poco pretencioso, pero creo que se entiende la idea).

Para entender estos tres hitos y la razón de poner unas fechas u otras te propongo que demos un paseo por la línea temporal. Nos iremos parando un poco más en unos años que en otros y no pretendo ser totalmente metódico al señalarte todos los descubrimientos relevantes. Entiende que esto ha sido un proceso largo, fascinante, con idas y venidas y líneas de pensamiento que no siempre son rectilíneas ¿Comenzamos? (Lo siento, se viene turra de fechas, nombres y nombrajos. Es lo que tiene escribir el capítulo introductorio).

El 1 de Julio de 1858 se produjo en la Sociedad Linneana de Londres la lectura de uno de los trabajos más importantes de la historia de la biología. Hay quien asegura incluso que la biología moderna nació ese día. Se trata de la Teoría de la Evolución de las Especies por medio de la selección natural y sus autores eran Charles R. Darwin y Alfred R. Wallace.

Darwin lleva décadas trabajando en su teoría, desde 1837, poco después de su épico viaje en el Beagle (supongo que después de recuperarse de su constante mareo marítimo). No pretende clasificar una gran colección sino descifrar el origen de todas las piezas. Se encontraba trabajando en su obra magna cuando en junio de 1858 recibe una carta de un joven e impetuoso naturalista inglés, Wallace, que le hace llegar apenas un resumen sobre el proceso de selección natural, pidiéndole remitir para su publicación si le parecía suficientemente bueno. Al británico no solo le parecía bueno, es que coincidía con su propia teoría. A toda prisa, preparó un documento conjunto al que añadió varias cartas de Darwin de tiempo atrás que demostraban que llevaba años trabajando en el tema y lo mandó para su lectura en la siguiente reunión de la Sociedad Linneana.

Sin embargo, no penséis que fue un día tan emblemático. A la lectura del documento no acudió Wallace (que estaba todavía de viaje en Malasia) ni el propio Darwin (de luto por la muerte de su hijo de apenas 19 meses). Además, el artículo no causó sensación inmediata. Sería la publicación posterior de *El origen de las especies* en 1859 lo que causó un verdadero revuelo.

PRIMEROS TRABAJOS. A CIEGAS CON EL AUTÓMATA

Se suele decir que las observaciones del fraile agustino católico Gregor Johann Mendel y sus famosos guisantes publicadas entre 1865 y 1866 fueron los primeros trabajos de genética. Sin embargo, existe un trabajo de 1862 firmado por Horace Dobell titulado *Natural history of hereditary transmission* en el que con toda la humildad y sin querer sacar conclusión alguna, se estudia durante cinco generaciones la herencia de una peculiar deformidad en las manos que afecta a una familia de humanos. Se describen cosas tan curiosas como que aquellos individuos que heredan la deformidad del padre la padecen en grado mayor que quienes la heredaron de la madre.

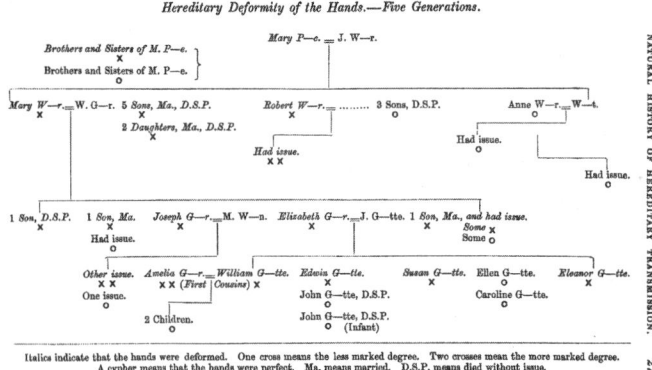

Hereditary Deformity of the Hands.—Five Generations.

Figura original del artículo de 1862. Las cursivas indican la presencia de deformidad, una X indica que el carácter no es muy marcado y dos XX indican que el grado es mayor.

En las siguientes décadas aparecen algunos estudios dignos de mencionar, pero no voy a describir aquí la obra de Mendel. Los trabajos del monje pasan desapercibidos para la comunidad científica durante décadas, hasta que en 1900 se publican las investigaciones de los botánicos Hugo de Vries, Karl Erich Correns y Erich Tschermak. Todos citando a Mendel y reconociendo que sus propios trabajos solo son la confirmación de los estudios de este. Las Leyes de la herencia se convierten en las conocidas Leyes de Mendel.

En 1871 John Friedrich Miescher aísla la «nucleína» del pus de heridas (bueno, de los glóbulos blancos presentes en el pus y más concretamente sus núcleos) y más tarde descubre en el esperma de salmón una sustancia ácida (la nucleína) y otra básica (protamina). Sí, son fuentes de aislamiento un poco asquerosas, pero lo disculpo porque acababa de descubrir el ADN y las histonas, sin saber aún de qué se trata, claro.

En torno a 1879, el biólogo alemán Walter Flemming descubre que determinados tintes basófilos se unían fuertemente al núcleo de las células. Lo denominó cromatina (porque se tiñe) y comenzó a estudiarla detenidamente durante la división celular. Se dio cuenta de que, durante la división, esta cromatina se aglutina en una especie de bastones dobles y que estos se separaban en la división celular. Se denominó a estos bastones «cromosomas» (cuerpos teñidos) y al proceso de división, mitosis (de la palabra griega hilo). Todos estos trabajos fueron publicados en 1882 en la publicación semanal *Zellsubstanz, Kern und Zelltheilung* (1882; Substancia celular, Núcleo y División celular).

Un par de descubrimientos que me gustaría apuntar. El primero del embriólogo Edouard Van Beneden observa los cromosomas de forma independiente. En 1855 Edouard descubre además que óvulos y espermatozoides tienen solo la mitad de estos cromosomas y que el cigoto fertilizado recupera la serie completa. En los mismos años, el botánico polaco Eduard Strasburger describe la división celular y afirma que el número de cromosomas que se forman durante la misma es constante y característico para cada especie vegetal. Para ampliar e ir un paso más allá, puedes visitar el capítulo 7 de Adrián Villalba.

Una pena que ninguno de ellos conociera los trabajos de Mendel sobre la herencia. Bueno, Adrián si los conoce. ¡Qué importante es la divulgación de la ciencia!

En esos años también se hacen avances en el carácter hereditario de algunas enfermedades como la enfermedad de Huntington, descrita en 1872 como una corea hereditaria, o la ataxia de Friedreich, descrita en 1885.

UNIENDO ALGUNAS PIEZAS SUELTAS

En 1900, redescubierto Mendel y ya establecida la relación entre todos estos experimentos y la herencia, no se tardó en proponer ideas tan interesantes como la de Walter Sutton, que establece, en 1903, la hipótesis según la cual los cromosomas, segregados de modo mendeliano, son unidades hereditarias. Es decir, la separación se da en los gametos de cada progenitor, según las proposiciones de Mendel. Theodore Boveri llega de forma independiente a esta misma conclusión por lo que se denomina la teoría cromosómica de Sutton y Boveri. En 1905 William Bateson dirige una carta a Adam Sedgwick en la que acuña el término «genética» por primera vez, aunque no lo propondría formalmente hasta 1906.

Mientras tanto, Phoebus Levene comprobó en 1900 que la nucleína se encontraba en todos los tipos de células animales analizadas (podría haberlo hecho con las plantas y habría tenido igual resultado). En 1909 verifica los experimentos de Kossel y pone de manifiesto que los ácidos nucleicos están compuestos por ácido fosfórico, azúcar (una pentosa) y bases nitrogenadas. Demostró que la pentosa de la levadura era ribosa pero se equivocó en algo importante. Propuso que la nucleína de los animales era el nucleato de desoxirribosa (lo que hoy llamamos ácido desoxirribonucleico o ADN), mientras que el de los vegetales era nucleato de ribosa (ácido ribonucleico o ARN). Este error lo mantuvo durante mucho tiempo y no sería el único. También propuso una estructura para los ácidos nucleicos en forma de tetranucleótido plano. Eso hacía pensar en una estructura muy rígida, monótona e invariable y casi venía a proponer que no se trataba de una molécula capaz de transmitir información genética. Levene gozaba de gran respeto entre sus compañeros, lo que hizo que todo el mundo se centrara en el estudio de las proteínas como moléculas portadoras de la herencia. Error que sería remediado por una mujer, Martha Chase, de la que hablaremos después.

En esta época se establece un teorema de forma independiente por los investigadores Godfrey Harold Hardy y Wilhelm Weinberg. Se puede decir que sus estudios son el inicio de la genética de poblaciones. Un abordaje que deja de centrar la mirada en el individuo y el mecanismo molecular de la herencia para adoptar una visión poblacional sobre la que realmente actúa la evolución. El llamado principio o caso Hardy-Weinberg establece que la composición genética de una población permanece en equilibrio mientras no actúe la selección natural ni ningún otro factor y no se produzca ninguna mutación. Esto venía a evidenciar que la herencia mendeliana por sí sola no engendra cambio evolutivo alguno.

La teoría cromosómica sería confirmada en 1915 por el laboratorio de Thomas Hunt Morgan gracias a sus experimentos con la mosca de la fruta *Drosophila melanogaster* en la famosa «*Fly Room*» o «habitación de las moscas» de la Universidad de Columbia, donde se demostró entre otras cosas que los genes se colocaban de forma lineal en los cromosomas y la relación de los cromosomas con el sexo. Los experimentos de la habitación de las moscas comenzaron en 1910 y se desarrollaron durante más de 17 años. Los métodos empleados se han mantenido hasta hoy, teniendo aún como modelo experimental barato, sencillo y reproducible a la famosa mosca de la fruta.

Llegamos en este punto a uno de los experimentos y descubrimientos más relevantes de la historia. En 1928 Frederick Griffith descubre que la bacteria *Streptococcus pneumoniae* mata a los ratones por la acción de un polímero de azúcares (polisacáridos) que está presente en la superficie de muchas bacterias.

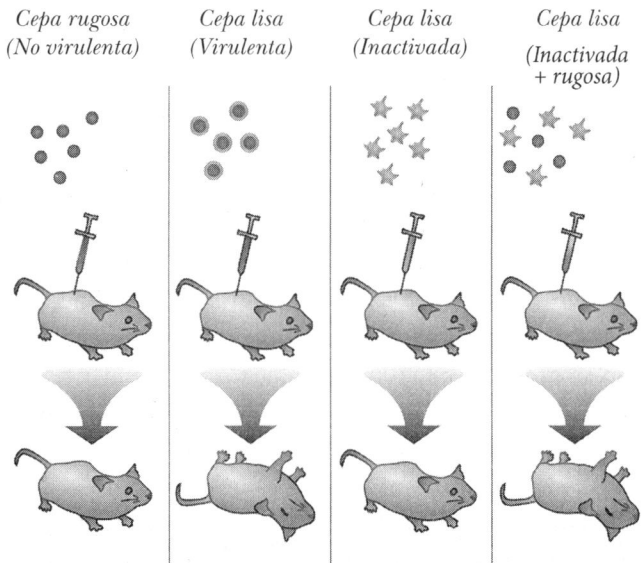

Experimento de Griffith descubriendo el principio de transformación en la bacteria neumococo.

Griffith investigaba con cepas de neumococo y observó que cierta cepa que en cultivo forma colonias lisas (S, del inglés *smooth*) era dañina para los ratones mientras que otras cepas con colonias rugosas (R, del inglés *rough*) no lo eran. Resulta que el aspecto liso de estas bacterias cuando crecen en una placa de cultivo se debe a una envoltura de polisacárido, mientras que su ausencia confiere a la colonia un aspecto rugoso y seco. Luego comprobó que, inactivada por calor la cepa S y luego inyectándose en ratones, estos no desarrollan enfermedad alguna. En otro experimento inyectó cepa S inactivada y cepa R, los dos componentes que no hacían desarrollar la enfermedad, pero ocurrió algo muy curioso: los ratones contraían la enfermedad y morían. En estos ratones Griffith encontró bacterias vivas que formaban colonias lisas, es decir, había «algo» capaz de transformar a las bacterias R, inocuas, en patógenas y lisas.

Siguiendo los postulados de Henle-Koch (una lista de requerimientos muy estrictos para poder validar la existencia de un virus y una enfermedad, que fueron postulados en 1884 para establecer la etiología de la tuberculosis, y que luego fueron redefinidos y publicados por el propio Robert Koch en 1890), esas cepas lisas aisladas de ratones enfermos tenían de nuevo la capacidad de producir la enfermedad en ratones sanos.

La demostración de que ese principio transformante era ADN vino años después de la mano de Oswald Avery, Colin McLeod y Maclyn McCarty y por Alfred Hershey y Martha Chase. La cepa S muerta por calor conservaba su ADN incluso a altas temperaturas. Ese ADN puede ser tomado por las cepas R (transformación, por eso hoy en día llamamos transformar a la inserción de material genético en un organismo) y contiene los genes necesarios para sintetizar el polisacárido que hace que el neumococo se escape del sistema inmune y se desarrolle la enfermedad.

Más adelante ampliará la información sobre epidemiología Paula Ruiz (capítulo 2) y sobre edición genética Isabel López Calderón (capítulo 10).

De 1930 a 1953 se fueron colocando y dando nombre a numerosas piezas del autómata que cada vez parecía más complejo; experimento tras experimento y observación tras observación. Hasta los físicos se asomaban a ver qué hacíamos en biología, con gran provecho para ambas ciencias.

Se identifica que el entrecruzamiento cromosómico es la causa de la recombinación genética. Se demuestra que el ADN es la molécula que compone los cromosomas y que este se encuentra en el núcleo, mientras que el ARN se encuentra en el citoplasma. Se demuestra que cada gen da lugar a una enzima (aunque luego veríamos que no siempre es así) y que las mutaciones ocurren al azar (sin necesidad de exposición a agentes mutágenos) y que estas mutaciones se heredan. Se establecen las leyes de Chargaff sobre la abundancia relativa de las bases nitrogenadas (hay tanta cantidad de adenina (A) como de timina (T), y de guanina (G) como de citosina (C)), se estudian los enlaces fosfodiéster y se demuestra que las estructuras pueden ser lineales. Se acepta definitivamente por la comunidad científica que el ADN es el responsable de la transferencia de información y se obtienen buenas imágenes de difracción de rayos X del ADN. Nos vamos a centrar en las imágenes obtenidas con rayos X y la demostración definitiva de que el ADN es el responsable de la transferencia de información, por su importancia y porque participaron investigadoras que seguramente no conoces.

FLORENCE BELL

También conocida con su nombre, Florence Sawyer, fue una científica británica que contribuyó de forma decisiva al descubrimiento de la estructura del ADN. Durante sus estudios aprendió la técnica de cristalografía de rayos X para analizar muestras biológicas y, además de examinar proteínas en la Universidad de Mánchester, también estudió ácidos nucleicos en la Universidad de Leeds. Durante su doctorado y mientras purificaba las proteínas para sus investigaciones, trabajó en unas muestras purificadas de ADN. Bell ideó un método para estirar las fibras de ADN y ponerlas en forma de láminas secas de material puro consiguiendo de esta forma los patrones de difracción de rayos X más claros obtenidos hasta ese momento, confirmando de esta forma que el ADN presenta una estructura regular con periodicidad de 3,3-3,4 Å a lo largo del eje longitudinal de la fibra. Junto a Astbury, Bell publica su trabajo en 1938 y describen la estructura del ADN como una «pila de peniques».

No eran conscientes en ese momento de que la conformación A (una de las posibles formas estructurales en las que podemos observar el ADN) del ADN se puede transformar en conformación B en presencia de humedad con lo que, a pesar de ser muy buenas imágenes, no eran tan claras como las que después obtendría Rosalind Franklin.

A pesar de que algunos detalles de la estructura propuesta por Bell eran erróneos, al demostrar que la molécula poseía un orden interno que hacía factible su estudio por difracción de rayos X, sentó las bases para los trabajos publicados después por Maurice Wilkins, Rosalind Franklin y Raymond Gosling y proporcionaron un dato clave a James Watson y Francis Crick: la distancia entre bases adyacentes. Otro dato más para la estructura más esperada. Florence Bell murió en Tejas en el año 2000.

Más adelante conoceremos a Rosalind Franklin, sobre la que han corrido ríos de tinta con mayor o menor atino, pero ahora os hablaré de otra mujer que en el mismo año, 1952, en que Franklin obtuvo su famosa fotografía 51 también hizo una gran aportación a la historia de la ciencia. Su nombre es Martha Chase.

MARTHA CHASE

En los años 40 del siglo pasado los biólogos se debatían entre dos macromoléculas como candidatas a ser las portadoras de la información genética: ADN y proteínas.

Por un lado y como hemos señalado hace unas hojas, los experimentos y propuestas de Levene pesaban mucho y mostraban al ADN como una molécula ridículamente sencilla. Por otro lado, los experimentos de Avery, MacLeod y McCarty inclinaban la balanza hacia esta molécula, pero faltaba el experimento definitivo que demostrase lo que todos dudaban (además, como gran parte de la comunidad científica trabajaba con proteínas, aceptar que no eran ellas las que portaban la información genética era un plato de mal gusto para muchos).

Serían Alfred Hershey y la joven graduada Martha Chase quienes en 1952 llevasen a cabo ese experimento y lo publicaran. El experimento en cuestión pasó a valorarse como uno de los más simples y elegantes realizados en los primeros tiempos del emergente campo de la biología molecular.

Hershey y Chase trabajaban con un bacteriófago (un virus que infecta a bacterias) llamado T2. Este fago contiene básicamente una cubierta proteica y un interior de ADN (casi al 50-50%). Se sabía por microscopía electrónica que los fagos debían entrar en contacto con las paredes de las bacterias, que estos inyectaban «algo» y que una vez realizada la infección, la bacteria se convertía en una fábrica de estos virus. Es decir, que eran capaces de transmitir algún tipo de instrucciones para producir nuevas copias, pero ¿cómo? y sobre todo, ¿cuáles?

Chase y Hershey sabían que el ADN contiene fósforo (P), pero no azufre (S), mientras que las proteínas contienen azufre pero no fósforo (salvo fosforiladas, claro). Tanto el fósforo como el azufre tienen formas radiactivas que se pueden usar en laboratorio. En concreto el 32P y el 35S. Estos isótopos radiactivos liberan radiación que puede ser detectada con una película fotográfica o con un contador Geiger.

Obtuvieron entonces fagos con proteínas marcadas con 35S y ADN normal, y fagos con proteínas normales y ADN marcado con 32P, después infectaron bacterias y analizaron si se había transmitido el S-35 o el P-32. Encontraron que lo que había dentro de las bacterias era P-32 y por tanto lo que se inyectaba era ADN, dejando el exterior proteico fuera.

El experimento era elegante, sencillo e inspirador. No solo por despejar la duda sobre el ADN sino porque planteaba una nueva forma de trabajar. Tan solo 11 meses después se desarrolló el modelo de la estructura de la doble hélice que conocemos hoy en día.

Pero la alegría duró poco para Martha Chase, que en 1969 tuvo que ver cómo el Nobel era entregado a su compañero Alfred Hershey y no a ella. Martha era muy joven, apenas 26 años cuando abandonó el laboratorio de Hershey un año después del famoso experimento, y aunque hizo su tesis doctoral en 1964, abandonó pronto la investigación acuciada por un divorcio traumático, una enfermedad mental que afectaba a su memoria a corto plazo y la sensación de ser tremendamente infravalorada. A pesar de todo, la Dra. Chase vivió hasta el año 2003, cuando una neumonía acabó con su vida a los 75 años.

Es posible que, por su juventud, Chase fuese vista como un simple «par de manos» de Hershey, y sin embargo, fue tan importante como para aparecer en la publicación del experimento en el *Journal of General Physiology*.

BARBARA MCCLINTOCK

Es posible que te suene el nombre de Barbara McClintock como la descubridora de los «genes saltarines» o transposones (para saber más echa un vistazo al capítulo 9 de Guillermo Peris). Y los más avezados lectores ya se habrán dado cuenta de que hablar de transposones a estas alturas de la historia es adelantarse muchos capítulos. Sin embargo, lo que igual no sabes es que 1950 es cuando McClintock descubre estos elementos en plantas de maíz, aunque se tardasen 33 años en reconocer su trabajo con el Nobel.

En este caso la duda es si se ignoró más a la mujer o a la botánica. Ya hemos visto que los experimentos con plantas han ido siempre un paso por detrás y que incluso experimentos muy relevantes han pasado desapercibidos durante décadas. Si Mendel hubiera trabajado con ranas o ratones en lugar de con guisantes, sus experimentos posiblemente habrían sido descubiertos y tenidos en cuenta mucho antes.

TENEMOS LAS PIEZAS, CONSTRUYAMOS EL AUTÓMATA

El 25 de abril de 1953 la biología encontró su símbolo más reconocido y conocimos la estructura de la molécula que nos traerá de cabeza durante todo este libro: el ADN.

En 1951 Linus Pauling publica la estructura en hélice alfa de las proteínas utilizando difracción de rayos X. Maurice Wilkins tenía indicios de que el ADN podría ser también helicoidal gracias al desarrollo matemático de Alexander Stokes de la difracción por rayos X de una molécula helicoidal y que se ajustaba a los datos de Wilkins. Se trataba sin embargo de una idea vaga y sin detalles que requería de mucha precisión y de un excelente cristalógrafo con amplios conocimientos de química y gran paciencia. Esa persona sería Rosalind Franklin, quien se hizo cargo de la investigación y consiguió distinguir entre una forma cristalina A y una forma hidratada B del ADN (recuerda el antecedente de Florence Bell), asignando el grupo cristalino correcto a la primera y determinando el cambio de longitud de los filamentos en la transición de una forma a la otra.

En 1952, Raymond Gosling, bajo la dirección de Rosalind Franklin, obtenía la famosa fotografía 51 de la forma B con una calidad suprema, increíblemente clara y simple.

Mientras esto sucedía en el King´s College de Londres, en el Laboratorio Cavendish de Cambridge dirigido por Lawrence Bragg trabajaban el biólogo James Watson y el físico Francis Crick. Se habían interesado por la estructura del ADN a raíz de una conferencia de Wilkins en Nápoles y compartían con él la idea de que el ADN tenía que ser helicoidal. Mientras tanto Franklin no tenía muy claro que esto fuese así.

Tras un intento fallido de explicar la estructura y gracias a la colaboración de Max Perutz, (director de tesis de Crick), animados además por la publicación del modelo de triple hélice de Pauling, Watson visita el laboratorio de Franklin. De lo que realmente sucediera en esa visita posiblemente no nos podamos enterar nunca, lo que sí parece cierto es que Watson y Franklin discutieron y Wilkins acabó mostrando la famosa fotografía 51 a Watson sin el conocimiento ni permiso de ella.

Watson vio claramente la calidad de la fotografía y que necesitaba los datos originales y Perutz le consiguió el crucial informe de 1952 del trabajo aún no publicado de Franklin y Gosling.

Con eso, los descubrimientos de Chargaff y algunos datos más, las piezas del rompecabezas estaban sobre la mesa. El 8 de abril de 1953 se anunciaba de forma oficial en las famosas conferencias Solvay de Química la estructura de doble hélice del ADN. Sería Lawrence Bragg el encargado de anunciarlo. Franklin llegaría independientemente casi a la misma estructura y al mismo tiempo.

La propia Rosalind comunicó a Watson y Crick detalles importantes como que la columna vertebral de azúcar-fosfato tenía que estar en el exterior de la estructura, lo cual era uno de los errores mayores del modelo de Pauling. Franklin y Gosling sabían que debía haber más de una hélice, pero Crick se dio cuenta de que la simetría A cristalina requería que las cadenas de azúcar-fosfato fuesen antiparalelas (dos hélices en el mismo eje). Watson además dio entrada a la regla de Chargaff y propuso que las purinas se enfrentaban a pirimidinas de forma complementaria y por tanto en la misma representación en la composición.

A pesar de este lío de idas y venidas y de lo mucho que se ha criticado a unos y olvidado a otras, lo cierto es que de forma oficial los artículos se publicaron en la revista *Nature* el 25 de abril de 1953, unos seguidos de otros:

— «Molecular Structure of Nucleic Acids - A Structure for Deoxyribose Nucleic Acid» de J. D. Watson y F. H. D. Crick. Páginas 737-738.
— «Molecular Structure of Deoxypentose Nucleic

Acids» de M. H. F. Wilkins, A. R. Stokes y H. R. Wilson. Páginas 738-740.

— «Molecular Configuration in Sodium Thymonucleate» de Rosalind E. Franklin y R. G. Gosling. Páginas 740-741.

Hay otro artículo que muchas veces pasa desapercibido y que es una verdadera maravilla. Se trata del artículo publicado por Franklin y Gosling el 25 de Julio de ese mismo año, también en *Nature* y en el que se muestran evidencias cristalográficas de la doble cadena de ADN y comienza tal que así:

> *«WATSON AND CRICK have proposed a structure for sodium deoxyribonucleate consisting of two co-axial helical chains related by a diad axis. We have shown that the main features of their structure are consistent with certain important features of our X-ray diagrams of structure B (the high-humidity less-ordered form of the salt). A subsequent closer investigation of density and water content in relation to the prominent equatorial spacing, and also of equatorial intensities calculated from a projection of the proposed structure (kindly provided by Watson and Crick), makes it clear that in detail the structure is not consistent with the observed equatorial reflexions».*

«WATSON Y CRICK han propuesto una estructura para el desoxirribonucleato de sodio que consta de dos cadenas helicoidales coaxiales relacionadas por un eje diad. Hemos demostrado que las característicasticas principales de su estructura son consistentes con ciertas características importantes de nuestros diagramas de rayos X de la estructura B (la forma menos ordenada de alta humedad de la sal). Una investigación posterior más detallada de la densidad y el contenido de agua en relación con el espaciado ecuatorial prominente, y también de las intensidades ecuatoriales calculadas a partir de una proyección de la estructura propuesta (amablemente proporcionada por Watson y Crick), deja en claro que en detalle la estructura no es consistente. con las reflexiones ecuatoriales observadas».

El Nobel de 1962 no se le dio a Franklin, pues había fallecido en 1958. Tampoco se le concedió a Gosling, coautor de Franklin. Como no se concedió a Alexander Stokes por su desarrollo matemático, ni a Lawrence Bragg (director del laboratorio de Watson y Crick), Max Perutz, o H. R. Wilson. Los premios son injustos y la memoria también y posiblemente uno de los mejores remedios sea dejar de dar tanto peso a la lista de los Nobel y estudiar un poco de historia para darnos cuenta de que la ciencia se desarrolla como un esfuerzo común. Para que haya laureados debe haber laureles y alguien debe cortarlos y darles forma de corona.

CUANDO LA MÁQUINA SE HIZO DOGMA

Dogma y Ciencia son dos palabras que no casan bien (sobre todo en biología, que es la ciencia de las excepciones). Y como para muestra un botón, creo que merece la pena hablar del dogma más conocido de la biología, que fue planteado por Francis Crick en 1958 y que es tan poco dogma que tuvo que ser replanteado por él mismo en 1970 y aún hoy seguimos añadiendo detalles al mal llamado Dogma Central de la Biología Molecular. El propio Crick en sus memorias admite que no usó la palabra dogma como lo usa el resto de la gente sino como una conjetura más central y más poderosa, aunque sin respaldo experimental. Vamos, lo que hoy llamaríamos un «invent» total.

En el primer planteamiento Crick propone la existencia de unidireccionalidad en la expresión de la información contenida en los genes de una célula, de modo que el ADN se transcribe a ARN como un mensajero y este se traduce en proteína como elemento final que realiza una función. Planteaba por tanto que solo el ADN es capaz de replicarse y por tanto transmitir la información a la siguiente generación. Hoy sabemos que esto está muy lejos de ser así ya que conocemos las transcriptasas inversas o retrotranscriptasas presentes en algunos virus y capaces de sintetizar ADN usando como molde ARN, según comentará Guillermo Peris en el capítulo 9, las ribozimas (moléculas de ARN catalítico capaces de realizar ciertas funciones bioquímicas y que pudieron ser esenciales en los primeros pasos de la vida, como comentará Carlos Briones en el capítulo 15). Y la traducción en sistemas libres de ARN (sistemas *in vitro* capaces de obtener proteínas en ausencia de células y de ARN, por lectura directa del ADN mediante ribosomas).

DESCIFRANDO EL ENIGMA

La verdadera importancia de la piedra Rosetta no es la piedra en sí, sino el trabajo de deducción y traducción que se pudo hacer a partir de ella. Con el ADN sucede algo parecido y la relevancia no debe ponerse tanto en la estructura como en el código que describe. Llegar a descifrar el código genético ha sido uno de los grandes logros de la genética y en su proceso han participado un científico español y otra francesa de origen ruso.

En el verano de 1954 Marianne Grunberg-Manago, una joven investigadora que trabaja en el laboratorio de Severo Ochoa descubre una enzima que despertará gran interés en la comunidad científica. Trabajando con extractos de la bacteria *Azotobacter vinelandii* encuentra la enzima polinucleótido fosforilasa (PNPasa). Se trata nada menos que de la primera enzima capaz de sintetizar ARN *in vitro*, sin células y a partir de nucleótidos. El propio Severo Ochoa se muestra dubitativo ante el descubrimiento, pero los datos de Marianne se repiten y no dejan lugar a la duda.

Fruto de aquel trabajo se publicaron dos importantes artículos en 1955, uno de ellos en *Science* titulado «Enzymatic synthesis of nucleic acid like polynucleotides». Las implicaciones serían notorias e inmediatas. Por un lado, permitiría sintetizar ARN de secuencia conocida y, por otro lado, abría la posibilidad de descifrar el código genético, como efectivamente se hizo. En 1968 se concede el Nobel a Marshall Nirenberg, Har G. Khorana y Robert W. Holley, por descifrar el código genético y su función en la síntesis de proteínas. El propio Ochoa afirmaba «puede considerarse que la polinucleótido fosforilasa ha sido la Piedra Rosetta del código genético».

El propio Severo Ochoa había recibido un Nobel en 1959 por «sus» trabajos en la síntesis de ácidos ribonucleicos *in vitro*, junto a Arthur Kornberg por sus resultados equivalentes en ADN.

La enzima de Marianne resultó tener una actividad muy distinta *in vivo* donde en lugar de sintetizar ARN resulta que degrada la molécula. Es una enzima con actividad reversible y la concentración de sustrato determina su actividad. Marianne se dio cuenta enseguida de que, si podía degradar el ARN, se abría un nuevo camino de investigación con enzimas capaces de cortar nucleótidos de forma dirigida, lo que después ha dado lugar a la ingeniería genética de la que nos hablan el resto de autores en otros capítulos. En el momento en que Ochoa recibe el Nobel, Marianne es muy joven. Ella después siguió trabajando en ribosomas, transcripción, traducción, enzimas y muchos otros trabajos que le han valido el respeto de la comunidad científica.

En este camino que nos va acercando a la ingeniería genética hay un paso importante que tiene que ver con las enzimas de restricción de las que he comenzado a comentar. Una enzima de restricción o endonucleasa de restricción es aquella proteína que puede reconocer una secuencia característica de nucleótidos dentro de una molécula de ADN y cortarlo en ese punto concreto (o un poco más arriba o abajo) llamado diana de restricción. La gracia es que, si cortas un trocito de ADN en una diana conocida y esta diana es compatible con otra, puedes pegar los dos fragmentos (¿recuerdas lo de Adenina con Timina y Guanina con Citosina?, pues eso). Jugando con enzimas de restricción, ligasas y algunas técnicas más puedes construir trocitos de ADN a la carta. ¿Sabías que una de las co-descubridoras de estas enzimas era Daisy Roulland-Dussoix?

La historia comienza con Grete Kellenberger-Gujer, la brillante investigadora del Instituto de Física de la Universidad de Ginebra que demostró que el ADN de un fago puede ser degradado, es decir, fragmentado por la célula que había sido infectada, impidiendo así la infección con el virus. Las implicaciones terapéuticas podrían ser muchas ya que abría la posibilidad de degradar virus que nos afectasen a los humanos también. Con Grete hizo la tesis el microbiólogo Werner Arber, que siguió su línea de investigación y formó su propio equipo en Ginebra al que se incorporó Daisy Dussoix.

Werner y Daisy consiguieron demostrar lo que Grete había propuesto, la existencia de unas tijeras moleculares (enzimas) capaces de cortar su ADN. Demostraron además que la bacteria modifica su propio ADN con un grupo metilo (-CH3) para protegerlo, explicando así que se degrada el ADN del fago y no el propio. Merece la pena que te pases por el capítulo 8 de Carlos Romá para profundizar en este tema.

En 1978 Werner Arber recibe el premio Nobel en Fisiología o Medicina junto a Hamilton Smith y Daniel Nathans por el descubrimiento de las enzimas de restricción y sus múltiples aplicaciones en genética molecular. En palabras de la propia Daisy en una carta escrita desde Estados Unidos a su hermano en 1978 afirma: «estoy muy furiosa, porque aparentemente él [apenas] ha mencionado mi nombre, y he hecho la mitad del trabajo por el que ha recibido el premio Nobel». En el mismo sentido, la científica escribía: «He trabajado con Werner desde 1959 hasta 1963; en esta fecha me vi obligada a cambiar el proyecto de mi tesis doctoral supuestamente porque yo no podía usar el trabajo hecho con Werner. Pero en realidad fue debido a que Werner, después de regresar de Estados Unidos, necesitaba conseguir una paga decente y tenía que encargarse él mismo de la investigación sobre radiación, para la cual en aquella época había más dinero. Debido a que él no estaba para nada interesado en realizar la investigación por la que se le pagaba, alguien tenía que hacerla, y ese alguien fui yo. Es por esto por lo que durante más de un año antes de mi partida a los Estados Unidos, no pude trabajar en la restricción, y esto no contaría para mi tesis. En cualquier caso, pienso que el premio Nobel fue concedido por los dos artículos publicados en el 62».

Creo que los textos se explican por sí mismos. En lo que respecta a la trayectoria científica posterior de Daisy Dussoix merece la pena buscar una propiedad que en matemáticas se llama el denominador común. Y es que donde iba Daisy aparecían descubrimientos relevantes.

En 1964 Daisy viaja a Estados Unidos y trabaja en varios laboratorios. En el laboratorio de Robert Lehman investigaban con enzimas implicadas en la replicación, recombinación y reparación del ADN. Uno de los hallazgos clave fue aislar la enzima ADN ligasa, capaz de soldar las roturas en un fragmento de ADN y que ha tenido un papel muy importante en la tecnología del ADN recombinante. En 1968 Daisy se traslada a la Universidad de California donde trabaja con Herbert W. Boyer y publica varios artículos relevantes relacionados con los mecanismos de restricción y modificación de ADN en la bacteria modelo *Escherichia coli* (modelo porque es la más usada y conocida, no porque sea modelo de ropa ni de nada de eso. Iremos conociendo más modelos a lo largo del texto). Lo más relevante que descubrió Boyer sería conocer que los genes de una bacteria pueden combinarse con genes eucariotas, es decir, de plantas y animales. Esto llevó a que en 1978 se lograra insertar el gen de la insulina humana en el material genético de *E. coli*. Esto es ingeniería genética y las bacterias son genéticamente modificadas (Rosa Porcel te podrá contar mucho más en el capítulo 3).

Siguiendo con su periplo, Daisy trabajó también en el laboratorio de Harold Varmus, quien investigaba los mecanismos de replicación de los retrovirus cuyo material genético es ARN y no ADN. Investigan la transformación cancerosa de las células en cultivo e *in vivo* por estos virus y Daissy aparece en varios de los artículos. Varmus recibe el Nobel junto a J. Michael Bishop en 1989. En 1980 Daissy Dussoix se traslada al Instituto Pasteur de París y sigue publicando decenas de artículos muy relevantes hasta que en 1996 contrajo malaria con consecuencias neurológicas graves. Falleció en Ginebra en 2014.

Daisy Dussoix trabajó en temas que han revolucionado la biología y la medicina, pudiendo llegar hoy en día a temas tan sofisticados como la medicina personalizada que tratará Conchi Lillo en el capítulo 11.

Una vez más, pocos premios y mucho trabajo en equipo. ¿Vas viendo la tónica de esta profesión de científico?

Quedan por contar muchas historias sobre la secuenciación, la descripción de la afamada PCR, el proyecto genoma humano (y ahora de los millones de genomas), las células madre, la reprogramación celular y desde luego la edición genética y el sistema CRISPR… pero lo podemos dejar para otros capítulos, ¿No crees?

Como Hugo Cabret, una vez que hayamos aprendido a montar un autómata diseñado por otros podremos comenzar a construir el nuestro para que haga lo que deseamos. Es posible que descubrir el mecanismo no nos salve la vida, pero habremos invertido un tiempo precioso en hacerlo.

2.

EPIDEMIOLOGÍA GENÓMICA

PAULA RUIZ HUESO

«Feliz el que puede, como nuestra encantadora princesita,
habitar lejos de toda infección y de todo contagio,
respirando aire a torrentes embalsamado y puro,
bebiendo agua de rosa que conducen cañerías de cristal».
El llanto (*Cuentos trágicos*, 1912),
EMILIA PARDO BAZÁN

Querido lector, que no te asuste el título de este capítulo. Te prometo que estás más familiarizado con este tema de lo que crees. Si no, piensa en cuántas veces has acusado a alguien de haberte pegado un resfriado. Puede que hayas tratado de averiguar cuándo pudiste pillarlo, con quién estabas los días previos a tener síntomas, si conoces a alguien que haya estado acatarrado… ¿Te suena de algo? Seguramente te recuerde al dichoso coronavirus SARS-CoV-2.

El tema que tratamos en este capítulo es precisamente ese: cómo trazar la cadena de contagios de un microorganismo patógeno, es decir, una serie de personas enferman y deberemos determinar si tienen un nexo común (infectivamente hablando, claro). Y la parte novedosa es que podemos usar la genética como información extra para averiguarlo; pero no la nuestra, sino la del microorganismo. Bueno no nos adelantemos, vayamos punto por punto.

Desde luego, estarás de acuerdo en que averiguar quién ha compartido el resfriado contigo solo te interesa a ti que vas a pasar una «fantástica» semana moqueando. Y esto es porque las consecuencias de ese evento de transmisión no suponen un peligro para la población. Ponernos en «modo detective», como veremos en las siguientes páginas, en este caso es poco rentable. En cambio, cuando se trata de infecciones con consecuencias graves no solo es muy útil sino imprescindible ante posibles brotes, epidemias o, incluso, pandemias.

Estos últimos términos suelen resultar confusos y conviene definirlos adecuadamente de cara a las historias que vendrán a continuación. De hecho, en ocasiones se usan como sinónimos brote infeccioso y epidemia, pero podríamos diferenciarlos como dos niveles de alcance. El brote implica la aparición repentina de una enfermedad infecciosa en un lugar y tiempo específico, afectando a un mínimo de unas 2-3 personas, que podemos asociar a un mismo origen (si son casos aislados, por tanto, no se aplica). En la epidemia se produce el descontrol del brote o brotes, aumentando el número de casos en poco tiempo alcanzando a un número de personas más elevado. Finalmente, si esta se extiende a escala mundial se la puede calificar de pandemia. A pesar de estar inmersos en una, podemos seguir hablando de brotes como fenómenos localizados que son, no son términos excluyentes. Esto que tan familiar nos suena constituye el objeto de estudio de la epidemiología.

MEJOR PREVENIR QUE CURAR: LOS ORÍGENES DE LA EPIDEMIOLOGÍA

El afán de un médico por determinar la causa de centenares de muertes marcó el inicio de la epidemiología. Todo empezó en el siglo XIX en Londres con varias epidemias de cólera, una enfermedad que provoca diarreas y vómitos tan intensos que la mayoría de los enfermos mueren de deshidratación. Se desconocía cuál era la causa y cómo se transmitía, aunque la teoría que predominaba era la «miasmática». Según esta, las enfermedades se transmitían por vapores malolientes. El doctor John Snow (el de Juego de Tronos no, ese es Jon, sin h) no estaba muy convencido de esta teoría. Empezó su investigación al respecto en el año 1854 con la tercera epidemia.

Snow sospechaba que la transmisión podría tener lugar a través del agua contaminada, en contra de la opinión general. Para él tenía más sentido pensar que se trataba de algo que se ingería, ya que los síntomas eran digestivos y no respiratorios. Para probar su hipótesis decidió estudiar cómo se comportaba la enfermedad en la población y representó sobre un mapa el número de muertos, cerca de un centenar de vecinos de un barrio en los tres primeros días. La mayor parte se concentraban alrededor de la fuente de agua de Broad Street.

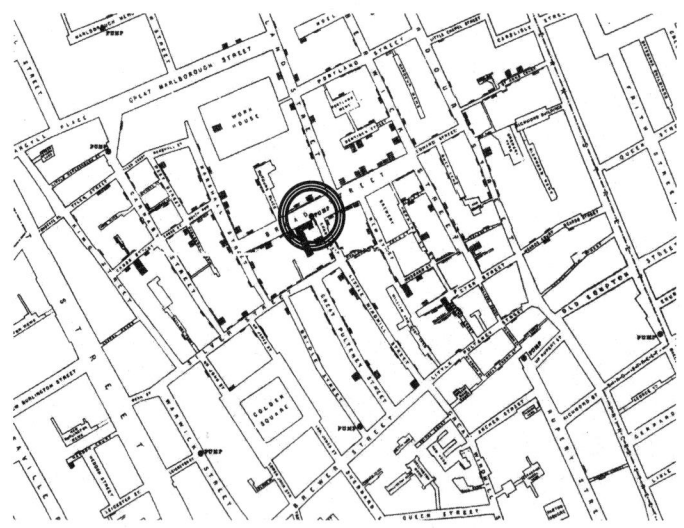

Mapa elaborado por el médico John Snow en el que
representan las muertes en cada bloque de apartamentos.

Se dedicó durante varios días a ir puerta por puerta
preguntando a los vecinos qué habían hecho durante los
días anteriores (bueno, a aquellos que seguían con vida o
a los familiares de los fallecidos) y mientras tanto seguían
apareciendo casos nuevos. Bien es cierto que hubo muertes
algo más alejadas de la fuente y personas que vivían cerca que
no enfermaron, pero sus testimonios reforzaban su hipótesis. Hubo quien viviendo lejos tenía por costumbre beber de
esa agua, algunos decían que la preferían porque olía menos
que las de otras fuentes. Otros que, aunque habitaban cerca,
no enfermaron porque tenían suministro de agua privado y
obviamente no necesitaban acudir a por agua.

Por aquel entonces el sistema de alcantarillado era
bastante deficiente, con pozos negros desbordados. Ahora
sabemos que esta enfermedad, causada por la bacteria
Vibrio cholerae, se transmite por aguas contaminadas.

Solamente con que las deposiciones de un enfermo contaminen el agua destinada a consumo, es posible llegar a tener una situación de estas características. A pesar de que algunos investigadores habían podido ver esta bacteria al microscopio a partir de muestras de agua, fueron los datos de John Snow sobre el mapa los que convencieron a los dirigentes para inutilizar la manivela de bomba. Gracias a esto remitieron los casos.

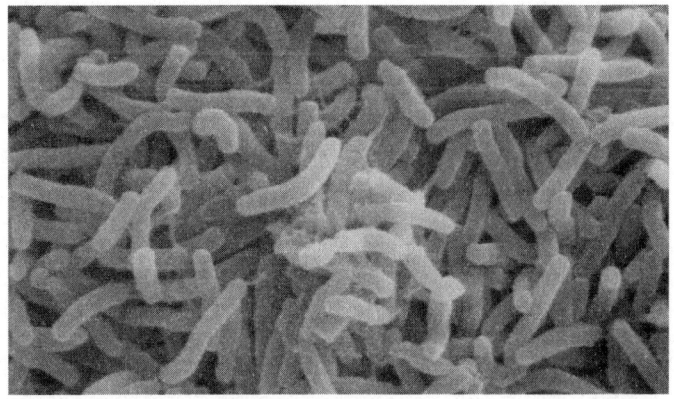

Vibrio cholerae visto por microscopio electrónico de barrido. *Wikipedia*

Ante un brote hay varias cosas que necesitamos saber y esta historia lo ilustra muy bien. En primer lugar, conocer el microorganismo causante de la enfermedad. Esto es importante porque dependiendo de las características del microorganismo se transmitirá de una forma u otra, y las medidas que pongamos para prevenir contagios tienen que ir acorde con la vía de transmisión. *Vibrio cholerae* no se transmite por un contacto directo con la persona y ni siquiera se encuentra en vías aéreas, por lo que no tendría sentido por ejemplo aplicar el uso de mascarillas como método de barrera.

A continuación, necesitamos conocer la fuente de infección para eliminar el foco (si es posible), como en el caso de la bomba de agua, y también el grado de extensión geográfica, así como cuántas personas se han infectado y el número de fallecidos. De esta manera, haciendo una evaluación del alcance se pueden implementar las medidas más adecuadas, que no siempre son tan sencillas como las de Snow.

En resumen, la epidemiología es una disciplina enfocada en la prevención. Su objeto de estudio es la propia enfermedad dentro de la población: determinar de qué manera se distribuye y qué factores pueden influir en su incidencia. De este modo se elaboran planes y políticas de respuesta dirigidas a controlar y reducir su incidencia. Y aunque estas páginas se centran en las enfermedades infecciosas, no son las únicas estudiadas desde la epidemiología, sino que es aplicable a tantas otras como la diabetes, el cáncer o el tabaquismo.

En esta situación podríamos decir que se trató de un caso «sencillo» gracias a que esta bacteria no se transmite de una persona a otra y todo el mundo se infectó a partir de una sola fuente. No siempre es así, podemos necesitar más información, y qué mejor forma de recabar información biológica que recurriendo a la genética.

EPIDEMIOLOGÍA MOLECULAR

Uno de los grandes avances en el control de enfermedades infecciosas ha sido el desarrollo de la epidemiología molecular. Se apellida así porque utiliza la información que extraemos del material genético para desenmarañar un escenario infeccioso muchas veces complicado. Una enfermedad como el cólera ha dejado de ser un problema en nuestro día a día gracias a los sistemas de alcantarillado; pero aun así hay microorganismos habituales en nuestro entorno capaces de darnos algún susto si coincidimos con ellos. Por ejemplo, *Legionella pneumophila*: una bacteria propia de ambientes cálidos y húmedos que puede llegar a producir neumonías severas. Entra en nuestro organismo por vías respiratorias a través de aerosoles, pero no se transmite entre personas, solo procedente del ambiente. Las posibles fuentes de infección pueden ir desde duchas hasta aspersores, es decir, todo aquello que pueda generar aerosoles de agua contaminada.

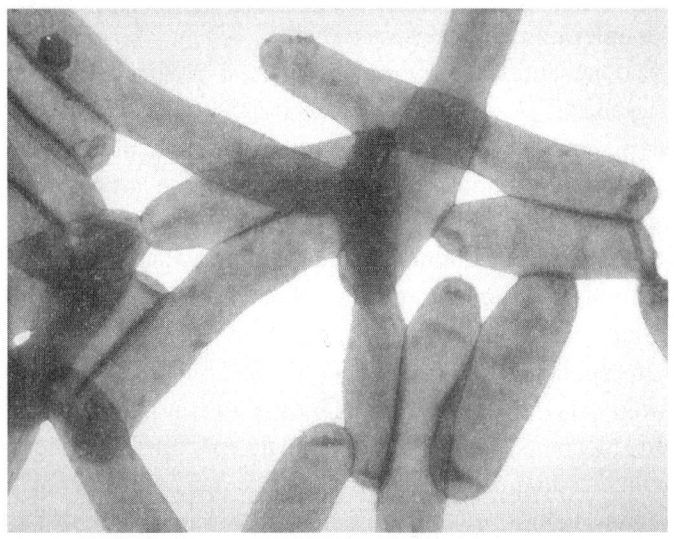

Legionella pneumophila. Wikipedia

El cómo y para qué usaríamos el ADN en la investigación de un brote infeccioso podemos verlo ejemplificado en unos casos de legionelosis que se produjeron en Alcoy, en la provincia de Alicante, durante el verano de 2009. A finales de julio se detectaron dos casos de personas que habían estado en esta ciudad. Ante el aumento de casos durante la semana siguiente, se declaró el brote y comenzó la investigación.

Gracias a la información aportada por los enfermos sobre los lugares en los que habían estado se pudo delimitar la zona en la que podía encontrarse la fuente de infección. Se tomaron muestras respiratorias de estas personas para aislar la bacteria, así como de varios lugares dentro de esa zona delimitada donde podría encontrarse *Legionella*: grifos, fuentes ornamentales, dispositivos de limpieza… Lo que se buscaba con esto era aislar la bacteria de las muestras (si las hubiera) y comparar su ADN con el de la bacteria de los enfermos. Un CSI bacteriano.

¿Qué sentido tiene «tirar» de ADN, si ya sabes que es una *Legionella*? ¿No es la misma bacteria? Pues sí, es la misma estrictamente hablando ya que es esa especie; pero puede que la que encontremos no sea exactamente la *Legionella* que está causando el brote. Me explico: digamos que las «legionelas» del mundo, como bacterias que son, están acumulando cambios en su ADN de forma independiente. Estos cambios nos llevan a ver que realmente hay una estructura poblacional compleja dentro de *Legionella pneumophila*. ¡Hay diferentes poblaciones! Y tú pensando que era un «bicho» y ya está… Seguro que no eras consciente de lo complicado que podía llegar a ser estudiar un patógeno, al menos no hasta que has visto el lío de variantes del coronavirus con el que empezó el 2021. De manera que debemos cambiar el concepto y cuando pensamos en una bacteria o virus realmente estamos hablando de poblaciones, no de un único virus/bacteria con un único genoma inamovible. Y en el caso de los virus con genoma de ARN esto se complica aún más, como veremos en el capítulo de Carlos Briones.

En el estudio del brote de Alcoy usaron un método para clasificar microorganismos que consiste en secuenciar fragmentos de siete genes (no cualesquiera, unos en concreto). Y secuenciar no es más que leerlo y pasarlo a letras, pero no cualquier letra, solo las cuatro posibles: A, C, T o G (Adenina, Citosina, Timina y Guanina que te comentaba Óscar en el primer capítulo). Para ello se usó una tecnología denominada Sanger, que fue la primera, en la que por cada secuenciación obtenemos una secuencia de máximo aproximadamente mil letras.

Genoma de la bacteria

Fragmentos de genes	Secuencias	Número de alelo	Secuenciotipo
═══ →	*ACTGATGTA* →	*2*	
═══ →	*TGTCCAATG* →	*5*	
═══ →	*CCAATGTAC* →	*26*	
═══ →	*CGTAGTGAA* →	*8*	*ST175*
═══ →	*AATTTGGAC* →	*34*	
═══ →	*TGTTTTAAC* →	*12*	
═══ →	*AAATCAGCC* →	*35*	

Ejemplo de «secuenciotipo». Es una versión simplificada de lo que supone esta técnica, en la que se secuencian 7 fragmentos de genes específicos para determinar el número de alelo para definir el secuenciotipo.

Al final, este método de clasificación o tipado vendría a ser como un DNI genético de la bacteria (nunca mejor dicho) porque dependiendo de los cambios que contiene la secuencia, cada fragmento se corresponderá con un número. Esto se puede identificar ya que los diferentes fragmentos que podemos encontrar de cada uno de los siete genes están descritos y numerados según una base de datos. La combinación final de siete números es lo que nos dará el «secuenciotipo».

Así se compararon las legionelas de los enfermos y las de las fuentes de infección posibles, pero quedaron todas descartadas porque no coincidía ninguna: tenía que provenir de otro sitio que no se hubiera contemplado.

Por las fechas y los barrios en que vivían los enfermos se sospechó de una fresadora. Esta máquina rasca la capa de asfalto antiguo antes de volver a asfaltar y en el proceso tiene que utilizar agua a presión. Encontraron *Legionella* en la fresadora y se determinó que coincidía perfectamente con el secuenciotipo de las legionelas de los enfermos. Resultó que la fresadora contenía un tanque de agua sin clorar y, gracias a las temperaturas veraniegas que favorecen el crecimiento, el agua estaba contaminada de *Legionella*. La fresadora había facilitado la propagación de aerosoles contaminados en los vecindarios donde se detectaron los casos. Después de esta investigación, desinfectaron los depósitos y se acabó con el brote que afectó a once personas.

¡DE LA EPIDEMIOLOGÍA MOLECULAR, PASAMOS A LA GENÓMICA!

Hasta ahora hemos estado hablando de lo vital que puede ser conocer datos de tiempo y lugar para situar el origen de la infección en un mapa, y la posibilidad de sumarle información extra gracias a algunos fragmentos de ADN.

Sin embargo, hay situaciones en las que es imprescindible conocer toda la información genética del microorganismo infeccioso, es decir, el genoma.

Podemos leer todo su ADN como si de un libro se tratara gracias a técnicas avanzadas como la secuenciación masiva de ADN, también llamada *Next Generation Sequencing* (NGS) o «ultrasecuenciación profunda» (UDS).

De ahí que dentro de la epidemiología molecular se desarrolle la epidemiología genómica a modo de subdisciplina. Ahora podemos secuenciar el genoma del microorganismo en cuestión de horas/días gracias a las tecnologías NGS. El protocolo para conseguirlo, que requiere una serie de pasos y mucha precisión, consiste en amplificar y romper el genoma en millones de fragmentos que serán leídos por una máquina mucho más potente que la anterior. A continuación, habría que encajar todas las piezas del puzle en el que se ha convertido el genoma. Sería como reconstruir un puzle de 2x2 km en pequeñas piezas de 10x10 cm, lo que obviamente no podemos hacer a mano, sino que se necesitan algoritmos que reorganicen esa información recurriendo a la bioinformática. Por supuesto, es una simplificación de todo lo que supone al análisis bioinformático, que va mucho más allá que coger piezas y colocarlas, pero su desempeño no es el objeto de este capítulo.

Es cierto que en el ejemplo del secuenciotipo también interviene la bioinformática porque se necesitan programas específicos para analizar esos datos, aunque se trate de fragmentos pequeños. Sin embargo, se da un salto tan grande con las tecnologías de nueva generación que el campo de la bioinformática comenzó a desarrollarse y consolidarse en muchas áreas, entre ellas la epidemiología genómica. Una vez hemos conseguido ser capaces de obtener cientos de genomas completos de microorganismos en cuestión de días, ha sido imprescindible sistematizar un proceso de análisis mucho más complejo y con un volumen de datos muy elevado, tanto que se usan servidores de cálculo. El ordenador de sobremesa ya se nos ha quedado corto.

Pero ¿qué hacemos con esas secuencias genómicas? Una vez tenemos la secuencia completa recurriremos de nuevo a esos servidores tan potentes para reconstruir «el árbol filogenético». Probablemente recuerdes cuando en el colegio te hicieron dibujar las relaciones de parentesco entre los miembros de tu familia, tu árbol genealógico. Esto vendría a ser lo mismo, solo que no podemos preguntarle al microorganismo directamente, sino que se lo «preguntamos» a su genoma, contando e interpretando el número de mutaciones que diferencian la secuencia de un mismo gen (o del genoma completo) entre los microorganismos comparados. Este árbol también se hace con fragmentos pequeños (como los del tipado) o varios genes. Como siempre, cuanta más información tenga, mayor resolución, y en ese sentido nada es comparable con el genoma que es el máximo de información con el que podemos contar.

El genoma del microorganismo, como ya sabes, va acumulando cambios tras cada generación, los cuales nos sirven para rastrear su historia. De hecho, si ha pasado tiempo suficiente, la bacteria o virus que empezó el brote, la epidemia o la pandemia (según la escala que estudiemos) será diferente de la que encontremos en el último paciente infectado. Con esos cambios acumulados podemos trazar la ruta que ha seguido, o lo que es lo mismo: reconstruir la cadena de transmisión. Esto es clave en microorganismos que pueden transmitirse entre personas y que, por tanto, pueden generar escenarios más complejos que los que te he contado hasta ahora. De hecho, vamos a por otro.

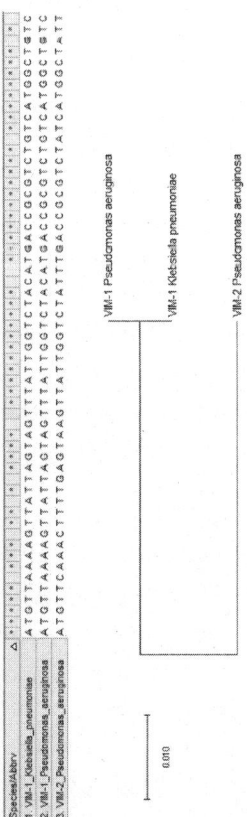

Alineamiento de secuencias y su árbol filogenético. En este caso se ejemplifica de forma sencilla con 2 variantes de un solo gen. Las ramas del árbol son las líneas horizontales. Estas reflejan la distancia que existe entre variantes respecto de su ancestro más reciente (el nexo de unión en las verticales). Para dibujarlo se realizan cálculos sobre las posiciones que coinciden y las que no (las que no tiene * arriba). En este ejemplo, aunque las dos variantes VIM-1 son de diferentes microorganismos no hay distancia porque son idénticas entre ellas. Si queremos una elevada resolución dentro de una misma especie, usar unos pocos genes puede ser insuficiente o nada informativo como en este caso (dependerá del tipo de gen, pero eso es otra historia…).

La bacteria *Pseudomonas aeruginosa* será la protagonista de la última historia que me queda por contarte. Es un microorganismo que habita en nuestra piel y otras partes de nuestro cuerpo sin causar problemas, pero cuando estamos enfermos puede aprovechar para atacar. En microbiología es lo que se llama un oportunista. No solo causa neumonías como la legionela, sino también otras enfermedades, como infecciones urinarias o sistémicas si pasa a la sangre y, a diferencia de la legionela, esta sí puede transmitirse por contacto. También es una bacteria habitual en el medio ambiente y acumula muchas resistencias a antibióticos, por lo que puede ser difícil de tratar. Debido a todas estas características es una de las bacterias que más infecciones causa en hospitales.

En 2013, en un hospital del Reino Unido hubo cuatro pacientes de UCI infectados con *P. aeruginosa*. No estuvieron a la vez en esa sala, sino que la ocuparon en distintos tiempos a lo largo de cinco meses. Es normal que haya casos esporádicos de infección, pero lo que llamó la atención es que la bacteria era resistente en todos los casos a un antibiótico al que precisamente no era habitual que fueran resistentes. Ese hecho merecía ser investigado por si se encontraban ante un brote. También habían tenido dos casos muy parecidos el año anterior de los que habían guardado muestras, así que las incorporaron al estudio. El objetivo era encontrar la fuente de infección y buscaron la *P. aeruginosa* por todas partes. Hallaron seis sitios donde la pudieron aislar: tres camas de la UCI, en la entrada a la sala, el desagüe de un lavabo y una máquina de hielo.

Usando técnicas moleculares sencillas (similares al ejemplo de Alcoy) solo podían explicar la procedencia de la bacteria en dos de los seis pacientes. Los otros cuatro quedaban sin explicar, aparentemente no coincidían con las de ninguno de los seis lugares. Al estudiar el genoma completo y reconstruir el árbol filogenético, la historia dio un giro mostrando una situación más complicada: dos pacientes tenían la bacteria que procedería de la cama; otros dos, la de la máquina de hielo (que también era la misma que la de la entrada a la UCI), y los dos restantes, la del desagüe de lavabo. ¡Tenemos tres fuentes de infección! Entonces, ¿hablamos de un brote? ¿No será más apropiado decir que hay tres? Pero no solo eso, ¡los pacientes del año anterior también forman parte de los brotes! Eso no se podría saber de otra forma, solamente tener sospechas si se hubiera dispuesto de muchísima más información epidemiológica de la que realmente tenían. Saber si hay o no una fuente de infección común (o varias) es vital para tomar medidas adicionales en esas zonas que suponen un riesgo para la salud del paciente. En este caso estaba claro que el agua era un reservorio en el que se mantenía la *P. aeruginosa*. Algunas de las medidas tomadas fueron el cambio de grifos, de aquellos lavabos con desagües que tendían a desbordar, la monitorización de temperatura del agua o cambio de los protocolos de limpieza y de eliminación de fluidos de los pacientes potencialmente contaminados, así evitaban la transmisión de microorganismos al lavabo. Después de todos los cambios, volvieron a muestrear buscando la bacteria y confirmaron que la sala había quedado limpia.

Cabe señalar que no tendría por qué detenerse ahí la investigación (que ya es muchísimo) sino que podría ampliarse el estudio filogenético. Una opción sería buscar más infecciones en el histórico del hospital, o realizar nuevos muestreos en otras zonas más alejadas por si hubiera otras áreas contaminadas. Haciendo un estudio poblacional de las *P. aeruginosa* intrahospitalarias podremos tener una idea de si pudiera ser una única introducción de la bacteria o varias. Si entró una única vez en el hospital, al dispersarse por diferentes zonas e ir acumulando cambios en su genoma, se distinguirán diferentes poblaciones con un origen común reciente. Por el contrario, si han sido diferentes introducciones procedentes de la comunidad probablemente encontremos ese origen único no sea tal. Ir más allá puede evitar quedarnos cortos con las medidas adoptadas y prevenir que vuelva a ocurrir.

Y para medidas, las que nos han tocado vivir desde comienzos del año 2020. El importante papel de la genómica en el control de las enfermedades infecciosas ha quedado patente con el SARS-CoV-2 y la pandemia de COVID-19 que ha originado. El control de brotes nuevos y la aparición de nuevas variantes que puedan poner en riesgo la efectividad de la vacuna es posible gracias al estudio genómico. En España se comenzó a hacer gracias al consorcio SeqCOVID, integrado por más de 70 centros, en su mayoría hospitales. Durante aproximadamente el primer año y medio se coordinó desde el consorcio la secuenciación de un porcentaje de muestras positivas del virus, tratando de hacer un barrido por todo el territorio, procurando tener una visión lo más aproximada posible de la circulación del virus y ayudar con esta información en la toma de decisiones.

Un ejemplo de ello es el análisis, tanto en España como en Europa, respecto a la apertura de las restricciones de verano de 2020. Se vio que al inicio del mismo empezó a aumentar un tipo de variante asociada a un brote de temporeros en Aragón. Estas personas se movieron a otras regiones, por lo que la transmisión aumentó, así como su proporción con respecto a otras variantes que se habían controlado con el cierre anterior. Al abrir las fronteras, esta empezó a detectarse en diferentes países de Europa. En septiembre el número de casos de esta variante era superior fuera que dentro de España. Los datos han indicado que no tiene ninguna ventaja como una mayor transmisibilidad, todo apunta a que hubo múltiples introducciones del virus en los diferentes países, lo que hizo que se expandiera. La movilidad, primero interna y luego externa, fue un factor que jugó a favor del virus y podemos detectar si se debe a esto u otros factores, entre otras cosas, gracias a la genómica.

Como has podido leer a lo largo de este capítulo, el genoma está presente en nuestra vida en aspectos que seguramente no te habrías planteado. Lo primero en lo que pensaríamos cuando nos dicen «genoma» es en el nuestro propio, ¿para qué descifrar los de otros? Pues bien, en este capítulo has visto que conocer en profundidad el genoma de nuestros compañeros microscópicos puede ser vital para nuestra salud. Desde luego, la vacunación y el control rápido acompañados de la epidemiología genómica son dos de las herramientas más eficaces de las que disponemos frente a las infecciones.

3.

QUIEN SIEMBRA TRANSGÉNICOS, RECOGE NOVEDADES

ROSA PORCEL

«Tú no eres para mí todavía más que un niño igual a otros cien mil niños y no te necesito para nada. Tampoco tú tienes necesidad de mí y no soy para ti más que un zorro entre otros cien mil zorros semejantes. Pero si tú me domesticas, entonces tendremos necesidad el uno del otro. Tú serás para mí único en el mundo, yo seré para ti único en el mundo. [...] Solo se conocen bien las cosas que se domestican».
El Principito, ANTOINE DE SAINT-EXUPÉRY

De no haber sido por la domesticación realizada desde hace más de 10.000 años *a fuego lento*, hoy en día no tendríamos los alimentos que conocemos, ni estaríamos casi 8 mil millones de personas pisando este planeta. Nada de lo que nos alimenta ha sido siempre así. ¡Ni siquiera ha sido siempre! Aunque nos parecen alimentos de toda la vida, algunos llevan apenas unas décadas entre nosotros. ¿Recordáis haber visto a vuestros abuelos comiéndose un kiwi? ¿Y un caqui? ¿O brócoli?

PLANTAS MODIFICADAS, DESDE SIEMPRE

Salvo la caza, la pesca salvaje y los frutos silvestres, el resto de los alimentos han sido domesticados. ¿Los hemos hecho nuestros amigos como El Principito al Zorro? Pues más o menos, porque domesticar una planta (o un animal, como te contará Pedro Morell a continuación) consiste básicamente, en controlar su reproducción. Fue un proceso gradual, en el que una planta silvestre ofrecía alguna ventaja al ser humano y este, seleccionando esas características interesantes, fue fijando esos caracteres hasta que la convirtió en un cultivo. «Fijar el carácter» en genética significa que se transmite de padres a hijos y que, por tanto, se mantiene después de varias generaciones. De hecho, una planta o un animal no está domesticado hasta que no se ha fijado el carácter buscado. Cuando digo que fue gradual, en algún caso estamos hablando de milenios. La domesticación del trigo, que comenzó siendo algo fortuito, se basó en fijar una característica que permitía que las espigas tuvieran el grano más adherido y no se dispersara con el viento. De haber sido así, el agricultor hubiera tenido que recoger la cosecha en los cuatro puntos cardinales y eso no hubiera sido práctico. Sin darse cuenta, al recoger las espigas de trigo, solo quedaban aquellas que tenían los granos bien pegados (las otras volaban), de modo que estas eran las que mayoritariamente se seguían sembrando y al final, tuvieron éxito. Ambos tipos de espigas coexistieron durante unos 2000 años hasta que se fijó el carácter. Y eso fue relativamente fácil porque esta característica solo dependía de un gen.

Comparativa mostrando cómo eran algunos alimentos antes y cómo son ahora gracias a la selección artificial durante cientos y miles de años. Fuente: elaboración propia.

Durante más de 10.000 años hemos utilizado diferentes técnicas que nos han permitido domesticar las plantas que nos han servido de alimento. La mayor parte de la historia se han basado en la selección artificial, hibridaciones y cruzamientos. Estos procesos tan artesanales han modificado los genes para que, por ejemplo, una patata o un tomate fuera cada vez menos tóxico reduciendo su contenido de alcaloides (¿sabías que originalmente el tomate era una pequeña baya que podía matarte?), se obtuvieran frutos con mayor tamaño o mejor sabor, o menor número de semillas, como puedes ver en esta imagen.

Como ves, venimos cambiando genes desde el Neolítico. ¡Y menos mal! Estarás pensando, «sí, pero son los propios genes de la planta, no estás metiendo nada raro». ¿Seguro? ¿Sabes lo que es un injerto y que esta práctica agrícola se remonta casi 3.000 años? Eso sí que seguramente lo conocen tus abuelos y lo han usado para obtener naranjas o melocotones, entre otros. Tanto el injerto como la planta receptora mantienen sus genomas originales y no comparten ADN, pero la información genética sí se comunica dentro de la planta y fluye de una a otra.

¿QUÉ ES UN TRANSGÉNICO?

Obtener una nueva variedad o fijar el carácter que nos interesa de un cultivo supone mucho tiempo. Son varias generaciones y en algunos casos, una sola generación de una planta es demasiado larga. En algunos árboles ¡se tardan años en obtener los primeros frutos! Esta tecnología de «observar, elegir, cruzar y seleccionar» es lo que enmarcamos en la mejora genética clásica y como hemos visto, se practica desde tiempos inmemoriales. De hecho, nos ha permitido tener hoy en día la mayor parte de los alimentos que disponemos.

Pero la tecnología vino para quedarse. Los años 70 experimentaron un despegue en la producción de alimentos debido a las técnicas de mutagénesis. A principios de los años 30 Lewis Stadler descubre que ciertos agentes físicos como los rayos X, son capaces de provocar en las plantas (y en nosotros también, ojo) mutaciones al azar cuyo resultado puede ser interesante. Luego se comprobó que otros agentes físicos como las radiaciones gamma, neutrones... o químicos como la colchicina tenían el mismo efecto.

Ese fue el motor de la producción de más de 3.000 nuevas variedades que tenemos hoy en día de trigo, cebada, avena, arroz, soja, patatas, cebollas, cerezas, manzanas y vides obtenidas por esta vía. Vendría a ser como tener los ojos cerrados y lanzar dardos a globos esperando acertar y explotar alguno.

La transgénesis apareció después y fue una revolución. Conseguía modificar lo que se deseaba, sin esperar que el resultado beneficioso dependiera del azar, como ocurría con la mutagénesis. Vamos, lo que sería explotar los globos de antes con los dardos quitándonos la venda de los ojos. Se obtenía un organismo mejorado en menos tiempo y era un proceso completamente controlado. Con este procedimiento lo que hacemos es transferir un trocito de ADN (o varios) de un organismo a otro e introducirlo utilizando ingeniería genética. Ese fragmento lleva las instrucciones para que el organismo receptor tenga una nueva calidad inexistente o mejore una cualidad previa que nos resulte interesante. Así es como se obtiene un individuo transgénico.

Puede que el trocito de ADN que introducimos sea de una especie muy alejada (de una bacteria en una planta, por ejemplo) o de una especie sexualmente compatible (de una planta de un género a otra del mismo). Es decir, especies tan cercanas, que podrían cruzarse en la naturaleza, en cuyo caso hablaríamos de cisgénesis.

Es el momento de diferenciar entre organismo modificado genéticamente, conocido con el acrónimo OMG y un transgénico. Si bien en ambos su material genético ha sido modificado, en el primer caso, un OMG puede no haber recibido ningún fragmento de ADN de otro organismo y únicamente sea su propio material genético el que se haya modificado. Un organismo transgénico sí ha recibido ADN de otro y se ha utilizado ingeniería genética para ello. ¿Ves la diferencia? Un transgénico es un OMG, pero un OMG no tiene por qué ser transgénico. ¿CRISPR te dice algo? Si no te suena, Isabel López en el capítulo 10 te pondrá al día. Pues bien, esto es para tener los conceptos claros porque si nos vamos al punto de vista legal, un transgénico y un OMG es lo mismo.

Si miramos atrás, entenderás ahora que todo lo que nos alimenta entraría en el concepto de «modificado genéticamente» ¿no? Esos procesos de selección, cruzamientos o mutagénesis (domesticación, en una palabra), han ido modificando el genoma de la especie. ¿Son alimentos transgénicos? Pues quizá te sorprendas.

TRANSGÉNICOS NATURALES

Hay transgénicos naturales. Este concepto sería en sí mismo una contradicción. Si es transgénico, tiene genes de otra especie (y se han introducido por ingeniería genética) y si es natural es porque el hombre no ha alterado su genoma. Entonces ¿de qué estamos hablando? Pues verás; sin intervención humana, hay genes de otras especies que, evolutivamente se han incorporado al genoma de la planta. Te estoy hablando de los boniatos. En 2015 se descubrió que este alimento (por cierto, lo que nos comemos es la raíz) contiene en su genoma fragmentos de ADN procedente de la bacteria del suelo *Agrobacterium*. Lo curioso es que solo se encontró en los productos cultivados y no en los parientes silvestres estrechamente relacionados con el cultivo, lo que indica que proporcionó al boniato algún rasgo que favoreció que evolutivamente fuera seleccionado durante su domesticación. Ahora te hablaré de esta bacteria porque también es una de las protagonistas de este capítulo.

Más tarde, un estudio publicado en 2019 demostró que una de cada 20 plantas con flores es transgénica de forma natural y entre ellas sorprendentemente encontramos algunas que nos resultan tan familiares como el té, los plátanos, los arándanos o el lúpulo, necesario para hacer cerveza. Todas estas plantas también portan fragmentos de ADN de *Agrobacterium* en su genoma como si fueran genes propios.

No solo hemos visto este fenómeno en plantas. Relacionado con un proceso «exclusivo» de plantas, encontramos un pequeño animalillo llamado *Elysia chlorotica* o comúnmente «esmeralda oriental» que realiza la fotosíntesis (aunque no es el único). Es un gasterópodo marino que se asemeja a la hoja de una lechuga y ¡es verde! El motivo es que le ha resultado cómodo alimentarse de un alga que realiza la fotosíntesis (*Vaucheria litorea*) robando sus cloroplastos e incorporándolos a sus propias células digestivas. Así, si escasea su alimento, puede vivir durante meses a partir del proceso dependiente de la luz que le aporta nutrientes y que llevaría a cabo el alga: la fotosíntesis. La digiere sin dañar estos cloroplastos y no solo eso, sino que tiene en su ADN genes del alga indispensables para mantener en buen estado los cloroplastos que le roba. Es decir, los genes para asegurar este fenómeno se transmiten a la siguiente generación y lo único que deben hacer los descendientes es robar los cloroplastos, fenómeno conocido como cleptoplastia.

El tardígrado, ese ser minúsculo que nos parece tan adorable y que resiste cualquier modo de vida incluida una bomba nuclear (como una cucaracha. No, no es un mito), contiene un 16 % de ADN de bacterias y hongos en su genoma. ¿Podría ser este hecho responsable de su resistencia?

En 2021 se ha publicado en la prestigiosa revista *Cell* el descubrimiento del primer insecto transgénico de forma natural. Se trata de *Bemisia tabaci,* comúnmente conocida (y temida por los agricultores) como mosca blanca, un insecto incluido entre las 100 especies invasoras más dañinas del mundo porque no solo es capaz de alimentarse de 600 especies vegetales, muchas de ellas cultivos, sino que, además, es un vector de numerosos virus dañinos para las cosechas. Este insecto ha incorporado un gen de las plantas cuyo objetivo es eludir sus defensas naturales ante un ataque. Dicho de otro modo, se las ha ingeniado para devorarlas sin morir en el intento. Esta noticia abre una importante ruta hacia nuevas estrategias destinadas al control de plagas, algo fundamental si tenemos en cuenta que, según la FAO, cada año se pierden por este motivo cerca del 40 % de los cultivos alimentarios del mundo. Por cierto, dada la gravedad del tema, el año 2021 ha sido declarado Año Internacional de la Sanidad Vegetal para concienciar a la sociedad sobre la importancia de proteger la salud de las plantas y así tratar de prevenir la propagación de plagas y enfermedades de los vegetales.

Pero ¿Y tú? ¿Eres 100 % humano?... Pues déjame que te diga que eres un poquito virus. Hace unos años se publicó en *Nature* un estudio donde se asegura que existe material genético de virus ancestrales en nuestro genoma y que este es fundamental para nuestra reproducción. Ese ADN vírico, procedente de un retrovirus y considerado hasta hace poco como ADN basura (llamado así porque no se le atribuía ninguna función), es responsable de la síntesis de la sincitina, una proteína que ayuda a formar la membrana de la placenta que se adhiere al útero. Ya ves, que un 8% de nuestro ADN es vírico y lleva ahí millones de años. Guillermo Peris, en el capítulo 9 te hablará de retrotransposones.

Todo este fenómeno observado en plantas, animales y hasta nosotros mismos es algo completamente natural, aunque no frecuente. Se debe a la transferencia horizontal y es un mecanismo por el que muchos organismos incorporan material genético de otros. No solo no es nocivo, sino que este proceso, insisto, natural, ha tenido un papel esencial en evolución y supervivencia durante millones de años.

¿CÓMO SE HACE UNA PLANTA TRANSGÉNICA?

Haz la prueba. Si pones «planta transgénica» en imágenes de Google, en los primeros resultados verás que alguien inyecta un líquido rojo a un tomate y este se vuelve rojo. Además de transmitir aversión, no puede ser más alejado de la realidad. No vamos por ahí pinchando líquidos de colores, ni fabricando fresas con apariencia interna de kiwi. Al menos algo está cambiando porque, hace unos años, esa imagen era la primera que arrojaba el famoso buscador…

Hago hincapié en que todo el proceso está controlado, es seguro y no deja nada al azar.

En 1983 se comunicó la producción de la primera planta transgénica, una planta de tabaco a la que se le introdujo el gen de resistencia al antibiótico kanamicina. Desde entonces, se han transformado más de 120 especies y 35 diferentes familias vegetales, tanto de dicotiledóneas como de monocotiledóneas.

Pero esto no significa que sea algo sencillo. ¡Todo lo contrario! De forma general, independientemente del método empleado, los pasos que debemos seguir son:

1. Identificación del carácter que nos interesa y aislar el gen responsable.
2. Desarrollar nuestra construcción que llevará el ADN de interés (ahora llamado transgén) compatible con el vector que vayamos a utilizar.
3. Transformación genética, que es el proceso elegido para introducir el transgén en el organismo receptor.
4. Selección de individuos transformantes, o sea, los que han incorporado ese ADN nuevo.
5. Regeneración de la planta completa.

Según nuestro objetivo podemos decantarnos entre dos procedimientos principales. Por ejemplo, si solo queremos localizar dónde se acumula una proteína dentro de la célula vegetal, bastaría con introducir ese ADN en una planta y que funcionara durante un tiempo limitado (unas cuantas horas), lo que se conoce como una «expresión transitoria». Para esto, se suelen utilizar plantas de *Nicotiana benthamiana*, un pariente cercano de la planta del tabaco porque la técnica es muy sencilla y tiene unas maravillosas hojas enormes de las que obtener la información que buscamos.

Pero si lo que queremos es que la planta (imagínate un

cultivo que porte un gen de resistencia a una plaga para que no se lo coman o una piña que tenga mayor contenido de antioxidantes) mantenga la modificación que le hemos hecho y la transmita de generación en generación, debe integrar el ADN introducido en sus cromosomas. En esto consiste la «expresión estable» y debemos recurrir a una técnica un poquito más compleja y larga.

Agalla de corona provocada por *Agrobacterium tumefaciens*. Imagen CC de Jacinta Lluch.

¿Y cómo lo hacemos? Podemos encontrar distintos métodos para conseguir nuestro objetivo, pero el más empleado, precisamente se basa en un comportamiento natural de una bacteria patógena de plantas, *Agrobacterium* de la que normalmente usamos la especie *Agrobacterium tumefaciens* (ahora llamada *Rhizobium radiobacter*. Los taxónomos no dejan de trabajar). Esta bacteria presente en el suelo aprovecha una herida en plantas dicotiledóneas para colarse dentro y generar unos tumores conocidos como agallas de corona porque normalmente se forman donde se une la raíz con el tallo.

Esto lo consigue gracias a su capacidad de transferir parte de su ADN a las células vegetales, capacidad, por otro lado, que ha sido aprovechada en biotecnología para introducir lo que nos interese. La bacteria tiene un plásmido conocido como plásmido Ti (inductor de tumores) que consta de distintos fragmentos y que te muestro en la siguiente imagen: uno donde se localizan los genes responsables de la formación de la agalla (genes de virulencia) junto con otros destinados a la formación de hormonas vegetales que alteran el equilibrio hormonal en la célula, de forma que la planta no puede controlar la división de esas células y deriva en la formación de tumores. Otros fragmentos se encargan de la síntesis y degradación de unos aminoácidos que sirven de alimento a la bacteria como fuente de carbono y nitrógeno. Para nosotros, el fragmento más interesante se conoce como T-DNA (ADN transferido). Por lo tanto, lo que hacemos es eliminar todos los genes relacionados con el crecimiento del tumor y con la alimentación de la bacteria y cambiarlos por nuestro gen o genes de interés y los insertamos en el T-DNA. Podrías pensar que es mejor eliminar los genes de virulencia, pero no podemos hacerlo porque son necesarios para que se produzca esa transferencia del ADN entre la bacteria y la planta, pero sí quitamos la posibilidad del desarrollo del tumor. Paralelamente a nuestro transgén, introducimos un marcador que nos permita seleccionar las plantas que han sido capaces de incorporar el ADN de las que no lo han conseguido porque, si no forman tumores ¿cómo las diferenciamos?

Tras un primer paso de identificación y aislamiento de nuestro gen estrella, construimos el plásmido con él y lo insertamos en *Agrobacterium*. Posteriormente, en un proceso conocido como transformación genética, se introduce a través de una pequeña herida en los fragmentos de la planta (pequeños trocitos de tallo, por ejemplo) que han sido cultivados *in vitro* en placas con los componentes adecuados para su desarrollo. Luego se seleccionan las plantas que han sido transformadas satisfactoriamente. Por ejemplo, si la construcción de ADN que hemos hecho contiene un gen que confiere resistencia a un antibiótico o herbicida, entonces se pueden seleccionar células transformadas de manera estable incluyendo ese antibiótico o herbicida en el medio de cultivo de tejidos. Las que sean capaces de crecer, tendrán nuestro transgén y las que mueran no lo habrán incorporado. Por último, regeneramos la planta completa cultivando *in vitro* los fragmentos de tejido vegetal que han tenido éxito. Por suerte, las plantas se diferencian de nosotros en que cualquier célula vegetal es capaz de generar un individuo completo creciendo en el medio y condiciones adecuadas. Este método tiene la ventaja de ser simple, no requiere equipos sofisticados, se puede emplear con muchos tejidos y plantas distintas y la integración en el núcleo es eficiente debido al propio proceso de infección de la bacteria. Por el contrario, en promedio, menos de 10 plantas de cada cien habrá incorporado a su genoma el gen deseado. Es fácil entender ahora el tiempo y el esfuerzo invertido en la generación de una planta transgénica.

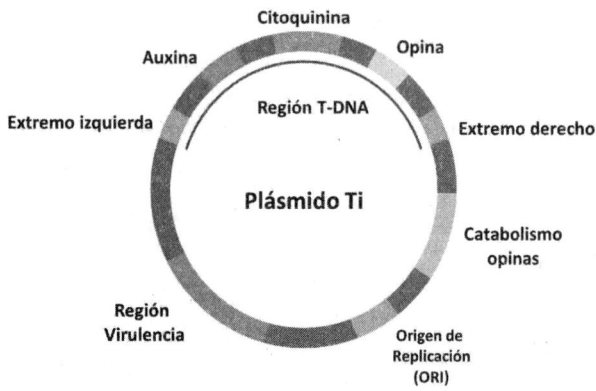

Representación esquemática del plásmido Ti que introduce *Agrobacterium* y que es modificado en biotecnología para introducir los genes de interés. Fuente: *Wikipedia*.

Sin embargo, no todas las especies pueden ser transformadas usando *A. tumefaciens*. En estos casos se emplea un método digno del *Far West*. A balazos. Se denomina biolística y consiste en bombardear las células vegetales con micropartículas de oro o tungsteno de 0,4 a 4 micras de diámetro (una micra es la milésima parte de un milímetro) recubiertas de nuestro transgén usando una pistola de genes que las introduce a velocidad supersónica (1400 km/h), de manera que son capaces de atravesar todas las barreras sin destruirlas hasta llegar al interior celular, es decir, paredes y membranas celulares. Por cierto, en sus inicios, esta pistola era de aire comprimido y se inventó a finales de los años 80 para bombardear cebollas. Hoy en día se suele utilizar helio como propulsor no explosivo, así que cuando llena la cámara de la pistola y alcanza suficiente presión, estalla provocando el disparo de las partículas. La eficiencia de este método (usado por ejemplo en el maíz Bt del que te hablaré después) es bastante mayor que la transformación mediada por *Agrobacterium*. Con un solo disparo se pueden conseguir varios individuos donde se haya integrado de forma estable en el genoma, pero como depende del azar, también puede llegar a los cloroplastos o las mitocondrias. Aun así, es un método bastante empleado, especialmente con organismos cuya pared celular es más gruesa como hongos o insectos.

Hay otros métodos para conseguir una planta transgénica. Uno de ellos utiliza los propios virus de plantas como vectores, aunque este sistema está más destinado a la producción de proteínas como biofármacos ya que la expresión del gen de interés es transitoria y no se va a heredar. Se suelen utilizar algunos virus ADN como el del mosaico de la coliflor y mayoritariamente virus ARN por su abundancia, como el virus del mosaico de la cebada o el mosaico del tabaco, todos previamente modificados antes de usar. Tienen la ventaja de que infectan con facilidad a un amplio rango de hospedadores y producen grandes cantidades de proteína, pero, por el contrario, el gen transferido debe tener un tamaño limitado o es posible que la infección cause otros síntomas o incluso mate a la planta.

Podríamos seguir hablando de otros procedimientos como sonicación, electroporación, microinyección o liposomas, compuestos químicos, etc. Aunque son menos populares, te da idea de la gran tecnología que se ha desarrollado en el campo de la transgénesis.

JUGANDO A SER... MEJORES

La mejora genética clásica ha permitido seleccionar alimentos con unas características que han hecho posible la alimentación de un mayor número de personas, pero con las nuevas técnicas de mejora con las que sobre todo se ahorra tiempo, los objetivos son más ambiciosos.

CULTIVOS MÁS RESISTENTES. MAYOR PRODUCCIÓN

Cuando se empezaron a desarrollar cultivos transgénicos, las mejoras iban principalmente orientadas al agricultor. Esos cultivos eran tolerantes a insecticidas o herbicidas y les evitaba una gran inversión en productos fitosanitarios. Los más conocidos son el maíz Bt y la soja resistente al glifosato.

El maíz, uno de los mayores cultivos mundiales, se ve expuesto a una plaga muy importante protagonizada por unos insectos barrenadores cuyas larvas se alimentan de tallos y hojas dejando galerías y debilitando a la planta de manera que facilita la entrada de hongos. Se trata del taladro del maíz. Desde 1996 en EE. UU. (y en España desde 1998, que se inscribió en el Registro Español de Variedades Comerciales) contamos con un maíz que ha sido modificado genéticamente para que produzca una proteína llamada proteína Cry de una bacteria que normalmente habita en el suelo, *Bacillus thuringiensis (Bt)*. Esta proteína, al ser ingerida por los insectos responsables del taladro, paraliza su sistema digestivo y mueren a los pocos días. Es una medida selectiva, inocua para las personas y para otros insectos. De hecho, recientemente se ha publicado la primera revisión sistemática de los efectos de los cultivos modificados genéticamente en los invertebrados del suelo y la primera revisión de este tipo que incluye un metaanálisis cuantitativo confirmando que los cultivos Bt no tienen ningún impacto en los invertebrados del suelo. En este caso, como te mencioné antes, lo han llevado a cabo por biolística. El resultado es que se evita el uso de cantidades enormes de insecticida porque el propio maíz produce el suyo. Por cierto, *B. thuringiensis* también es utilizado en la agricultura ecológica con el mismo fin.

Comparativa de mazorcas de maíz Bt y mazorcas de maíz convencional, susceptible al taladro y al desarrollo de micotoxinas.

De toda la Unión Europea, España es el líder produciendo el 95 % de este maíz. ¿Para qué se utiliza? No, no lo comemos... al menos, no directamente. Aunque en la UE está autorizado su consumo para humanos, alimentación del ganado y cultivo, únicamente lo producimos para alimentar al ganado. El maíz más sano como puedes ver a continuación, para los cerdos.

Nadie obliga a los agricultores a comprar uno u otro tipo de semilla y ya son más de 18 millones de agricultores los que siembran cultivos biotecnológicos en 30 países. La gente del campo sabe lo que hace y tiene muchos motivos para decidirse por esta tecnología que no ha dejado de crecer. Voy a darte algunos datos de España y Portugal entre 1998 y 2018, cuando el maíz Bt cumplió 20 años. Este maíz Bt les ofrece a los agricultores bajo riesgo de pérdidas debidas al taladro (de hecho han aumentado sus ingresos en 285 millones de euros), altos rendimientos (desde 1998 la producción adicional ha sido de 1,89 millones de toneladas y si no hubiera sido Bt se habrían necesitado más de 15.000 Ha para obtener lo mismo), mejor calidad de las cosechas (porque el maíz Bt tiene menor contenido de micotoxinas), ahorro de agua de riego (más de 1000 millones de m^3) El hecho de ahorrar en productos fitosanitarios (un 37 % menos) y el menor impacto ambiental (un 21 % menos, al optimizar la aplicación de fitosanitarios) son razones adicionales a la elección de esta tecnología. Se han ahorrado 593.000 litros de combustible y se ha evitado la liberación a la atmósfera de 1,58 millones de kg de CO_2 (el equivalente a retirar 980 coches de la circulación durante un año). ¿No te parece que estos datos apuntan a que estemos hablando de un cultivo ecológico y respetuoso con el medio ambiente?

Por otro lado, tenemos a la famosa soja argentina resistente al glifosato (obtenida también por biolística) que tan de cabeza trae a muchos... por el temido glifosato, digo. Por sí sola, constituye el 48 % de la superficie mundial de todos los cultivos transgénicos, seguida del maíz, el algodón y la colza, principalmente. El glifosato es el principio activo es un herbicida llamado Roundup, creado por Monsanto (cosa que le perseguirá siempre) y libre de patente desde el año 2000. Su mala fama cobró importancia a partir de algunos juicios donde se demanda a la empresa creadora de la relación causal con la aparición de linfoma no Hodgkin, algo difícil de demostrar, y de su inclusión en 2015 en la categoría 2A de la IARC (Agencia Internacional para la Investigación del Cáncer) que evalúa en base a evidencias científicas, la posibilidad de que una actividad o un producto origine cáncer clasificándolo en cuatro categorías. En esta categoría, junto al glifosato encontramos trabajar de noche, en una peluquería o consumir carne roja.

A pesar de esta controversia que rodea al glifosato, se sigue utilizando básicamente porque funciona y es seguro (siempre que se use correctamente, cosa que no siempre sucede). Es un herbicida de amplio espectro absorbido por las hojas y no por las raíces que es eliminado a los pocos días y es capaz de eliminar de forma efectiva las malas hierbas consiguiendo de esta forma, reducir drásticamente el uso de herbicidas en el cultivo. De hecho, hoy en día además de soja, hay otras especies desarrolladas con esta misma tolerancia al glifosato: algodón, colza, maíz, trigo y remolacha, entre otras.

Tras estos cultivos aparecieron otros que mostraban resistencia a otros herbicidas (2-4 D, glufosinato...), a otros insectos y otros donde se combinaban estas cualidades con otras como la resistencia a la sequía, resistencia a enfermedades producidas por virus o el aumento de la cosecha.

CULTIVOS MÁS BENEFICIOSOS. MÁS SALUD.

Si te das cuenta, quien más gana con todas estas mejoras sigue siendo el agricultor, ya que no pierde su cultivo por la aparición de plagas y le hace gastar menos cantidad de fitosanitarios/herbicidas.

Pero llegó un momento en el que las mejoras de los cultivos transgénicos iban ya encaminadas al consumidor. Era hora de que nosotros le viéramos ese valor añadido que nos marcara la diferencia con un cultivo convencional y mereciera la pena apostar por él. Así, por ponerte algunos ejemplos, en el pack «alto contenido de antioxidantes», disponemos de la piña Rosé, producida por la compañía Del Monte Fresh, y autorizada en EE. UU. para su consumo desde 2016. Se ha obtenido por transformación con *Agrobacterium* y, además de tardar más en ponerse pocha, tiene un mayor contenido de β-caroteno y licopeno. Otros alimentos con alta proporción de antioxidantes, aunque aún no han sido autorizados son unos tomates púrpura desarrollados en el Centro John Innes de Reino Unido con la participación de Antonio Granell y Diego Orzáez, dos compañeros de mi instituto de investigación. Al introducir dos genes de la flor Boca de dragón, *Antirrhinum majus* (especialmente rica en antocianinas), estos activan a otros del tomate que estaban «dormidos» y provoca un aumento en la producción de antocianina. Estos pigmentos se pueden encontrar naturalmente en una gran cantidad de frutas y verduras, y son responsables de algunos de los tonos más reconocibles, como el rojo de la zarzamora y el azul en el arándano. Sin embargo, el papel más importante de las antocianinas es el de antioxidantes con propiedades anticancerígenas. Además, cuenta con otras cualidades importantes. El tiempo que permanece saludable tras la cosecha se alarga de los 21 días del tomate convencional a los 48 que deben transcurrir para que se eche a perder y, por otro lado, es más resistente a patógenos como *Botrytis cinerea*, el hongo responsable de la podredumbre gris en este cultivo. Y, en el mismo pack antioxidante, podríamos mencionar el arroz púrpura, con similares características.

El trigo apto para celíacos (e intolerantes al gluten) desarrollado por el profesor Francisco Barro del Instituto de Agricultura Sostenible de Córdoba, un centro del CSIC, es un trigo modificado genéticamente para reducir hasta en un 95 % la producción de gliadinas, las proteínas que forman parte del gluten que no pueden ingerir los celíacos porque les podría provocar serios problemas. Él quería aumentar la síntesis de gliadinas para ampliar la funcionalidad del trigo hasta que se dio cuenta de que los celíacos lo que necesitaban era justo lo contrario: menos gliadinas. La celiaquía afecta al 1 % en los países occidentales, principalmente Europa y Norteamérica. En el caso de España, la prevalencia oscila entre 1/71 en la población infantil y 1/357 en la población adulta, pudiéndose estimar que cerca de 500.000 personas podrían estar afectadas, aunque el 70 % de ellas no lo sepan. El profesor Barro logró en los años sucesivos plantar una hectárea, hacer harina y después pan sin gluten con buen sabor. También realizó ensayos experimentales con ratones, pero cuando pegó el salto para la fase de experimentación clínica con humanos en hospitales andaluces, diversas plataformas contra los transgénicos llamaron a los centros sanitarios implicados en el experimento para advertirlos de las consecuencias. Tuvo que trasladar estos ensayos al extranjero. Hoy en día, Francisco Barro ante las trabas impuestas a los transgénicos, sigue con su investigación, pero recurriendo a la edición genética mediante CRISPR.

Disponemos de manzanas (Golden y Fuji) Artic™ que no se oxidan (autorizadas para consumo humano, animal y cultivo solo en Canadá y EE. UU.). La patata Innate®, que en 2015 no se ponía negra al cortar y tenía menor contenido de acrilamida, volvió en una segunda generación con nuevas cualidades. Además de las anteriores, tiene resistencia al hongo del tizón tardío, es tolerante al frío durante el almacenamiento y reduce la formación de acrilamida hasta un 90%. Se puede comer en EEUU, Canadá, Nueva Zelanda, Australia y Filipinas. Entre los alimentos fortificados, hay un color que destaca por encima de los demás: el dorado. Maíz, yuca, plátano, arroz y naranja comparten el contenido elevado de β-caroteno, el precursor de la vitamina A. El grupo de la Universidad de Lleida, con Paul Christou a la cabeza, desarrolló un maíz *Multinutrient* con 169 veces más β-caroteno, 6 veces más vitamina C (ascorbato) y el doble de vitamina B9 (folato) que uno convencional. Una ración de ese maíz (200 g) aportan toda la vitamina A que necesita una persona al día, una buena cantidad del folato y un 20 % del ascorbato recomendado.

Maíz convencional (arriba) y maíz multivitamínico (abajo), enriquecido con *β*-caroteno, vitamina C y ácido fólico.

Posiblemente con supermercados llenos de calles y productos donde elegir y con un frigorífico y una despensa abarrotados, no nos planteamos la importancia de estos productos.

Déjame que te ponga en situación.

En el Sudeste asiático, unos 800 millones de personas, mayoritariamente niños, casi se alimentan exclusivamente de arroz, el cereal más importante para la alimentación humana del que encontramos al menos 10.000 variedades. Como valenciana de adopción, conozco la importancia y la cultura de arroz en esta región: paella valenciana, senyoret, arroz a banda, al horno, negro, con bacalao y col, con bogavante y tantas modalidades distintas que han sido responsables de una cultura gastronómica reconocida internacionalmente. En el sudeste asiático es arroz cocido... la dosis de un pequeño cuenco. Es nutritivo ¡claro que sí! Aporta el 80 % de las calorías diarias de 3.000 millones de personas en el mundo y es rico en fósforo, potasio y algunas vitaminas como niacina y ácido fólico. Por el contrario, presenta varios problemas: tiene muy poco hierro biodisponible, tiene poca lisina (uno de los 9 aminoácidos esenciales) y no tiene β-caroteno (en las partes comestibles, al menos). La consecuencia, es que la deficiencia de una vitamina tan importante como la vitamina A origina, según UNICEF, más de 1 millón de muertes infantiles al año y 500.000 niños que anualmente sufren ceguera seca o xeroftalmia, un tipo de ceguera infantil evitable (el 50 % de ellos muere ese mismo año). Por este motivo, dos investigadores, Ingo Potrykus, profesor emérito del Instituto Federal de Tecnología de Zurich (Suiza) y el profesor Peter Beyer de la Universidad de Friburgo (Alemania), a finales de los años '90 y con fondos de la Fundación Rockefeller en un principio y luego de la Unión Europea, fueron capaces de solventar el mayor problema nutricional que tiene el arroz. Introdujeron los tres enzimas necesarios para sintetizar el β-caroteno y que estaban ausentes. Dos de ellos procedían del narciso y un tercero, de una bacteria. Así se creó el arroz dorado de tipo I, cuyos resultados fueron publicados en *Science* en 2000 y fue portada del *Times* en julio de ese mismo año. Aunque el logro era extraordinario, la cantidad de β-caroteno que aportaba ese arroz aún quedaba lejos de lo deseable. Desde ese momento, ciertos grupos ecologistas empezaron una campaña de desprestigio hacia este producto y sus creadores. Apenas 5 años después, llegó la mejora. Se cambiaron los genes del narciso por otros de variedades de maíz de Centroamérica más rico en β-caroteno. Así se consiguió el arroz dorado tipo II, 23 veces más rico en β-caroteno que el primero, de manera que unos 50 g de arroz, aportaría más de la mitad de vitamina A necesaria al día.

Durante los años siguientes, los estudios científicos confirmaron que era eficaz como fuente de vitamina A, que una sola taza bastaría para cubrir el 60 % de las necesidades diarias de la vitamina en los niños, que no originaba ningún tipo de alergia y que podía cruzarse con las variedades locales más utilizadas, pero aun así ha sido atacado durante años por grupos ecologistas y anti-transgénicos. El arroz dorado ha superado de forma arrolladora los estudios de bioseguridad, biodisponibilidad, impacto ambiental y biodiversidad. Desde 2017 ha sido aprobado en EE. UU., Canadá, Australia y Nueva Zelanda, y desde 2019, en una de las regiones que más lo necesita: Filipinas. Siguiente parada, Bangladesh. Sin embargo, más de veinte años después de su creación, esta innovación libre de patente, desarrollada con fines humanitarios que nació para beneficio de la humanidad, no termina de despegar. Actualmente no se cultiva para consumo en ningún lugar del mundo. El avance está siendo muy lento y cada año que no se permite su ingesta en estos países se está consintiendo que mueran cientos de miles de niños. La oposición de Greenpeace a este producto transgénico hizo que, en 2016, 110 premios Nobel firmaran una dura carta pidiendo a Greenpeace y a los gobiernos de todo el mundo que abandonaran su oposición y sus campañas en contra de los organismos genéticamente modificados. Su carta terminaba con esta frase: ¿Cuántos pobres del mundo deben morir antes de que consideremos esto como un «crimen contra la humanidad»? La respuesta de Greenpeace fue que hay alimentos suficientes para todos y que la solución es una dieta equilibrada (esta respuesta se refiere a millones de personas que viven con menos de 1 € al día, no lo olvidemos).

Hay en desarrollo muchas otras plantas con cualidades muy interesantes que nos aportarían beneficios para la salud, como cultivos oleaginosos con mejores proporciones de ácidos grasos, por mencionar alguno, pero si se desarrollan en la Unión Europea, de momento su destino está en un cajón o en una empresa o universidad extranjera que se interese por el proyecto y lo desarrolle.

MOLECULAR PHARMING, PRODUCIENDO BIOFÁRMACOS

Una aplicación de las plantas transgénicas que ha revolucionado la Medicina es la utilización de plantas como granjas moleculares, biofactorías de las que obtener moléculas con interés terapéutico. Esto se conoce como «molecular pharming» jugando con el término «pharma» y «farming». *Nicotiana benthamiana* es la elegida para producir anticuerpos o proteínas. Por un lado, porque conocemos su genoma (durante la pandemia COVID se ha puesto a disposición del resto de la comunidad científica para sumar esfuerzos), porque es fácil de transformar de forma transitoria (acuérdate que era un método rápido y muy sencillo) y porque como es tan grande, produce mucha biomasa que se traduce en molécula de interés. Es capaz de producir ¡1 kilogramo de proteína por hectárea! De hecho, actualmente está implicada en el desarrollo de varias vacunas frente al SARS-CoV-2 y se ha utilizado en la obtención del conocido cóctel de anticuerpos Zmapp usado en la terapia contra el Ébola. Con esta planta, se ha desarrollado una vacuna frente a la gripe aviar H5N1, la peste porcina clásica o anticuerpos para la prevención de caries dentales o frente al VIH, aún en fase de evaluación clínica. Sus hojas son la materia prima en la empresa CollPlant de Israel para producir colágeno humano.

La propia *N. benthamiana* o cultivos como trigo, soja o arroz se han empleado para producir fármacos para el tratamiento del cáncer o frente al herpes simplex. Pero ¿y si en vez de que obtuviéramos la vacuna a partir de la planta nos vacunáramos directamente comiendo la planta? Se trata de vacunas contenidas en frutas u hortalizas, y que al ingerirlas en estos alimentos nos protegen contra determinadas enfermedades.

Parece futurista, pero ocurrirá. Actualmente, la lechuga, *N. benthamiana* o la patata producen antígenos del virus de la hepatitis B pero son inyectables. En cambio, ya se ha desarrollado un maíz que protege frente a gastroenteritis por *Escherichia coli*, patata que «vacuna» frente al cólera, espinacas frente a la rabia y lechuga frente a la hepatitis B, solo con comerlos. También los animales se podrán beneficiar con esta tecnología. Hay alfalfa modificada genéticamente para proteger al ganado de la fiebre aftosa, plantas de tabaco que producen una vacuna contra el rotavirus bovino y patatas transgénicas que combaten la enfermedad de Newcastle en aves.

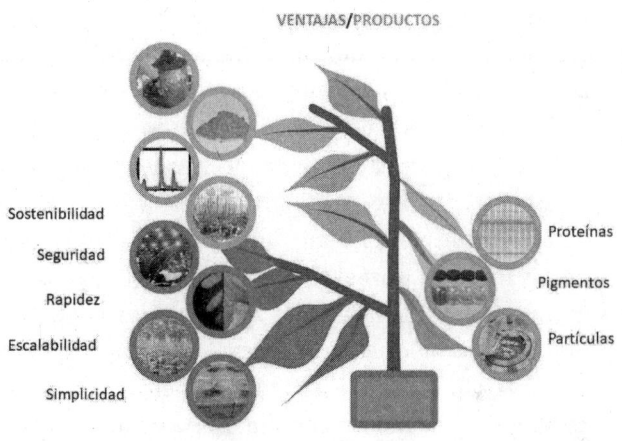

Ventajas del uso de la ingeniería genética para la obtención de productos de interés farmacológico o industrial, proceso conocido como *molecular pharming*, *biopharming* o agricultura molecular.

La verdad es que en las regiones más desarrolladas del mundo puede parecer que no tengan utilidad, pero no es así en ciertas zonas donde la distribución, conservación y administración de las vacunas supone un gran problema, por no mencionar los ataques al personal sanitario que lucha por hacer su trabajo en zonas conflictivas. Este método tiene un bajo coste y presenta una producción a gran escala.

FITORREMEDIACIÓN. MEDIO AMBIENTE RECUPERADO

La composición y salud del suelo va a influir enormemente en la biodiversidad y el desarrollo de lo que crece por encima de él. De esta manera, si un suelo tiene una alta concentración de moléculas tóxicas como metales pesados, por ejemplo, hace inviable el crecimiento de cualquier planta en su superficie. Partiendo de esta base, hay mecanismos que tratan de paliar este efecto negativo. Por ejemplo, hay hongos micorrícicos, esos que viven en una simbiosis mutualista dentro de la raíz de las plantas, que son capaces de absorber el cobre del suelo y acumularlo en sus esporas. O plantas, unas 500 especies conocidas, que de forma natural actúan absorbiendo esas sustancias tóxicas por la raíz y, o bien las acumulan en tallos y hojas, o las conducen a las hojas y las eliminan por evaporación. *Rinorea niccolifera* descubierta en Filipinas en 2014, tiene la capacidad de absorber, acumular, metabolizar o estabilizar compuestos tóxicos perjudiciales para los organismos vivos, concretamente níquel. Este proceso de descontaminación de suelos, aguas o aire utilizando plantas se conoce como fitorremediación y mediante la ingeniería genética puede ser aún mejor. También hay bacterias como *Ideonella sakaiensis* que de forma natural es capaz de alimentarse de PET (tereftalato de polietireno), uno de los plásticos más utilizado en todo el mundo. ¿Y si esa capacidad de degradar plástico la introducimos en alguna planta acuática y así ayudar a eliminar la porquería que el ser humano es capaz de desechar donde no debe?

En la siguiente imagen puedes ver las rutas que presenta una planta para eliminar moléculas que resultan tóxicas.

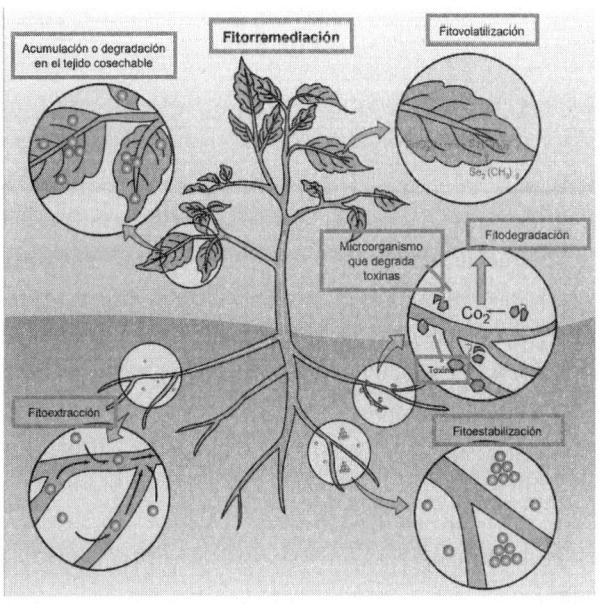

Vías de eliminación de compuestos tóxicos
en una planta. Fuente: *Wikimedia*.

Los álamos son de las plantas más utilizadas por su rápido crecimiento, su adaptación a climas muy variados y la capacidad de absorber grandes cantidades de agua en comparación con otras especies similares, lo que permite por otro lado eliminar grandes cantidades de contaminantes disueltos. Si hoy hubiera ocurrido el desastre de Aznalcóllar del año 1998 donde los vertidos contenían una abundante y amplia variedad de elementos tóxicos, seguramente nos habría ayudado la aplicación de plantas que descontaminaran esos suelos y aguas de forma específica. Existe un girasol y una remolacha que descontaminan uranio, así como álamos que, gracias a un gen bacteriano, son capaces de aligerar de mercurio a los suelos ricos en este metal. La novedad en esta área está en crear «descontaminantes a la carta».

BIOSENSORES. MÁS SEGURIDAD

Las plantas pueden ser unos buenos marcadores de la calidad del aire o del suelo. Las fresas, por ejemplo, actúan como pequeñas estaciones de monitorización ambiental a través de sus hojas, que acumulan las partículas presentes en el aire. Aplicando técnicas biomagnéticas, se pueden identificar los compuestos depositados en cada una de las hojas.

Hace unos años, unos investigadores del MIT desarrollaron espinacas que contenían unos dispositivos de nanotubos de carbono capaces de detectar compuestos usados frecuentemente en la fabricación de minas terrestres y otros explosivos. Si alguno de estos compuestos está presente en el agua que le llega a la planta por las raíces, los sensores incorporados emiten una señal fluorescente que será leída por una cámara infrarroja. Esta a su vez, podrá hacer llegar la señal al ordenador o al smartphone y el usuario recibirá la alerta.

El potencial de esta tecnología es amplio porque la molécula que detectan puede ser cualquiera; peróxido de hidrógeno, explosivo TNT, gas sarín... incluso situaciones ambientales como la sequía, porque las plantas son capaces de detectar pequeños cambios en las propiedades del suelo y del agua.

ORNAMENTACIÓN. MEJORES FLORES

No podemos olvidar a las plantas ornamentales y las flores, un negocio que factura en España 600 millones de euros al año. En este sector, la biotecnología vegetal persigue flores con nuevos colores, nuevas fragancias y, sobre todo, mayor duración poscosecha y la resistencia a frío, sequía o algunas enfermedades.

A pesar de los avances, a veces la naturaleza no nos lo pone fácil. Ha resultado un verdadero reto obtener una flor de emblemática belleza y significado como la rosa, pero azul. Por mejora genética clásica se obtuvo a través de múltiples cruzamientos una rosa que más bien era morada. Nunca se conseguiría azul por este procedimiento, sencillamente porque esta planta carece del gen necesario para la síntesis de delfinidina, el pigmento responsable de este color infrecuente en la naturaleza.

Finalmente, la ingeniería genética, ha hecho posible que desde 2004, y tras 20 años de investigaciones, podamos disfrutar a un precio razonable de la primera rosa azul verdadera (el 100 % de los pigmentos de sus pétalos es azul) en la que se ha insertado el gen responsable de la síntesis de delfinidina procedente de la flor del pensamiento. Desde el 2009 ya se comercializa y se exporta.

ANIMALES TRANSGÉNICOS, NADA NUEVO.

Los avances de esta tecnología son palpables en plantas, pero los animales no se han quedado atrás y hoy en día son una herramienta fundamental en biomedicina. En 1980 se obtuvo el primer animal transgénico, un ratón. Dos años después, se obtuvieron ratones que portaban el gen de la hormona de crecimiento de rata, así que crecieron mucho más que los que no lo tenían. Así, se demostraba que un gen de una especie podía introducirse en otra, integrarse en su genoma, funcionar y transmitirse a la descendencia.

Como digo, los ratones transgénicos y los llamados *knockout* a los que se le anula la actividad de un gen en concreto para analizar qué efecto produce la falta de función, son una herramienta fundamental como modelos experimentales a la hora de entender las bases de muchas enfermedades humanas. Incluso para probar posibles drogas y tratamientos experimentales, además de estos ratones, hay otros conocidos como ratones avatar (modificados por edición genética), que tienen exactamente la misma mutación que origina la enfermedad.

Hemos conseguido modificar genéticamente mamíferos más grandes, como ovejas, cabras, cerdos y vacas gracias al desarrollo de las técnicas de clonación. ¿Te acuerdas de la famosa oveja Dolly? Aquel hecho en 1996 marcó un hito porque fue el primer mamífero clonado a partir de una célula adulta. Fundamentalmente, el objetivo de la transgénesis animal suele estar relacionado con la mejora del ganado o de otros animales de importancia económica, obtención de fuente de tejidos y órganos para trasplantes en humanos (llamados xenotrasplantes, en los que se evite el rechazo) o bien, y esto también es interesante, como fábricas de moléculas de interés farmacológico o industrial. Veamos algunos ejemplos.

Actualmente hay cabras transgénicas que generan una proteína anticoagulante en su leche: este producto es el primer medicamento obtenido en animales transgénicos y ya está aprobado por las agencias regulatorias de Europa y EE. UU. Hay varios proyectos en este sentido a través de leche de vaca, cerdos, ovejas, cabras y huevos de gallina, que incluyen la producción de lisozima, lactoferrina, hormona de crecimiento, insulina, alfa-antitripsina, activador tisular de plasminógeno, etc. Que el animal produzca la proteína a través de la leche es algo que no interfiere con su metabolismo y es muy cómodo, puesto que se obtiene gran cantidad de leche y es muy sencillo purificarla de ahí.

En 2011 nació en Argentina una vaca a la que pusieron por nombre Rosita ISA, producto de la investigación de dos instituciones públicas. Es una vaca (doblemente transgénica) que produce dos proteínas humanas, lactoferrina y lisozima, de manera que su leche se asemeja a la leche materna humana, apta para alimentar a lactantes como si viniera de la propia madre. Las proteínas lactoferrina y lisozima humanas tienen funciones antibacterianas, de captura de hierro y son inmunomoduladores, entre otras características.

Producción de seda, emisión de brillo en oscuridad, mosquitos frente a la malaria... Si has oído hablar de pollos sin plumas desarrollados en Israel para que soporten mejor las temperaturas de Oriente Medio (se gaste menos en refrigeración de los gallineros y disminuyan los residuos), no son transgénicos. Se obtuvieron por cruces tradicionales entre una mamá y un papá que estaba perdiendo ya plumas.

Para consumo humano únicamente hay un animal en todo el mundo que está autorizado. Se trata del salmón AquAdvantage. Diseñado y generado en 1989, fue en 1995 cuando se solicitó la autorización a la FDA (la agencia reguladora de alimentos y medicamentos de EE. UU.) para su comercialización y consumo. Este salmón es mucho más grande que el no transgénico de la misma edad. Fíjate en la siguiente imagen. ¿En qué ha consistido la modificación?

La mayoría de los ejemplares de salmón atlántico (*Salmo salar*) que comemos proviene de las piscifactorías y es una importante y sabrosa fuente de proteína y grasas saludables. En las mismas piscifactorías, el ciclo de crecimiento consiste en crecer sobre todo en primavera y verano, mientras que en los meses más fríos, detiene su crecimiento. Esto se ha solventado incorporando el gen de la hormona del crecimiento del salmón Chinook del Pacífico (*Oncorhynchus tshawytscha*) y el interruptor de un gen de la proteína anticongelante de un pez anguila (*Zoarces americanus*) que vive en las frías aguas del Atlántico Norte. Lo que se consigue es que, durante los meses cálidos, el salmón crece (porque siempre lo ha hecho) y en los meses fríos en los que antes dejaba de crecer, se activa el gen de la proteína anticongelante introducida y sigue creciendo. El resultado es que alcanza el mismo tamaño en la mitad de tiempo (18 meses frente a los 36 que tarda en alcanzar el tamaño comercial). ¿Te has dado cuenta de que en este caso los genes introducidos proceden de dos peces también? 32 años han hecho falta para que este proyecto pueda terminar encima de la mesa de un restaurante o de la tuya misma... eso sí, si vives en EE. UU. En la Unión Europea seguiremos esperando.

Y si nos vamos a la escala de tamaño más pequeña, lógicamente, levaduras y bacterias son modificadas genéticamente para producir, por ejemplo, insulina. Atrás quedó esa época en la que este tratamiento estaba al alcance de solo unos pocos que se podían permitir sacrificar a 50 cerdos al año para aislar esa proteína de su páncreas. Era un tratamiento caro e inseguro (a veces provocaba rechazo y alergias). Hoy casi cualquier persona tiene acceso a una insulina humana producida en microorganismos a los que se les ha insertado el gen humano responsable de su síntesis.

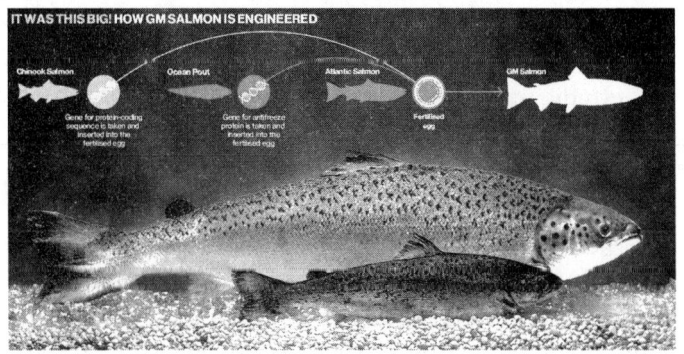

Salmón «AquAdvantage» y su proceso de obtención. Fuente: *Wikimedia*.

¿QUIÉN DIJO MIEDO?

Cuando ha aparecido una nueva tecnología es completamente natural mirarla con cierto rechazo, desconfianza e incluso miedo. Los primeros trenes alcanzaban tales velocidades que podían hacerte perder la cabeza… eran 40 km/h. La introducción del microondas, del móvil, etc.

Modificar el genoma de una planta, como vimos al principio, se ha hecho desde el origen de los tiempos, pero claro, acelerarlo en un laboratorio ahorrando muchísimo tiempo y dinero, parece que hay gente no dispuesta a aceptarlo, especialmente si estamos introduciendo un gen de ¡otra especie completamente diferente! Parece antinatural y, sin embargo, ya hemos visto que puede ocurrir.

Desde que identificamos un carácter que nos resulta interesante y el gen responsable, pasando el desarrollo del transgénico, las pruebas de campo y el cumplimiento de los rigurosos requisitos que garantizan la seguridad ambiental y la salud humana, todo el proceso de investigación y desarrollo biotecnológico es mucha inversión de tiempo y dinero. En 2011, la asociación Phillips McDougall realizó un estudio de investigación titulado «Costo y tiempo requerido en la invención, desarrollo y autorización de una nueva planta biotecnológica» en el que se analiza la inversión económica y de tiempo necesarios para sacar al mercado una variedad transgénica. El coste del descubrimiento, desarrollo y autorización de una nueva planta transgénica introducida entre 2008 y 2012 era de unos 136 millones de dólares. El tiempo medio transcurrido desde el inicio hasta el lanzamiento comercial es más de 13 años, de los cuales, el tiempo invertido en registro y asuntos regulatorios son unos 5 años.

La cantidad de pruebas que debe superar es tal, que no hay otro alimento en la historia que haya sido más seguro ni que se haya evaluado igual. De hecho, son los alimentos más evaluados. En cualquier supermercado encontrarás alimentos capaces de matar de un choque anafiláctico a una persona alérgica. Ningún alimento transgénico lo hará. En los años 90 hubo una soja transgénica en la que, para mejorar el perfil nutricional, se le introdujo una proteína de una nuez de Brasil, rica en lisina. Eso fue motivo de preocupación porque causó alergias (obvio, teniendo en cuenta que se utilizó un gen que desencadena reacciones alérgicas al comer la nuez). Rápidamente se eliminó del mercado. Más que causar alergias, tratan de eliminarlas. Hoy hay un arroz transgénico que inmuniza frente al polen de cedro y del ciprés.

El resultado de aquella soja con la proteína alergénica fue un endurecimiento desde ese momento del proceso de evaluación. En el siguiente diagrama, puedes ver el proceso de evaluación únicamente del riesgo para la salud. Otro proceso equivalente se hace con el riesgo ambiental.

Criterios de evaluación del riesgo para la salud de
un OMG. Fuente: Elaboración propia.

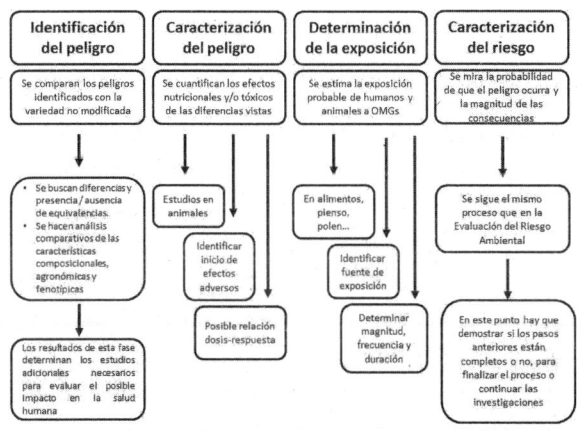

En el caso específico de alergenicidad, los comités de
bioseguridad que autorizan los cultivos GM en los diferentes países, se aseguran de evaluar si se ha introducido
al cultivo un gen que produce una proteína alergénica
conocida, si la modificación genética ha incrementado la
cantidad de proteínas alergénicas propias del cultivo (por
ejemplo, alérgenos producidos de forma natural en los
cacahuetes), o si se ha introducido una proteína sin historia
previa de consumo humano que pueda producir alergia. La
Unión Europea cuenta con la Autoridad Europea para la
Seguridad Alimentaria (EFSA), una agencia independiente
formada por un comité científico internacional cualificado
en la evaluación de riesgos, constituido por expertos en
nutrición, toxicología, alergenicidad y medio ambiente.

Después de demostrar el duro proceso con cada una
de sus fases que ha de superar el desarrollo de una planta
transgénica antes de su autorización, hay a quien le sigue

preocupando la pérdida de biodiversidad, la aparición de malas hierbas y plagas, el aumento de la resistencia a los antibióticos o que incorporemos en nuestro ADN el transgén. Y la verdad, no culpo a quien lo piense. La culpa es de las películas de la sobremesa de La Sexta: un virus transgénico más hemorrágico que ninguno, arañas y cucarachas transgénicas gigantes, pirañas y tiburones transgénicos hiperagresivos, abejas transgénicas que van en grupo a pincharte en los globos oculares… esta última estaba muy lograda porque hasta podías ver a través de los ojos de las abejas, ¿cómo no atribuirle cualidades malignas a una pobre planta?

La historia viene de lejos y sinceramente, los científicos tenemos parte de culpa en que los mitos se instauren en la cultura popular y no hayamos salido a la calle a desmentirlos antes, pero claro… «la ciencia no se hace sola» y mientras unos cuelgan pancartas, los científicos trabajan. Hemos sido testigos de una estrategia global, premeditada y sostenida durante años.

Te voy a contar algo. Allá por otoño del año 2000, Greenpeace (que, ojo, a lo largo de su historia ha hecho algunas cosas bien y ha sabido focalizar la atención de la sociedad en algunos problemas reales) colgó carteles en las estaciones de metro de los Países Bajos donde se podía leer: «Tu lechuga se mantiene más tiempo saludable y fresca porque le hemos puesto genes de rata. ¡Buen provecho!» Bajo este texto y la foto de una lechuga lozana rezaba «Centro de Investigación Genética. Texas. USA» y el logo de la Universidad ATM de Texas. En 2021, no existe ni ha existido lechuga transgénica en el mercado, ni ninguna planta que lleve o haya llevado genes de rata. Eligieron bien el animalillo que nos da asco, miedo, es portador de enfermedades, suciedad, vamos… el mejor para infundir rechazo. Aunque así fuera, que repito, no lo es, de dónde venga el ADN es lo de menos. El ADN es ADN y el código genético es el mismo en todos los seres vivos, con independencia de su origen. Una vez en la boca, comienza el proceso de digestión hasta formar pequeñas moléculas indivisibles que usaremos como ladrillos para construir las nuestras y ningún gen, ni de rata, ni de carne Wagyu, caviar ecológico de Riofrío o tomate canario se va a meter en tu ADN.

Hay tantos mitos sobre los OMG que necesitaría un capítulo solo para explicarlos. ¿Los transgénicos son buenos? Depende. No podemos hablar de «todos» los transgénicos. Cada uno de ellos sufre su propio proceso de evaluación y si está autorizado y lo tenemos en el mercado es porque es seguro para ti y para el medio ambiente (suelo, agua y resto de fauna y vegetación). ¿Que está en desarrollo? Pues entonces puede que sea seguro o puede que no, ya se verá. Si demuestra durante el proceso el más mínimo aspecto negativo o no cumple un solo criterio, descuida, que no verá nunca la luz. Si estás en Europa, la ley obliga a etiquetar los alimentos si contienen más del 0,9 % de algún ingrediente modificado genéticamente. Y si estás por ejemplo en EE. UU., con toda seguridad comerás alimentos hechos con algún ingrediente transgénico. Tranquilidad y disfruta la comida.

4.
HAY UN AMIGO EN MÍ: CÓMO DOMESTICAMOS A NUESTRAS MASCOTAS

PEDRO MORELL MIRANDA

«Perro estaba sentado a los pies de Adán. Había intentado ayudar, principalmente exhumando un hueso enterrado cuatro días antes y llevándoselo a Adán, que se limitó a mirarlo tristemente, y al final Perro se lo llevó y lo volvió a inhumar. Había hecho todo lo que podía...».

Buenos Presagios, Neil Gaiman & Terry Pratchett

La figura del perro como el mejor amigo de nuestra especie está tan arraigada y es tan integral a cómo nos percibimos que Neil Gaiman y Terry Pratchett no pudieron sino darle un peludo y fiel compañero a Adán, su Anticristo, en la desternillante Buenos Presagios. Y no es para menos. Estos animales llevan preocupándose por nosotros, como

Perro se preocupa por el hijo del Maligno, desde hace al menos 15.000 años. Y digo al menos porque en realidad no tenemos muy claro dónde, ni cuándo, empezamos a convivir con estos animales. Algunos investigadores han llegado a sugerir que pudo ocurrir hace unos 35.000 años.

Lo que sí sabemos es que nuestras adorables mascotas descienden de una (o varias) poblaciones de lobo gris (*Canis lupus*) que empezaron a interactuar con poblaciones de cazadores-recolectores, probablemente como forma de conseguir comida (restos de caza, despojos...). Se cree que, con el paso del tiempo, esta relación se asentaría y estos lobos pasarían a formar parte del «día a día» de los cazadores-recolectores, que empezarían a convivir con ellos, y posteriormente a criarlos de forma selectiva, favoreciendo a aquellos ejemplares que se portaban mejor, los que eran mejores cazadores, etc.

Este es, de forma muy resumida, uno de los principales procesos de domesticación, la «vía mutualista», proceso del que el perro fue pionero. No tenemos demasiadas evidencias de cómo cambió la vida de estos cazadores, pero podemos suponer que la mejoró bastante, pues la presencia de perros domésticos se hizo tremendamente popular y hace 12.000 años ya se habían extendido por casi todo el mundo, habitualmente acompañando a poblaciones humanas. En unos pocos casos, sin embargo, los perros domésticos se desplazaron sin una migración humana, como veremos más adelante.

Como podemos ver, la domesticación del perro fue un evento complejo (y eso asumiendo que fuese un solo evento, y no varios). Para entender mejor lo que sabemos y lo que ignoramos sobre este proceso, es interesante analizar otras domesticaciones y lo que sabemos sobre cómo estas poblaciones interactuaban con sus animales domesticados.

EL NEOLÍTICO

La revolución neolítica es, sin lugar a duda, uno de los puntos clave de la prehistoria de nuestra especie, y un evento que ha ocurrido independientemente en varias regiones del mundo. La primera, y la que más nos afecta en Europa, es la que se produjo en el Creciente Fértil hace 10.000-11.000 años y que terminó causando una lenta pero continua expansión de granjeros de Anatolia en dirección a Europa. Estos granjeros venían con una serie de animales domesticados, como ovejas, cabras y vacas, que siguieron una vía de domesticación diferente a la del perro: la «vía de la presa». Esta vía consiste en incrementar gradualmente el control sobre la especie a domesticar mediante una gestión cinegética de sus poblaciones (por ejemplo, cazar solo a machos jóvenes para evitar reducir el número de hembras reproductoras). Conforme el control va incrementando, los humanos ejercen cada vez más presión selectiva sobre estos animales, y al final terminan encerrándolos para criarlos en cautividad. En el caso de cabras y ovejas, se cree que el motivo para incrementar el control sobre sus parientes salvajes fue una escasez en el número de presas de muflón oriental e ibex durante el periodo frío conocido como el «Joven Dryas». En el caso de las vacas, no está tan claro.

Otra especie característica del Neolítico del Creciente Fértil es el cerdo europeo. Estos animales no siguieron la «vía de la presa», sino la «mutualista», igual que los perros. Probablemente porque los jabalíes son omnívoros y muy atrevidos, no tuvieron problemas en empezar a acercarse a los nuevos asentamientos humanos a buscar comida, cosa que siguen haciendo incluso hoy.

Durante su expansión por Europa, estos nuevos

habitantes trajeron sus animales y plantas con ellos; y esto incluye a los perros, que con la llegada de los granjeros neolíticos a una región pasan a ser el grupo dominante en el registro arqueológico, de forma similar a los humanos. Sin embargo, esto no significa que las poblaciones de cazadores-recolectores desaparecieran. Muy al contrario, ambos grupos convivieron hasta que, pasado un tiempo, vemos que los restos humanos neolíticos empiezan a tener herencia de los cazadores-recolectores, lo que sugiere que poco a poco empezaron a reproducirse entre ellos. Y algo similar parece pasar con los perros, aunque no tenemos suficiente información como para afirmar con certeza si esto se produjo a la vez que los humanos o después. Lo que sí hemos observado con claridad es que los perros europeos modernos son una mezcla de herencias europea antigua (que a su vez tiene bastante herencia siberiana) y del Creciente Fértil.

EDAD DE BRONCE

A finales del Calcolítico y principio de la Edad de Bronce (hace unos 5.500 años) se produce otro de los eventos de domesticación más importantes de Eurasia: la del caballo. En un principio se creía que esta especie fue domesticada por los Botai, un grupo de pastoralistas de las estepas de lo que hoy es Kazajistán. Esta hipótesis era apoyada por la arqueología, ya que esta es la cultura más antigua en la que se ha encontrado una economía basada en la caza y cría del caballo. Además, el hecho de que el territorio que ocupaban no está demasiado lejos de la región en que viven hoy en día los caballos Przewalski, que se creía eran los remanentes de los caballos salvajes de los que derivan los domésticos, apuntaba a un origen en esta zona. Sin embargo, varios estudios han demostrado usando ADN antiguo que en realidad los caballos de los Botai no son los ancestros de los caballos modernos, sino precisamente los ancestros de los Przewalski. Esto implica que estos caballos no son salvajes, sino caballos domésticos que empezaron a vivir en estado salvaje, pero reteniendo características (y genética) domésticas. Algo similar ocurrió con el muflón europeo, considerado un grupo hermano del muflón oriental, ancestro de las ovejas, hasta que la genética de poblaciones demostró que en realidad son ovejas neolíticas importadas por los humanos a Europa y que luego empezaron a vivir por su cuenta.

Mapa de las diferentes expansiones humanas descritas en este capítulo.

Actualmente el origen de los caballos sigue siendo disputado, como el de los perros, pero lo que es innegable es el impacto que esta domesticación ha tenido en la historia del continente. Esta especie fue la primera, creemos, en seguir la vía directa de domesticación. Es decir, que es la

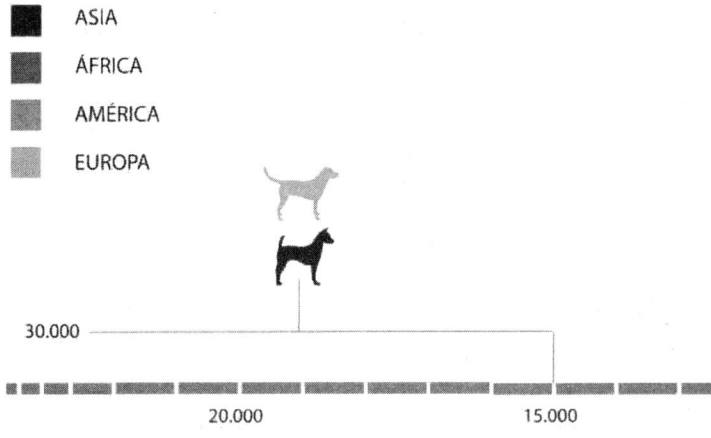

- ASIA
- ÁFRICA
- AMÉRICA
- EUROPA

30.000

20.000

15.000

primera vez que empezamos a capturar animales salvajes con el objetivo de domesticarlos.

Probablemente el evento histórico relacionado con los caballos que más impacto ha tenido ha sido la expansión Yamnaya, un proceso en que esta cultura se extendió desde el Cáucaso por buena parte de Eurasia. Esta migración, que se produjo en apenas 300 años, cambió la genética y la forma de vida de los grupos neolíticos y calcolíticos que encontraron a su paso, y forma el tercer bloque del que la mayoría de los europeos heredamos nuestra genética (junto con los cazadores-recolectores occidentales que la habitaban originalmente y los granjeros neolíticos). Esta rápida expansión fue posible gracias al uso extensivo de caballos. Además, hemos comprobado gracias a la genética que fue una expansión en que la enorme mayoría de desplazados eran hombres, y que no trajeron otro ganado que sepamos, lo que sugiere que se basó en la conquista de territorios en lugar de una simple migración.

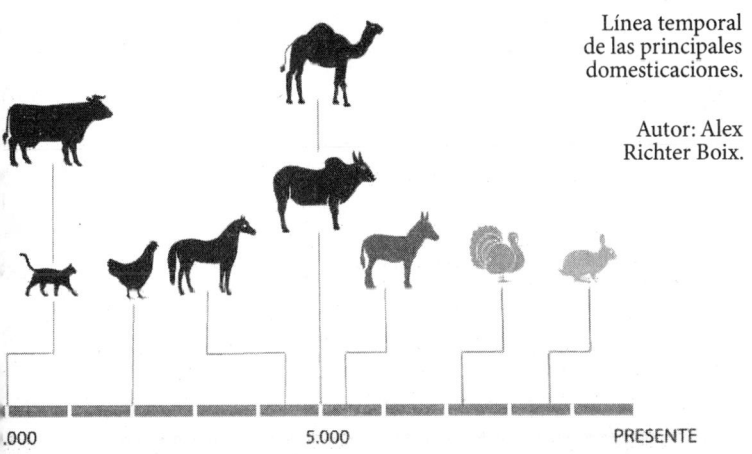

Línea temporal de las principales domesticaciones.

Autor: Alex Richter Boix.

.000   5.000   PRESENTE

Para los perros europeos esta expansión no parece haber tenido gran impacto, pues no se aprecia herencia de las estepas en las razas modernas. Sin embargo, observamos el patrón opuesto en Oriente. Sabemos que los Yamnaya también se expandieron hacia el este, pero parece que no dejaron una marca genética tan relevante como en las poblaciones humanas de Europa. Por el contrario, casi todos los perros de China y el Sudeste Asiático tienen una parte considerable de herencia de perros Yamnaya. Esto puede deberse a que los grupos que se expandieron hacia el este fueron luego desplazados por otras poblaciones, pero se quedaron a sus perros, o debido al comercio hacia el este a lo largo de la Ruta de la Seda.

En esta época, en el Mediterráneo Oriental, volvemos a ver un evento de domesticación importante: el del gato. Se cree que ejemplares de gato salvaje africano llevaban desde el Neolítico viviendo en torno a las granjas, que se habían convertido en un cebo para pequeños roedores, aves, etc.

Sin embargo, no es hasta la aparición de las primeras «grandes civilizaciones» de la Edad de Bronce, y de las consecuentes rutas de comercio marítimo, que el gato empieza a criarse como un animal doméstico, ya que un gato en un barco es un excelente controlador de las plagas.

FUERA DE EUROPA

Hasta ahora hemos hablado principalmente de Europa, y por extensión Asia Central y el Creciente Fértil, ya que son las regiones más estudiadas y donde podemos establecer un hilo conductor mínimamente coherente a la hora de explicar las domesticaciones y posteriores expansiones de las especies domesticadas (aunque el perro en este caso sea la excepción). Sin embargo, la domesticación no es un fenómeno que solo hayamos descubierto una vez, sino que ha aparecido de forma independiente en varias épocas y partes del mundo. Así que vamos a dar una pequeña vuelta al mundo a través de los animales domesticados.

ORIENTE

No tenemos muy claro cuándo llegan los perros a oriente, y la ocupación pudo ser tan temprana que se ha sugerido como uno de los lugares donde se produjo su domesticación (o una de ellas). Lo que sí sabemos es que el grupo que forman las diferentes razas de Asia Oriental, el Sudeste Asiático y la Melanesia ya formaban un linaje definido hace más de 10.000 años. De este linaje descienden no solo los perros de esta región (aunque en China, como ya hemos comentado antes, estos se mezclaron posteriormente con perros provenientes de las estepas), sino también las razas isleñas del Pacífico.

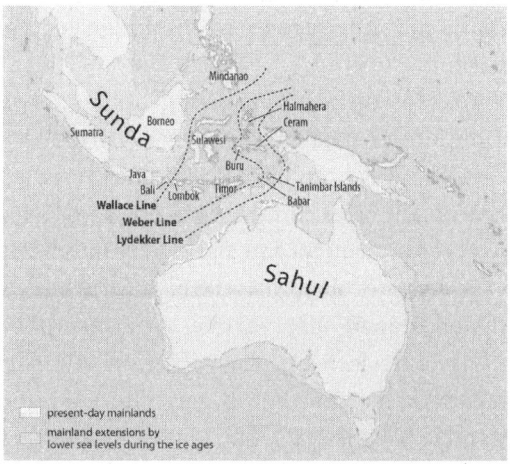

Mapa que representa las regiones de Sunda y Sahul, y las tres líneas biogeográficas que las han separado durante los diferentes periodos glaciales. Autor: Maximilian Dörrbecker, *Wikimedia Commons*.

Y no solo de las razas de las islas, sino también de cánidos que hasta hace una década se creía que eran especies salvajes, como el dingo y el perro cantor de Nueva Guinea. El dingo, que se ha convertido en el mayor depredador de Australia pero que también podemos encontrar en otras islas de Indonesia y en Tailandia, se extendió desde el sur de China, aunque no se sabe exactamente cuándo. La hipótesis más aceptada es que llegó a Australia junto con las lenguas de la familia Pama-Nyungan desde India hacia la actual Indonesia, Nueva Guinea y Australia, o en una expansión poblacional anterior, en torno a hace 18.000 años, durante el último periodo glacial. Ambas hipótesis respaldan la actual distribución de las poblaciones de dingo

(Australia, Indonesia y Tailandia) y los perros cantores de Nueva Guinea. Esta expansión de la mano de los humanos explica por qué estos animales tienen una distribución que cruza la Wallacea (un límite biogeográfico que marca la manga de mar que separaba a las antiguas regiones de Sonda y Sahul).

Si avanzamos un poco más en el tiempo, el siguiente periodo de interés para nosotros es el periodo Neolítico chino, que empezó hace unos 6.000 años, y en el que se domesticaron animales como el cebú, los patos y los gallos, así como el cerdo asiático. Este periodo es muy interesante, porque fue una revolución todavía más productiva que la occidental, dando lugar a una explosión poblacional nunca vista hasta la fecha. La población aumentó tanto que la ganadería (los cebúes) y la agricultura (los arrozales) invirtieron la tendencia a la baja de los niveles de metano atmosférico a nivel mundial, provocando el primer caso registrado de influencia antropogénica en el clima global.

Tras esta revolución, la región más fértil de lo que hoy conocemos como China pasó a ser un hervidero de culturas y de idas y venidas, lo que terminará afectando a la composición genética de sus perros. Hoy en día, las razas chinas presentan herencia de grupos ancestrales chinos (parientes de los dingos), siberianos, esteparios y europeos en varias proporciones.

ÁFRICA

El continente africano es un caso bastante peculiar a la hora de estudiar la domesticación. A mediados del siglo xx, varios investigadores propusieron que las cabras y las vacas africanas se habían domesticado de forma independiente a partir de ancestros hoy extintos. Sin embargo, la genética parece ser clara: en África, al contrario que en Eurasia, no se domesticaron animales. Eso no significa que no tuviesen un Neolítico, con su desarrollo tecnológico agrícola y su posterior expansión poblacional. Muy al contrario. La expansión Bantú, que se originó en las costas de África Occidental (Camerún y Nigeria) hace unos 3.000 años, y que extendió las lenguas Bantúes por buena parte del África subsahariana, sigue los mismos patrones que otras revoluciones neolíticas, como la del Creciente Fértil o la de lo que hoy sería China. Sin embargo, esta expansión no sucede directamente en dirección sur, sino que primero se produce un desplazamiento hacia el este, donde estos granjeros neolíticos asimilaron las técnicas de pastoreo y el ganado de grupos del norte de África o de Arabia, y luego exportándolos al resto del continente.

Hablando de perros, el continente africano es todavía más raro. Y es que hasta el siglo XIX se creía que los perros no habían llegado al África Subsahariana. Sin embargo, en 1868 el explorador Georg August Schweinfurth describió cómo la tribu de los Azande, en África Central, usaba perros para cazar. Estos perros llamaron la atención en seguida porque tenían un aspecto muy similar al de los perros representados en algunos dibujos del Antiguo Egipto. No sería hasta 1895 que se presentaría la primera pareja de canes en una exhibición en Londres, y hasta 1959 no se consiguió importar una pareja que sobreviviera lo suficiente como para empezar a criar esta raza fuera de África.

¿Y por qué esta historia es importante? Pues porque estos perros, conocidos como Basenji, tienen dos características muy especiales. La primera es que son los únicos cánidos, que sepamos, incapaces de ladrar, lo que los hace adorables. Y la segunda, es que son la raza de perro más antigua que conocemos, divergiendo del resto de perros antes incluso que los dingos.

Resulta que este grupo de perros, que pertenecen a la familia de perros del Levante (la costa este del Mediterráneo), fue reemplazada al final del periodo clásico por perros más relacionados con las razas modernas europeas en Oriente Próximo y el Norte de África. Solo en esta región del centro del continente sobrevivió este linaje tan peculiar, y hasta la llegada de los colonos europeos no aparecerían nuevas poblaciones de perro al sur del Sahara.

AMÉRICA

Igual que África, las Américas son un caso bastante peculiar. Los humanos no llegan a este continente hasta hace, como mínimo, 20.000 años, aunque algunos huesos de mamut con marcas características de haber sido cazados y cortados por herramientas de piedra sugieren que ya había poblaciones de cazadores-recolectores hace 25.000 años en Beringia, la masa de tierra que por aquel entonces conectaba Alaska con la península de Kamchatka. Con el paso de los años los humanos cruzaron el bloque de glaciares que cubría gran parte de Canadá, bien por un pequeño pasillo que se formó hace 17.000 años o en barco siguiendo la costa, y en menos de un milenio llegaron hasta el extremo sur del continente.

¿Bueno, y esto por qué nos interesa? Pues porque, como ya hemos visto antes, para esta época los perros eran un asiduo compañero de las poblaciones siberianas y asiáticas de donde procedían los primeros americanos. Parece ser que los habitantes de Beringia no tenían perros (o al menos, que estos perros no contribuyeron genéticamente a las poblaciones de perros americanos), sino que fue una segunda migración, en torno a hace 16.000 años, la que trajo a los primeros perros, de origen siberiano, al Nuevo Mundo.

Análisis de ADN antiguo muestran que estos perros estaban más emparentados con los perros árticos, como el Alaskan Malamute, el Husky Siberiano o los Laika, que con cualquier otro grupo de perros, y también que a la llegada de los europeos nuestros perros barren casi completamente la genética nativa, hasta el punto de que perros como el Chihuahua o el Xoloitzcuintli, considerados hasta la fecha como antiguas razas americanas, apenas tienen herencia en común con los perros precolonización.

Sin embargo, sí tenemos un linaje de perro americano que sobrevive, aunque curiosamente, no en forma de perro, sino de tumor. Uno de los pocos tumores transmisibles que conocemos es conocido como el Tumor Venéreo Transmisible Canino (CTVT de sus siglas en inglés). Parece haberse originado a partir de un ejemplar norteamericano poco después de haber llegado al continente, ya que este tenía una ligera herencia de coyotes americanos. Sin embargo, los autores de este estudio, publicado en la revista *Science*, dejaron la puerta abierta a un origen premigración, ya que se desconoce si los perros de Beringia estaban hibridados con coyotes o no.

Si miramos a otras especies domesticadas, las Américas experimentaron tantos eventos independientes de «neolitización» (con comillas muy grandes) como el Viejo Mundo. El más antiguo que conocemos es el del Valle del Río Balsas, en el centro de México, con la domesticación del maíz a partir de una hierba conocida como teosinte hace más de 9.000 años, a la que seguirían otros grupos al norte del Amazonas, en los Andes y en el este de lo que hoy es los Estados Unidos. Sin embargo, la mayoría de estos eventos se produjeron sin que se domesticase también alguna especie animal. Las únicas especies de animales domesticados han sido el pavo en lo que hoy sería México y el pato criollo en lo que hoy es Perú, hace más de 2.000 años y el conejillo de Indias, las llamas y las alpacas hace unos 5.000 años en los Andes.

La hipótesis más aceptada de por qué esta diferencia con el Viejo Mundo es que, como en África, simplemente no había especies candidatas a ser domesticadas. La extinción de megafauna de finales del Pleistoceno fue especialmente dura en el Nuevo Mundo, y se cree que la desaparición de toda esta fauna supuso que, llegado el momento, las poblaciones de granjeros apenas tuviesen opciones viables entre las que elegir.

OTRAS CURIOSIDADES

INTROGRESIONES ADAPTATIVAS

Ahora que hemos repasado la historia general de los perros y otras especies domésticas, me gustaría mencionar algunos casos peculiares. El primero, que me parece curioso, es el de los mastines tibetanos. Como todos podréis imaginar, vivir a tanta altitud es bastante complicado, principalmente por la baja concentración de oxígeno. Esto hace que los animales que viven en estas regiones tengan adaptaciones específicas que les ayudan a vivir tan alto.

Sin embargo, las especies domesticadas no presentan este tipo de adaptaciones y, por tanto, la altura supuso un problema enorme a la hora de criar animales en el Himalaya. ¿Cómo solucionamos esto? Pues cruzando a los mastines tibetanos con lobos del Himalaya. Estos cruces, que sucedieron bastante pronto tras la introducción del perro en la región, permiten a los mastines vivir y reproducirse sin problemas gracias a la introgresión (paso de una mutación característica de una especie a otra distinta) de dos regiones específicas, pertenecientes a los genes *EPAS1* y *HBB*, que ofrecen resistencia a la hipoxia, o la falta de oxígeno a causa de la altura.

Este tipo de introgresiones no son raras en el Tíbet, y las podemos encontrar también en ovejas de todo el altiplano, que hibridaron con los argalíes, además de en humanos, que se hibridaron con denisovanos (de los que os hablará largo y tendido Alex en el siguiente capítulo) al llegar a esta región, compartiendo todos los tibetanos modernos esta adaptación de nuestra especie hermana.

LA RARA HISTORIA DEL CERDO EUROPEO

Como ya mencionamos al principio de este capítulo, el cerdo fue domesticado en el Creciente Fértil a finales del proceso de domesticación neolítico, y formó parte esencial de la subsiguiente expansión por buena parte de Eurasia de los granjeros que lo domesticaron. Sin embargo, el caso de esta especie es bastante peculiar. Parece ser que los granjeros neolíticos trasladaron al cerdo con ellos, pero una vez se establecieron en sus nuevos hogares apenas controlaban a sus cerdos (que, recordemos, son una especie mutualista que se ve atraída a los asentamientos). Esto se tradujo en una reproducción bastante libre durante miles de años entre los grupos domésticos y los salvajes, en que los granjeros siguieron manteniendo ejemplares con el aspecto general de «cerdo neolítico», con menos pelo y baja pigmentación, pero cambiando completamente la genética de esta población de cerdos. Para terminar, y ya en el periodo clásico, vemos cómo crece en popularidad el cerdo europeo sobre el local en el Creciente Fértil, por lo que nuestros nuevos cerdos-jabalíes europeos terminaron desplazando completamente a las poblaciones domésticas originales.

Por si no teníamos suficiente mezcla genética, a eso hay que añadir que los cerdos modernos europeos se cruzaron con cerdos asiáticos durante el siglo XIX, y que algunos de estos cerdos asiáticos, sobre todo en las islas, presentan casos de introgresión adaptativa para resistir enfermedades tropicales, y se nos queda un lío de aúpa.

¿Y QUÉ HAY DE NOSOTROS?

La domesticación lleva asociada una serie de características que han aparecido de forma independiente en varias, o en muchas, de las especies domesticadas. El primero en darse cuenta de esto fue el propio Charles Darwin, que llamó a este suceso «síndrome de domesticación». Este síndrome incluye un comportamiento más manso, reducción del tamaño de la cabeza, los colmillos y/o los dientes, la aparición de características pedomórficas (características infantiles que se mantienen en individuos adultos) o de coloración *piedball* (o manchada sobre blanco), entre otras. Desde que Darwin propusiera este síndrome, varios investigadores han criticado que se agrupen características que no todos los animales domesticados tienen, pero es innegable que estos cambios aparecen una y otra vez en continentes y épocas distintos, y en especies muy alejadas filogenéticamente, así que es posible que exista una causa común, o al menos un proceso general asociado a cómo se lleva a cabo la domesticación que favorece la aparición y perpetuación de estos fenotipos típicos de animales domesticados.

Y ahora me diréis: «¿pero esta sección no era para hablar de humanos?», y tendréis toda la razón. Ahora toca hablar de nosotros, y es que la incómoda verdad es que nosotros también compartimos algunos de estos rasgos, entre ellos la aparición de caracteres pedomórficos. Tan pronto en la evolución humana como en *Ardipithecus ramidus* encontramos que las dimensiones craneales de los adultos se van volviendo más infantiles, si las comparamos con las de los chimpancés. La reducción en la agresividad, el acortamiento del rostro, la despigmentación (que en humanos ha aparecido varias veces) y la pérdida de un ciclo reproductivo estacional son otras características que compartimos con los animales domésticos.

La hipótesis de la autodomesticación sugiere que la presión que las sociedades humanas han ejercido a lo largo de nuestra historia sobre el éxito reproductivo de los individuos que vivían en ellas ha creado un resultado similar al de la domesticación en otras especies. Es decir, que nos habríamos domesticado los unos a los otros mediante selección social.

No estamos solos en la lista de candidatos a haberse autodomesticado. Los bonobos, grupo hermano de los chimpancés y pariente cercano nuestro, también parecen haber padecido una fuerte selección social contra los comportamientos agresivos, hasta el punto en que esta especie soluciona casi la totalidad de sus conflictos sociales a través del sexo. También tienen la piel más clara y con menos pelo que los chimpancés, además de una reducida capacidad craneal y un rostro más juvenil.

Para terminar, me gustaría mencionar un concepto bastante más nuevo, pero que está empezando a ganar popularidad cuando hablamos de la evolución de animales domésticos y humanos: la codomesticación. La especie que mayor efecto ha tenido en nuestra evolución reciente es, sin dudarlo, el perro. Diferentes análisis, tanto genéticos como etnográficos, sugieren que fue el lobo el que estableció una relación con los humanos, haciendo que las poblaciones humanas que eran más amigables con estos lobos tuvieran una ventaja, bien sea porque les ayudaban a procesar los restos de presas, porque eran útiles como compañeros de caza o porque les avisaban de posibles peligros.

Esta relación ha tenido una serie de efectos convergentes en ambas especies. Uno de ellos, es que ambos somos más susceptibles a las expresiones de la otra que a las de animales salvajes. De hecho, los humanos liberamos oxitocina ante la mirada de los perros, pero no de lobos, lo que ayuda a que los humanos establezcan una relación emocional con el perro. Pero esto solo no sería codomesticación. Resulta que los perros buscan más a los humanos con la mirada si huelen oxitocina en el aire, lo que crea un bucle en que el perro hace sentir bien al humano, y como el humano se siente bien, el perro refuerza este comportamiento.

Este es un excelente ejemplo de por qué el perro es el mejor amigo del hombre. Incluso cuando ese hombre es el Anticristo, y Perro lo único que puede hacer es llevarle un viejo hueso.

EL DEVENIR DE *HOMO SAPIENS*: UNA MUÑECA RUSA GENÓMICA

ALEX RICHTER-BOIX

«¡Qué desconcertantes son todos estos cambios! ¡Nunca estoy segura de lo que voy a ser un minuto después!».

Alicia en el país de las maravillas, LEWIS CARROLL

Primero fue un beso. Uno solo. Atrevido. Escandaloso. Obsceno para muchos, perturbador para otros. La mayoría lo consideraron inadmisible. Algo fuera de lugar. No podían aceptar lo que estaban viendo: el coronel George Taylor, todo un oficial de la NASA, había depositado sus labios sobre los de la doctora Zira antes de partir a caballo. El humano estaba a punto de descubrir las ruinas de la estatua de la Libertad entre las rocas, azotadas por las olas del mar. Era un beso de ficción. Uno de agradecimiento, entre un humano y una primate muy humana, y aun así, ese inocente acto de *El planeta de los simios* fue ampliamente criticado por el público de 1968. A la sociedad americana de entonces le pareció inadmisible esa licencia cinematográfica. En el guion de la secuela, *Regreso al planeta de los simios*, había una idea aún más perturbadora, un niño que era medio humano y medio simio, fruto del cruce entre aquellos humanos del futuro venidos a menos y esos primates que hablaban, desarrollaban teorías científicas, y, en definitiva, gobernaban el antiguo mundo humano. El personaje híbrido llegó a ser bautizado como Messias, pero su aparición en pantalla se vio truncada.

El director y los productores temieron que la Asociación Cinematográfica de Estados Unidos les denegara la clasificación de *película para todos los públicos* al sugerir el cruce de nuestra especie con otra. Hoy quizás no se lo hubiesen planteado, pero entonces corría el año 1969 y, en una parte considerable de los Estados Unidos hacía tan solo dos años que los matrimonios interraciales eran legales. Si bien la Corte Suprema en 1967 acabó con su ilegalización, en el estado de Alabama, *sweet home Alabama*, la prohibición de los matrimonios interraciales persistió oficialmente hasta el año 2000. Hasta el agotamiento del siglo XX varios jueces del estado hicieron uso de dicha ley para negar licencias de matrimonios. Al igual que en Alabama, durante décadas, en muchos estados el mestizaje estuvo prohibido por ley. No se permitían los matrimonios entre lo que consideraban blancos y negros. Igual que en Sudáfrica se criminalizaron hasta 1985 las relaciones sexuales entre los denominados «blancos» y «no blancos».

El control de las relaciones sexuales y los matrimonios venía de lejos: ya en 1664 Maryland aprobó una ley colonial donde se prohibían expresamente los matrimonios entre mujeres británicas y esclavos negros, un acto catalogado de «desgracia para la Nación», que más tarde se ampliaría a la prohibición de juntarse con los nativos americanos, e incluso con las personas de origen asiático. Dicho control se acentuó en muchos países durante el siglo xx como parte de las políticas eugenésicas que practicaron. No había solo una valoración moral, sino que los estados actuaban con la voluntad de mejorar el acervo genético de sus ciudadanos. Fue un monstruo social y político que bebió del racismo científico y del nacimiento de la genética, que llevó, entre otras muchas cosas, a la restricción del matrimonio entre razas con la excusa científica de garantizar la pureza racial, todo ello antes de que la propia genética acabase confirmando que la división de la humanidad en razas es injustificable. Junto a la prohibición del mestizaje se promulgó la segregación racial de la sociedad, el control de la inmigración, los abortos forzosos e incluso la esterilización obligatoria; los programas eugenésicos de «higiene racial» se llevaron al extremo en la Alemania nazi, donde se planeó el genocidio de judíos, gitanos, homosexuales y testigos de Jehová con el fin de mantener una Alemania «pura».

En Estados Unidos se llegó a prohibir la migración desde el este y el sur de Europa. Consideraban que esos «linajes inferiores» amenazaban la integridad genética de los estadounidenses de origen anglosajón. Lo mismo pensaban de los matrimonios interraciales, vigentes en muchos estados hasta 1967. En 1969, mientras se rodaba la segunda parte de *El planeta de los simios* la prohibición ya no existía, pero la sociedad estadounidense apenas aceptaba los encuentros sexuales entre grupos diferentes. Los sondeos de la época mostraban que el 72% de la población desaprobaba los matrimonios interraciales, por lo que la dirección de la película consideró que era demasiado arriesgado plantear una relación sentimental y sexual entre humanos y simios. Había en ello demasiada similitud con los matrimonios interraciales, así que Messias fue borrado del guion. Aunque la similitud pueda parecer cogida con pinzas, lo cierto es que el concepto «híbrido» deriva del latín *hybrida*, palabra con la que las legiones romanas describían a los soldados con una descendencia mixta de romanos y otros pueblos. También se llamaba *híbrido* a la descendencia de una cerda domesticada cruzada con un jabalí. En ningún caso se aplicaba al cruce entre dos especies, esa fue una acepción científica que llegaría siglos más tarde.

Pero regresando al siglo XX, encontramos que los guionistas de *El planeta de los simios* decidieron mantener intacta la pureza de la especie humana y no mezclar su genética con la de otra especie. Los creadores de ficciones clásicos no habían tenido tantos problemas a la hora de dar luz al Minotauro, describir las tropelías de los centauros, dibujar a los ángeles con alas de paloma, la sensualidad de las sirenas, o como Ovidio en sus *Metamorfosis*, describir un intercambio fluido entre dioses, humanos y animales. Curiosamente, y salvando las distancias, el relato que narra nuestro genoma está más cerca de los mitos clásicos que del puritanismo de Hollywood.

UN VIAJE EN EL TIEMPO MOLECULAR

Hoy sabemos que los humanos anatómicamente modernos, es decir los *Homo sapiens*, tú y yo, todos los que escribimos estas páginas y, en definitiva, el conjunto de la humanidad actual, tenemos un origen híbrido, que no significa que seamos híbridos. Esto no se sabía cuando se rodó *El planeta de los simios* ni sus secuelas, si bien la idea ya rondaba entre algunos naturalistas desde el descubrimiento de restos de neandertales en el siglo XIX. El danés Hans Peder Steensby fue el primero en considerar a principios del siglo XX que la anatomía craneal de los pueblos frisios, daneses y holandeses exhibían características propias de los neandertales, asumiendo que los habían heredado de los mismos. Unas ideas que se abandonaron a mediados del siglo XX cuando se concluyó que los neandertales no eran los ancestros de *Homo sapiens*, y por tanto no podían haber heredado nada de ellos. Nuestro origen había que buscarlo en África, un continente que nunca llegaron a habitar los neandertales. Aun así, la posibilidad siguió existiendo, los restos de *Homo sapiens* y *Homo neanderthalensis* se solapaban durante milenios. Tras su salida de África, *Homo sapiens* habitó durante mucho tiempo regiones pobladas por neandertales antes de que estos se extinguiesen. Así que algunos investigadores volvieron a replantearse si se habían cruzado. ¿Tendrían sexo los sapiens con los neandertales? Y lo más interesante: ¿tuvieron descendencia?, ¿qué fue de esos híbridos?, ¿tuvieron algún papel en la evolución de sus poblaciones?, ¿o fueron callejones sin salida, individuos estériles como las mulas y los burdéganos? La existencia de los híbridos ha sido para los científicos un quebradero de cabeza desde el siglo XVIII. Primero vistos como aberraciones que atentaban contra las leyes de la naturaleza, luego como seres que ponían en duda la estabilidad reproductiva de las especies, y con ello el propio concepto de especie. Los híbridos, sobre todo en botánica, dieron lugar a grandes reflexiones que, hoy más que nunca, siguen siendo parte del debate científico, incluso afectando a la propia evolución humana y a nuestra percepción como especie.

Y aunque la sospecha de un posible encuentro entre sapiens y neandertales estuvo allí durante décadas, los restos óseos y materiales encontrados no hablaban mucho. El estudio detallado de los cráneos no ayudó a dilucidar el problema planteado por el danés Hans Peder Steensby, hasta que entró en juego una nueva técnica genética capaz de recuperar el ADN antiguo y sumergirnos en el pasado de la mano de la genética molecular. En los últimos años ha habido una revolución tecnológica que permite trabajar con material genético de restos prehistóricos, tanto humanos como animales, como ya habrás leído en el capítulo anterior de Pedro Morell. La secuenciación de individuos que vivieron hace miles, o decenas de miles de años, ha sacudido el árbol evolutivo humano en los últimos tiempos. Los estudios de ADN antiguo han actuado como los braceros que baten las ramas de los olivos, haciendo caer muchas de las ideas que se tenían sobre el árbol de la evolución humana. Hace apenas una década que se aplica en restos humanos, y no fue hasta 2008 cuando el equipo liderado por el sueco Svante Pääbo logró secuenciar el primer genoma mitocondrial completo de un neandertal. Un gran hito de la paleogenética que se vería superado un par de años más tarde. En 2010, el mismo equipo publicó el primer genoma neandertal y sus resultados sorprendieron al mundo. Comparando el genoma neandertal con el genoma de personas actuales, demostraron que los humanos modernos de Europa y Asia compartían entre un 1 y un 4% de su genoma con los neandertales. Eso solo podía significar una cosa. Ahí estaba la prueba que durante décadas se había resistido. Lo que los cráneos no explicaban estaba en el ADN. Compartir un porcentaje del genoma implica que en algún momento las dos especies tuvieron sexo y descendencia. Aun extintos, los neandertales siguen, de alguna manera, vivos en nuestras células. Aunque sea parcialmente. Y no están solos, pues el genoma de *Homo sapiens* está poblado por otros grupos humanos hoy desaparecidos. Algunos, como los neandertales, son bien conocidos; otros no tanto o nada, pero sus ecos resuenan en nuestro genoma.

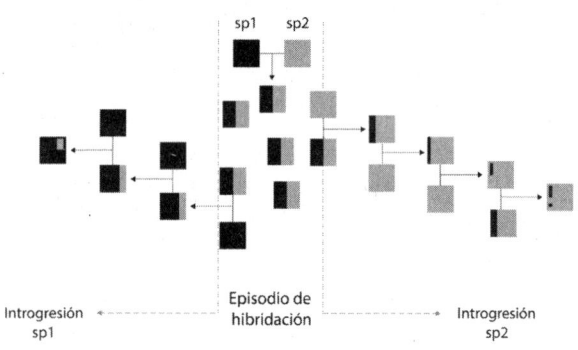

Esquema simplificado donde se representa el movimiento de genes de una especie (introgresión) a partir de un episodio de hibridación. Los híbridos resultantes del cruce de la especie 1 (sp1) y la especie 2 (sp2), representados en el centro, posteriormente se cruzan con individuos de las especies de sus progenitores, de manera que, en cada nuevo cruce, la aportación genética de la otra especie se va diluyendo hasta quedar limitada a un porcentaje reducido del genoma, como las introgresiones que encontramos hoy en las poblaciones modernas.

Al hablar del genoma, una de las metáforas más recurrentes es la de referirse a él como al gran libro de la vida, casi evocando a los libros sobre los que se fundamentan las grandes religiones. Un libro que puede leerse tanto para descifrar a la persona actual (con todas sus dificultades y peligros, como irás descubriendo en los siguientes capítulos) como para adentrarse en el pasado. Lo cierto es que el genoma puede leerse, pero su naturaleza no es estática como la de un libro, más si se trata de un libro sagrado, sino dinámica. Eso hay que hay agradecérselo, en gran parte, al sexo. El sexo es un invento maravilloso de la naturaleza para enfrentarse a la incertidumbre, y con ello no me refiero a que el sexo nos ayude a combatir el estrés y ansiedad de las inquietudes diarias, que también, sino que el sexo es una estrategia evolutiva para lidiar con un ambiente cambiante. La reproducción sexual combina continuamente el genoma de dos progenitores para dar lugar a algo distinto, produciendo así nuevas variantes con las que enfrentarse a los nuevos posibles desafíos. No es solo una mezcla de genes del padre y la madre, sino la mezcla de una combinación única de cada uno de ellos que tiene lugar durante la formación de óvulos y espermatozoides. En estos procesos se da la recombinación, de la cual habla en más detalle Adrián Villalba Felipe en otro capítulo. El proceso de recombinación puede simplificarse como barajar el contenido genético de los progenitores durante la meiosis, donde algunos genes de la madre de la madre, lo que viene a ser la futura abuela materna, y los genes del padre de la madre, el futuro abuelo materno, pueden terminar unos junto a los otros en el segmento de ADN, y lo mismo sucede en los espermatozoides del padre. Cada espermatozoide lleva una combinación única de genes de los abuelos paternos, los cuales a su vez ya eran una combinación única de los bisabuelos, y estos de los tatarabuelos. El individuo que nace de la unión de un óvulo y espermatozoide hereda una combinación de genes completamente única, algo importante desde el punto de vista evolutivo porque introduce nuevas combinaciones en cada generación. La diversidad es la que permite lidiar con la incertidumbre. La diversidad te da más opciones. Volviendo a la analogía del genoma como libro, si conocemos el contenido de los libros de la madre y el padre, no será difícil identificar en el del hijo de quién ha heredado cada página o fragmento de texto. Eso no es posible sin los genomas de referencia, y ahí radica la importancia de los estudios de ADN antiguo. Nos da acceso a libros de referencia milenarios. No de los progenitores, ni de los abuelos, ni los tatarabuelos, sino de personas que vivieron hace miles de años, abriéndonos así una puerta al pasado y permitiéndonos desentrañar nuestra historia biológica.

Secuenciar el genoma de un neandertal es equiparable al hallazgo de la piedra de Rosetta en 1799. El fragmento de la piedra que encontró el soldado francés Pierre-François Bouchard presentaba un decreto del faraón Ptolomeo V escrito en tres lenguajes distintos: jeroglíficos egipcios, escritura demótica y en griego antiguo. El texto en griego permitió avanzar en el descifrado de los jeroglíficos egipcios que hasta entonces habían sido un misterio incomprensible. Nosotros incluso ignorábamos que lleváramos en nuestro genoma algo por descifrar hasta que se consiguió el genoma de referencia de los neandertales. Fue una piedra de Rosetta genética que permitió identificar en nuestros libros de la vida modernos la existencia de fragmentos cuya «escritura» corresponde a la de un neandertal, lo que en biología se conoce como introgresión. Un movimiento de genes entre humanos y neandertales fruto de un proceso de hibridación. Nuestro genoma es testimonio de los encuentros sexuales de dos líneas evolutivas que llevaban separadas entre 800.000 y 600.000 años. Nos permite entender aspectos íntimos del pasado que no pueden interpretarse estudiando los huesos o el material elaborado por personas que vivieron hace miles de años. Los neandertales se extinguieron hace unos 40.000 años, pero parte de su herencia sigue presente en nosotros como veremos más adelante. Como ya se ha dicho, el cruce con los neandertales no fue el único, hubo otros grupos arcaicos apenas conocidos y de los que no sabemos absolutamente nada que también han contribuido a nuestro genoma, y andarás preguntándote cómo podemos saberlo si no tenemos un genoma de referencia de estos grupos.

CAZANDO FANTASMAS

Identificar la herencia actual de los neandertales y los denisovanos, de los que hablaremos en un momento, es relativamente fácil. No hay más que comparar la secuencia de sus genomas con las nuestras, y localizar aquellos genes o fragmentos que prácticamente coinciden. En neandertales y denisovanos se ha conseguido recuperar su ADN, pero de la mayoría de restos de homininos que conocemos, tenemos huesos pero no material genético. El ADN se degrada rápidamente en los ambientes cálidos y húmedos de África y Asia donde seguramente tuvieron lugar episodios importantes de nuestra historia evolutiva, de manera que su posible presencia en nuestro genoma no se detecta por comparación, sino que se infiere mediante algoritmos estadísticos. Son los modelos matemáticos los que permiten desvelar poblaciones fantasmas. Vemos su huella en nuestro genoma pero no sabemos nada de ellos. No hay huesos que confirmen que existieron. O, mejor dicho, no podemos vincularlo a ninguno de los restos conocidos. A falta de evidencias físicas, de un genoma de referencia los algoritmos pueden rastrear nuestro ADN o el ADN antiguo de neandertales y denisovanos en busca de secuencias que no encajen con nuestra historia evolutiva. Piezas de ADN extrañas que indican que fueron adquiridas de otros grupos arcaicos, algo posible mediante la simulación. Sabiendo cómo se dan las mutaciones y su acumulación a lo largo de las generaciones, es posible buscar mutaciones que no encajan con la historia evolutiva esperada de un gen. Si volvemos a la idea del libro, al fin y al cabo es como realizar un análisis lingüístico. El parecido entre ambas ciencias es tan grande que en la rama de genética de poblaciones y en estudios de lingüística se emplean conceptos y herramientas estadísticas similares. Como los genes, las palabras mutan con el tiempo, la gente las cambia, les confiere otro significado o toman prestadas palabras de otros idiomas, como cuando hay una transferencia de genes entre poblaciones o especies. Un genoma y un diccionario pueden estudiarse de manera similar, y muchas veces incluso explicar historias paralelas, pero volvamos a cómo saber que un gen actual perteneció a un grupo arcaico del que no sabemos ni que existió.

A nadie se le escapa que hay una mayor similitud entre el castellano y el italiano, o entre cualquier lengua romance, que con el alemán o el sueco. Sabemos que todas las lenguas romances derivan del latín, y los filólogos han llegado a detectar los cambios regulares y generalizados que se han dado entre la palabra latina y la palabra resultante en castellano. Tanto es así, que existe una serie de reglas fundamentales que permiten entender la transmutación que sufrió una palabra latina para alcanzar su forma actual. Pero, como los genomas, los idiomas tienen historias complejas, y en nuestro vocabulario, encontraremos de vez en cuando palabras cuya raíz revela que no pueden venir del latín. Esto sucede con palabras de origen germánico y de origen árabe. Más allá de las consabidas palabras de origen árabe, a mí no me resulta fácil identificar el origen de un vocablo, pero un filólogo sabrá averiguar su origen conociendo la evolución de las palabras. Con el ADN pasa lo mismo. Sabemos cómo son las mutaciones, con qué frecuencia se fijan y se van acumulando, todo un conocimiento que nos permite reconstruir, mediante modelos matemáticos, cómo ha evolucionado un genoma y detectar aquellos fragmentos actuales que no encajan. Cuya historia es distinta. Con un patrón de mutaciones diferentes a las del resto. Estos algoritmos permiten detectar los genes heredados de los neandertales y los denisovanos que ya conocíamos por los genomas de referencia; son como las palabras de origen árabe y germánico, de idiomas conocidos y estudiados, pero además señalan fragmentos que supuestamente no son nuestros, pero tampoco sabemos a quién pertenecen. Estos son los fragmentos que dan origen a las poblaciones fantasmas que habitan nuestros genomas. Palabras de un idioma de origen incierto, sabemos que existen, pero desconocemos su origen. Nuestra comprensión de los últimos pasos de la evolución humana, desde la aparición de *Homo sapiens* en África, se ha complicado mucho en los últimos años. La visión más generalizada hasta no hace mucho, de un *Homo sapiens* triunfante que se dispersó desde África a todos los continentes desbancando a los neandertales ha caducado. La genética ha descubierto la vida sexual de nuestros ancestros y ha reescrito nuestra evolución como especie: es un galimatías.

HOMO PROMISCUUS

Los restos arqueológicos y los datos genéticos apuntan a que *Homo sapiens* apareció en África hace alrededor de 300.000 años. Más de dos terceras partes de nuestra historia como especie se limitan a África, aunque parece que hubo varios intentos antes de dejar atrás el continente. Estas migraciones no tuvieron éxito hasta hace 75.000 años, cuando finalmente los grupos humanos se dispersaron a través de Oriente Medio hacia el este, alcanzando Asia y Oceanía primero, mientras que algo más tarde, hace unos 47.000 años, otro grupo se dirigió hacia el oeste adentrándose en Europa. Fue en esos movimientos fuera de África cuando nuestros antepasados entraron en contacto con otras poblaciones humanas que llevaban miles de años habitando Eurasia.

La primera sorpresa que proporcionó el ADN antiguo fue descubrir que nuestros antepasados se cruzaron con los neandertales hace entre 50.000 y 58.000 años. Primero se pensó que los dos grupos se habrían entremezclado durante generaciones una sola vez y en un lugar, apuntando a Oriente Medio, el corredor de salida de África hacia Asia y Europa. Como tanto las poblaciones de Asia, Europa y América poseen porcentajes de ADN neandertal en su genoma, se creyó que las introgresiones debieron suceder antes de que las líneas europeas y asiáticas se separaran en sus respectivas direcciones. Sin embargo, los últimos trabajos dibujan un panorama más complejo, en las que ambas especies se cruzaron repetidas veces a lo ancho y largo de la geografía. A medida que se va obteniendo más ADN antiguo se van identificando distintos momentos en los que se intercambiaron genes, y con quién lo hicieron.

Esto sucedió en Oriente Medio primero, pero volvió a suceder en Asia central más tarde, también en el este de Europa y hasta en Siberia. Cuantas más muestras se obtienen más se va sabiendo; para cuando leas esto seguro que han aparecido novedades, pero la imagen general es la de múltiples momentos y lugares de contacto entre ambas especies, y un intercambio de genes en ambas direcciones. *Homo sapiens* adquirió genes de los neandertales, y los neandertales de los *Homo sapiens*. La genética de un neandertal de hace 100.000 hallado en Siberia presenta un paquete de genes de *Homo sapiens*, entre ellos el gen *FOXP2* vinculado al desarrollo del lenguaje. Un hallazgo sorprendente, porque hace 100.000 años aún no había tenido lugar la dispersión fuera de África, ni los neandertales se habían adentrado en África. Todo apunta a que las introgresiones son el producto de los primeros grupos de *Homo sapiens* que se aventuraron fuera del continente. No parece que ninguno de ellos llegase a establecerse, pero sí que llegaron tan lejos como para encontrarse y cruzarse con los neandertales antes de desaparecer.

Fue en el año 2010 cuando se descubrió que partes del genoma humano contenían genes de origen neandertal. La ciencia hacía más de un siglo que conocía la existencia de los neandertales e incluso se había planteado la posibilidad de que se cruzaran con *Homo sapiens*. Esta posibilidad académica incluso era una de las tramas principales de la saga literaria de *El clan del oso cavernario* de Jean M. Auel. En 2010 la genética confirmaba lo que la autora había planteado treinta años antes en sus novelas, pero guardaba una sorpresa mayor que nadie esperaba.

La historia se inicia un par de años antes, en la región montañosa de Altai, situada al sur de Siberia. Existe allí una cueva, cuyo nombre, Denísova, se debe al ermitaño llamado Denis que la habitó durante el siglo XVIII. El lugar era famoso entre los arqueólogos por contener restos neandertales. En 2008, el equipo liderado por Michael Shunkov, de la Academia de Ciencias de Rusia, encontró en su interior el fragmento de una falange de dedo de 50.000 años. Convencido de que pertenecía a un neandertal, Shunkov envió la muestra a Svante Pääbo, quien sabía que estaba trabajando en la obtención del genoma de neandertales en el Max Planck de Leipzig. Cuando consiguieron extraer ADN del fragmento y secuenciarlo se dieron cuenta de que estaban ante algo distinto. No era *Homo sapiens* ni tampoco *Homo neanderthalensis*. Era algo nuevo. Algo desconocido al que inicialmente denominaron «X-woman». Un nombre que parece salido de una saga de superhéroes que acabaron sustituyendo por el de denisovanos, en alusión a la cueva donde se había hallado, y aunque su taxonomía sigue sin estar definida, hay quienes lo han clasificado como *Homo denisoviensis* o *Homo altaiensis*. Más allá de si se trata de una especie, una subespecie o cualquier otra categoría taxonómica, los denisovanos fueron un grupo que compartió ancestro con los neandertales hace unos 650.000 años, y con los humanos modernos unos 800.000 años atrás. Fue otro de los grupos humanos que habitaba la Tierra cuando *Homo sapiens* inició su odisea más allá de África. Hoy estamos huérfanos. Somos los únicos supervivientes del género *Homo*, pero hace apenas 120.000 años la familia era más grande, junto a nuestra especie, caminaban *Homo neanderthalensis*, *Homo floresiensis*, *Homo luzonensis*, *Homo erectus* y los denisovanos en distintas partes del mundo. El hallazgo de los denisovanos se hizo público en 2010. Era la primera vez que un grupo de homininos se identificaba únicamente a partir de su ADN.

No había nada más para definir al grupo. Solo un fragmento de dedo. Suficiente para ver que algunas de sus secuencias coincidían con las de los pobladores nativos de Melanesia, especialmente con las personas de Nueva Guinea.

Las introgresiones y los cruces entre humanos y denisovanos en sí no supusieron un gran revuelo; poco antes, el mismo equipo había demostrado que eso había sucedido con los neandertales, pero había un detalle que resultaba sorprendente. Las poblaciones de Oceanía eran las que presentaban porcentajes de ADN denisovano más alto, de entre un 4-6%, pero eso quedaba a miles de kilómetros al sur de la cueva de Denísova. Parecía obvio pensar que en el pasado su rango de distribución fue más amplio, incluso que la mayor parte de sus poblaciones se concentraron en el sudeste asiático; pero no había pruebas de ello, más allá de lo que sugerían los estudios genéticos. De hecho, estos detectaron que, en las poblaciones nativas del continente asiático y americano, los porcentajes de ADN denisovano son más bajos, de un 0,2%, sugiriendo que en el continente hubo una mayor inmigración de humanos modernos tras el encuentro de los primeros con los denisovanos. Esas migraciones diluyeron la herencia de los denisovanos en el continente, mientras que las poblaciones humanas de los archipiélagos de Oceanía permanecieron aisladas de nuevas migraciones durante mucho tiempo, reteniendo así un mayor número de introgresiones de los denisovanos.

En 2019, un estudio complicaba aún más el escenario, identificando tres grupos genéticos diferentes de denisovanos, cada uno de los cuales ha dejado una huella genética diferente en las poblaciones humanas actuales. El Himalaya actuó de barrera entre dos de ellos: uno se distribuía al norte del macizo, ocupando principalmente la tundra, mientras que el segundo grupo habitaba el sudeste asiático y la India. Finalmente, un tercer grupo habría alcanzado Nueva Guinea aislándose de las poblaciones continentales. El encuentro con las diferentes poblaciones denisovanas ha llegado a influir en la evolución de esos pueblos, al igual que la de aquellos que intercambiaron genes con los neandertales, pero de los denisovanos, más allá de su huella genética poco más se sabe. ¿Si tuvieron una distribución tan amplia por qué no tenemos más restos de ellos?

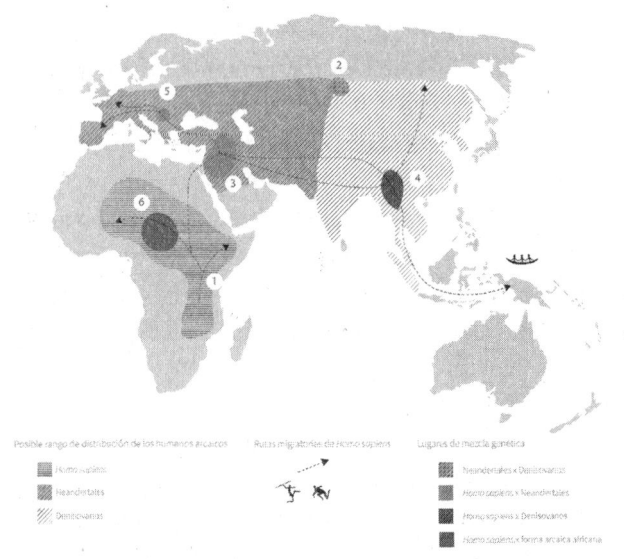

Rutas migratorias de *Homo sapiens* fuera de África y episodios de mezcla genética con los grupos arcaicos de neandertales y denisovanos. (1) Origen de *Homo sapiens* en África hace 300.000 años. (2) Hibridación entre neandertales y denisovanos en Denisova hace 90.000 años. (3) Mezcla de *Homo sapiens* y neandertales al salir de África hace 75.000 - 50.000 años. (4) Múltiples episodios de mezcla entre Homo sapiens y denisovanos. (5) Múltiples episodios de mezcla entre *Homo sapiens* y neandertales. (6) Mezcla de *Homo sapiens* con un grupo arcaico africano desconocido hasta la fecha, hace 43.000 años.

Retrocedamos un momento a 1980, año en el que un monje budista encontró los restos de una mandíbula mientras meditaba en la cueva de Baishiya, al nordeste de la meseta tibetana. La región es un santuario para los tibetanos budistas, usan las grutas para sus retiros espirituales y ocasionalmente recolectan huesos para molerlos y fabricar algún tipo de medicina con ellos. Afortunadamente, aquella mandíbula no acabó pulverizada, sino que la enviaron a los laboratorios de la universidad china de Lanzhou. No consiguieron extraer ADN pero sí lograron analizar las proteínas de uno de sus dientes casi cuarenta años más tarde, en 2019. Sus secuencias coincidían con las de los denisovanos hallados en Siberia. Desde entonces, los investigadores chinos regresaron a la cueva y en 2020 anunciaron la presencia de ADN denisovano en los sedimentos de hace 100.000, 60.000 e incluso 45.000 años. Se trata de ADN ambiental, no se ha obtenido de huesos o dientes, sino del propio sustrato donde habitaron estos humanos en el interior de la cueva. Estas nuevas evidencias corroboran que el grupo no estaba restringido geográficamente al este siberiano, sino que también habitó la cordillera del Himalaya. Se asentó en sus alturas durante más de 100.000 años, tiempo suficiente incluso para adaptarse a un ambiente tan extremo.

Poco a poco, se van aprendiendo cosas de este «nuevo» grupo, pero aún son muy pocos los restos que se tienen: el hueso de un dedo, de un pie, un fragmento de mandíbula, una muela. Todos los restos paleontológicos actuales de los denisovanos cabrían en una cajetilla de cigarrillos. En realidad, el suelo de la cueva de Denísova contiene un gran número de pequeños fragmentos de huesos que parece que fueron masticados y triturados por hienas de las cavernas y otros carnívoros. Los fragmentos no son identificables, pero lo que se encuentre y obtenga de ellos en los próximos años arrojará nueva luz sobre esta misteriosa especie. Estudios aún en marcha, y no publicados, de algunos restos óseos revelan que sus huesos eran extremadamente densos, y que los denisovanos pudieron ser personas corpulentas y grandes que quizás llegaron a alcanzar los cien kilos. En 2019 un trabajo intentó recrear la apariencia que tendrían los denisovanos a partir de su genoma y su grado de metilación (te recomiendo leer el capítulo de Carlos Romá para entender cómo las metilaciones regulan la expresión de los genes) pero, aunque resulta un ejercicio interesante, el conocimiento actual del genoma y sus metilaciones dista mucho de poder predecir la cara y aspecto de una persona actual. Estudiar la arquitectura genética de una estructura tan compleja como el rostro se ve, en gran parte, dificultada por la incapacidad de caracterizar correctamente la variación fenotípica. Habrá que seguir esperando a encontrar restos más completos y a un perfeccionamiento del conocimiento sobre la arquitectura genética del rostro humano para saber qué aspecto tenían los denisovanos.

UNA MESSIAS PREHISTÓRICA

En 2018 tuvo lugar un descubrimiento asombroso: se halló un nuevo fragmento de hueso en la cueva Denísova que resultó ser humano, pero era imposible determinar de qué especie se trataba pues por allí habían pasado denisovanos, neandertales y humanos anatómicamente modernos. El fragmento no ofrecía detalles para deducir a quién pertenecía, por lo que se acudió a la genética. Cuando se realizó su análisis, una vez más por el equipo de Svante Pääbo, lo primero que pensaron es que habían cometido algún error. Que en el laboratorio se les había contaminado la muestra, pues los resultados decían que la mitad de la muestra estaba formada por ADN neandertal y la otra mitad por ADN denisovano. Parecía que algo había salido mal en el análisis, así que lo enviaron a otro laboratorio para que lo replicara. Este confirmó los resultados. Acababan de descubrir los restos de una niña híbrida, a la que bautizaron Denny. Era la Messias de *El planeta de los simios* de hace 90.000 años. Hija de una madre neandertal y un padre denisovano. Una persona de primera generación de ascendencia mixta, como los legionarios romanos a los que designaban *hybrida*. Mitad neandertal, mitad denisovana. No solo eso, sino que el estudio detallado de los genes del padre denisovano sacó a la luz que tenía fragmentos de ADN neandertal. En el pasado del padre ya había habido mestizaje entre las dos especies. Todo indica que neandertales y denisovanos se aparearon regularmente, al menos en aquella región siberiana. Aquellas montañas fueron un lugar fronterizo, uno donde se solaparon los límites orientales de los neandertales y los límites occidentales de los denisovanos. Al igual que los lugares fronterizos actuales, y las ciudades portuarias de todas las épocas, las cuevas de aquel valle debieron ser un lugar de encuentros e intercambios entre ambas culturas.

Estarás viendo que nuestro ADN es un potaje. Un galimatías fruto de múltiples episodios de sexo interespecífico entre diferentes especies y grupos del género *Homo*. Esta complejidad no es única de nuestra especie; sabemos que neandertales y denisovanos también se cruzaron e intercambiaron genes, e incluso sus predecesores lo hicieron, aunque no sabemos cuál fue el ancestro, ni con quién se cruzaron. Desconocemos quienes fueron, pero en los genomas de neandertales y denisovanos se pueden identificar los ecos genéticos de esos sucesos. Sus genomas, como los nuestros, esconden algunos fantasmas genéticos, frases en sus libros de la vida escritos en un idioma que no es el suyo, pero desconocemos de cuál es y a quién pertenecía. Nos falta una piedra de Rosetta, genomas de referencia que nos ponga sobre la pista. Se han detectado introgresiones similares en neandertales y denisovanos, lo que lleva a pensar que ese encuentro tuvo lugar antes de que las dos especies se separaran. Se estima que el ancestro común de neandertales y denisovanos, el cual sigue siendo

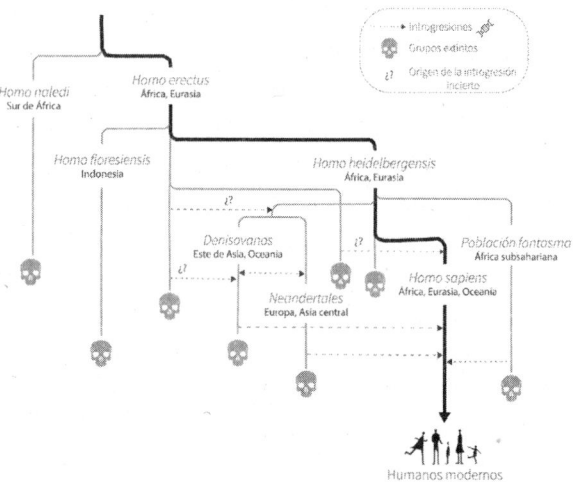

Uno de los posibles árboles simplificados de la evolución del grupo *Homo* hasta los *Homo sapiens* actuales (línea negra), con los grupos arcaicos extintos y la transferencia de genes de un grupo a otro detectada en los estudios genéticos. El origen de muchas introgresiones es incierto (¿?) o asignado a «poblaciones fantasmas». Existen todavía muchas discrepancias sobre la relación de algunas de las ramas representadas que futuros hallazgos y técnicas genéticas deberán ir resolviendo.

un misterio, se cruzó en Eurasia con una forma mucho más arcaica de humanos. Eso tuvo lugar hace unos 744.000 años, y la especie con la que intercambiaron genes se había separado del resto de líneas *Homo* hacía más de un millón de años. Hasta la fecha, es el proceso de hibridación más antiguo que se conoce y en el cual habría una mayor distancia genética entre las dos poblaciones humanas implicadas. Se ha especulado que la forma arcaica con la que se encontraron fue *Homo erectus* u *Homo antecessor*, dos grupos presentes en aquel momento en Eurasia, si bien no hay evidencias de ello de momento.

Todo lo narrado hasta el momento sucedió en Eurasia, pero ¿qué pasó en África? ¿En la cuna de la humanidad? Al fin y al cabo, los orígenes de la familia *Homo* están en ese continente. ¿No hubo allí encuentros con otras especies? Habrás oído que cuando se habla de ADN neandertal suele decirse que está presente en todas las poblaciones no-africanas. Esto se debe a que los primeros estudios encontraron que entre los pueblos africanos el porcentaje de origen neandertal era tan solo de un 0,02% comparado con el 1,5% de media de los europeos. Sin embargo, en 2020 un estudio más minucioso elevó la huella neandertal en los genomas africanos a un 0,3%. Un alto porcentaje se debe al viaje de ida y vuelta que realizaron algunos grupos humanos. Algunos regresaron a África desde Europa con introgresiones neandertales, dispersando la herencia neandertal por un continente en el cual nunca pusieron un pie. Pero el ADN neandertal importado desde Europa no es el único ADN «foráneo» presente en África. Algunas poblaciones africanas tienen introgresiones de una antigua especie desconocida hasta hoy, un equivalente africano a los neandertales y denisovanos en Eurasia. El encuentro con esta especie tuvo lugar una vez que los grupos que colonizaron Eurasia dejaron atrás el continente, pues estos carecen de estas introgresiones. Los análisis estadísticos sugieren que *Homo sapiens* se cruzó con esta especie fantasma hace 43.000 años, cuya huella es más evidente en algunas regiones. En las poblaciones actuales del África occidental el porcentaje de introgresiones va desde el 2% hasta el 19%. La especie donadora de estos genes es un enigma. Uno más en nuestra evolución de los muchos que la genética va generando. Tampoco se sabe si estas introgresiones suponen algún beneficio para sus portadores, si bien, en base a lo que sabemos del impacto del ADN neandertal y denisovano en las poblaciones actuales, se puede especular que algún efecto tendrá. Al fin y al cabo, las introgresiones pueden resultar ser atajos evolutivos. La versión genética del «¡Que inventen ellos!».

¿UNA ESPECIE GLOBAL MEDIANTE LA HIBRIDACIÓN?

En apenas 75.000 años *Homo sapiens* pasó de ser una especie recluida en África a expandirse por todos los continentes y ocupar todo tipo de hábitats, desde los bosques tropicales al Ártico y desde las costas a los valles más altos del planeta. Cada vez hay más evidencias de que los encuentros con neandertales y denisovanos contribuyeron a una adaptación más rápida a los nuevos ambientes. Los humanos se apropiaron de unos genes que llevaban miles de años habitando lo que para ellos eran unas nuevas condiciones. ¡He aquí otra de las ventajas evolutivas del sexo! Neandertales y denisovanos se habían adaptado a las regiones templadas y tropicales de Asia, llevaban cientos de miles de años conviviendo con sus climas y sus patógenos. Aparearse con ellos les brindó la oportunidad de disfrutar de algunas de estas ventajas adaptativas, si bien no todo fue tan positivo. En realidad, la mayoría de los genes adquiridos de los neandertales debieron ser deletéreos, es decir genes con efectos negativos que de alguna manera reducían su eficacia biológica, tanto que en pocas generaciones la gran mayoría de su ADN se purgó de las poblaciones humanas y se redujo a un 10% y en otras pocas hasta el 1-4% actual. Una reducción tan rápida solo se explica si los portadores de estos genes padecían alguna desventaja que acababa afectando a su supervivencia y su reproducción, y con ello a la transmisión de sus genes. Pero hubo un porcentaje que ha persistido hasta hoy, bien porque sus efectos son neutros —ni suponen una ventaja ni un inconveniente—, o bien porque han sido seleccionados. Y aunque el porcentaje actual parezca poco, cada vez hay más estudios que demuestran cómo han contribuido a la actual diversidad fenotípica humana. Parece que, en la mayoría de los casos, las introgresiones arcaicas actúan a través de la regulación de la expresión génica.

Las mayores evidencias de los beneficios de las hibridaciones arcaicas se hacen patentes en los ambientes más extremos, en los actuales pobladores del Tíbet y en los inuits de Groenlandia. Los unos adaptados a las condiciones de poco oxígeno de las grandes alturas, los otros a vivir en unas temperaturas gélidas constantes. Ambos grupos tienen algo en común, su herencia denisovana. Sus adaptaciones a estas condiciones extremas ya estaban presentes en el genoma de los denisovanos.

En los tibetanos, uno de los genes implicados en la adaptación a la baja concentración de oxígeno es el *EPAS1*. Este es un gen que responde a los niveles de oxígeno regulando la expresión de otros genes en función de la cantidad de oxígeno disponible. El gen *EPAS1* permite a los alpinistas aclimatarse a las alturas en unos días o semanas, produciendo un mayor número de glóbulos rojos que ayudan al transporte del oxígeno. Es una respuesta útil a corto plazo, pero con el tiempo el exceso de glóbulos rojos da lugar al conocido mal de montaña crónico, que puede presentar serios efectos como pérdida de memoria, cefaleas, dolores musculares y articulares, insomnio, mareos, e incluso inhibir la capacidad reproductiva de la persona afectada. La mayoría de los humanos padecemos el mal de montaña si pasamos largas temporadas por encima de los 2.500 metros, sin embargo los tibetanos no. Ellos presentan una variante de *EPAS1* que reduce las consecuencias negativas de la producción excesiva de glóbulos rojos. Un haplotipo único y que coincide con el hallado en el genoma denisovano. Es posible que los denisovanos estuvieran adaptados a las alturas, pues la mandíbula de hace 160.000 años y el ADN ambiental hallado en la cueva tibetana se encuentra a más de 3.000 metros de altura. La adquisición de la introgresión tuvo lugar hace 43.000 años, pero tuvo que pasar mucho tiempo antes de que las poblaciones tibetanas se adaptaran a vivir en esos ambientes. Los estudios más recientes apuntan a que la selección de la variante *EPAS1* de los denisovanos no tuvo lugar hasta hace 12.000 años, y los asentamientos estables humanos en la meseta se reducen a los últimos 4.000 años. Se han analizado algunas muestras de ADN antiguo de tibetanos, la más antigua de 3.100 años, donde solo las modernas presentan la variante *EPAS1* de los denisovanos, ilustrando que se fueron seleccionando hasta hace tan solo unos miles de años. La diversidad que los humanos obtuvieron al cruzarse con los denisovanos les permitió adaptarse a las grandes alturas de Asia, pero ello no implica que eso no hubiese sido posible sin las introgresiones. En los Andes y Etiopía las poblaciones humanas han encontrado fórmulas diferentes para adaptarse a la altitud. En el Tíbet, la evolución ha reaprovechado algo que ya existía, y la historia de los humanos no es única. Como cuenta Pedro Morell en su capítulo, el mastín tibetano de los pastores nómadas del Himalaya tuvo una historia casi paralela a la de los humanos. Sus adaptaciones a la altura son el fruto de hibridaciones de perros con el lobo del Himalaya (*Canis himalayensis*) adaptado a las bajas concentraciones de oxígeno.

Lejos del Himalaya, en las regiones árticas de Norteamérica y Groenlandia, los inuits están adaptados a las bajas temperaturas del círculo ártico. Sus variantes de los genes *TBX15* y *WARS2* son clave para sobrevivir en esos paisajes helados, y como el *EPAS1* de los tibetanos, la región donde se localizan los genes *TBX15* y *WARS2* está estrechamente relacionada con la de los denisovanos. El *TBX15* influye en la distribución de la grasa corporal y la generación de calor mediante la oxidación de lípidos, ayudando así al cuerpo a hacer frente a las bajas temperaturas. La variante dominante en los inuits también es abundante entre los nativos americanos, mientras que en las poblaciones eurasiáticas su frecuencia es baja y nula en las africanas. Esta distribución hace pensar que la variante heredada de los denisovanos permitió a las poblaciones expandirse hacia el norte de Siberia y alcanzar América a través de Beringia hace unos 15.000 años. Cabe la posibilidad de que esa colonización de América no hubiese sido posible sin la resistencia al frío que les permitió cruzar por el Ártico.

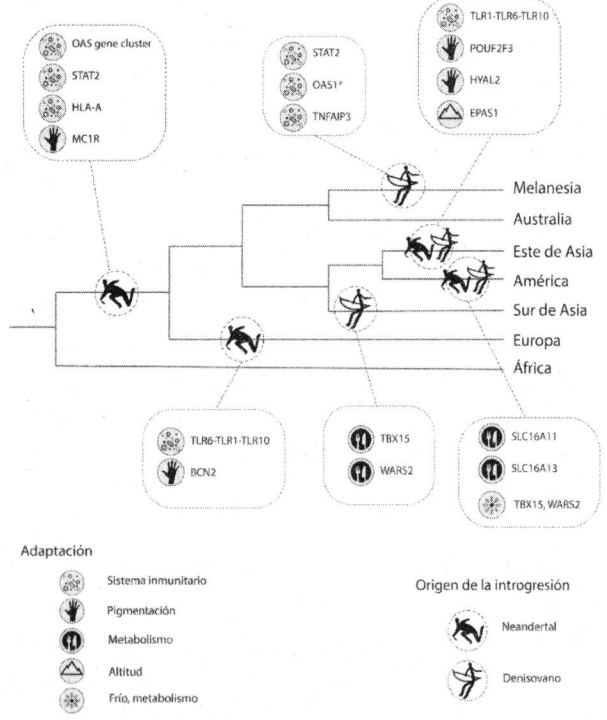

Esquema que representa los genes de origen neandertal o denisovano que parecen estar implicados en procesos de adaptación local en distintas poblaciones humanas modernas. Los genes detectados forman parte del sistema inmunitario, la pigmentación, el metabolismo, así como adaptaciones a la altitud y las bajas temperaturas. Figura modificada del original de Rees JS, Castellano S, Andrés AM. 2020. The genomics of human local adaptation. *Trends in Genetics* 36: 415-428.

Y si el frío o la hipoxia pueden ser unas fuerzas selectivas considerables, los patógenos pueden ser una fuerza selectiva aún más eficiente. Virus y bacterias pueden diezmar a una población en una sola generación. La pandemia de la COVID-19 nos ha recordado el terrible impacto que puede tener un patógeno sobre poblaciones que nunca han estado expuesto a él, igual que la viruela y el sarampión fueron los grandes aliados de los conquistadores españoles, y un azote para los pueblos americanos. Ahora imagina el número de nuevos patógenos y parásitos a los que tuvo que hacer frente *Homo sapiens* cuando se dispersó a Europa y Asia. Era un mundo completamente nuevo para aquellos exploradores. Uno en el cual no había evolucionado su sistema inmunitario. Las introgresiones de neandertales y denisovanos pudieron actuar como vacunas, ayudar a combatir los patógenos aportando nuevas variedades al sistema inmunitario. Hoy tenemos variantes neandertales que modifican la expresión de genes que forman parte del sistema inmunitario innato. También poseemos variantes neandertales y denisovanas de los antígenos leucocitarios (HLA) encargados de reconocer patógenos y activar la respuesta inmune. En Papúa Nueva Guinea, la variante HLA-A más frecuente coincide con la detectada en los denisovanos. Dado el impacto que un patógeno puede tener sobre una población, es lógico pensar que la adquisición de nuevas variantes del sistema inmunitario debió suponer una ventaja para sus portadores, haciendo que su selección fuese más rápida y generalizada que la de los genes vinculados a la altitud o el frío.

En total se han identificado más de trescientos genes, de los más de 20.000 genes que se estima tiene el genoma humano, de neandertales y denisovanos con algún efecto, y la lista no para de crecer. No todos ellos son positivos; de hecho, continuamente se publican estudios que sugieren que las introgresiones arcaicas pueden suponer un mayor riesgo de depresión, diabetes, Alzheimer, cáncer de próstata, problemas de coagulación sanguínea, lesiones dérmicas, lupus o la enfermedad de Crohn, entre otros. A finales de 2020, en plena pandemia del COVID-19, se describió que los portadores de la variante neandertal del gen *DPP4* podían duplicar, e incluso cuadruplicar, el riesgo de tener complicaciones ante una infección del SARS-CoV-2. Parece que la enzima que codifica el gen proporciona al SARS-CoV-2 una puerta trasera por la cual entrar en las células. Estar en posesión de una copia neandertal del gen duplica el riesgo, tener las dos copias lo cuadriplica. Todo ello sugiere que los virus de ARN a los que estuvieron expuestos en su momento los neandertales eran distintos a los que padecemos hoy, demostrando que la vida es un cambio continuo. Lo que en el pasado pudo resultar útil hoy puede llegar a ser perjudicial. No es el único caso: la mayor incidencia en enfermedades cardiovasculares y diabetes asociada a genes neandertales tiene que ver con cómo hemos cambiado nuestros hábitos de vida. Nuestras dietas son distintas a las del pasado y nuestras vidas mucho más sedentarias, ni las horas de oficina delante del ordenador, ni las maratones de series en el sofá existían cuando las variantes arcaicas fueron seleccionadas. Algunos efectos heredados del pasado son complejos de interpretar, por ejemplo, el haplotipo neandertal del gen *PGR* aumenta las probabilidades de tener un parto prematuro, afectando así la fertilidad de sus portadoras y, sin embargo, resulta ser bastante frecuente. ¿Por qué si sus efectos son negativos? Al analizar otros datos se ha visto que el gen también reduce el riesgo de padecer un aborto espontáneo durante los primeros meses de embarazo. En la ecuación, reducir el riesgo de aborto y aumentar el riesgo de parto prematuro, los beneficios parece que han sido mayores propiciando así la expansión de la variante.

Queda aún mucho por aprender. En diferentes capítulos del libro verás que el estudio del genoma es algo complejo, en el que los genes no siempre están donde toca, pueden moverse, interactúan entre ellos con resultados distintos, y donde el ambiente y la epigenética también tienen un peso importante. A medida que se van haciendo estudios más sofisticados, muchas de las primeras asociaciones con los genes arcaicos van difuminándose. Vínculos con según qué enfermedades o aspectos físicos como el color de los ojos y el pelo, pierden importancia cuando se analiza el genoma completo de las personas. Muchos de estos caracteres al final se explican mejor en asociaciones con genes que no se pueden achacar a los neandertales o a los denisovanos. Algo normal, por otra parte, si tenemos en cuenta que, pese a todos los momentos de hibridación, nuestro genoma sigue siendo esencialmente ADN de *Homo sapiens*.

EL BARCO DE TESEO

¿Qué somos? ¿Humanos? ¿Híbridos? Nos encanta categorizar las cosas. Necesitamos hacerlo. Clasificar y asignar un nombre a todos los objetos y organismos para poder comunicarnos. La humanidad lleva toda su historia haciéndolo y la ciencia también. Desde el siglo XVIII se ordenan con esmero los seres vivos con la nomenclatura binomial desarrollada por el naturalista sueco Carl Linnaeus. Él fue quien dotó a los humanos con el nombre *Homo sapiens*. Por entonces no se sabía de la existencia de ningún otro *Homo*. Tampoco que las especies evolucionasen. El sistema de clasificación se creó para ordenar las criaturas creadas por Dios. Las especies representaban unidades estancas y estables en el tiempo, y los casos de híbridos en plantas o animales que se conocían eran considerados aberraciones de la naturaleza. Criaturas que alteraban el orden divino de las cosas. Seres al margen de lo establecido. Con la clasificación de los organismos nació el dilema de los híbridos. Su reflexión científica y filosófica, que décadas después iría a más con el desarrollo de las ideas evolucionistas. La idea de la evolución supuso romper la idea de las especies como organismos estables.

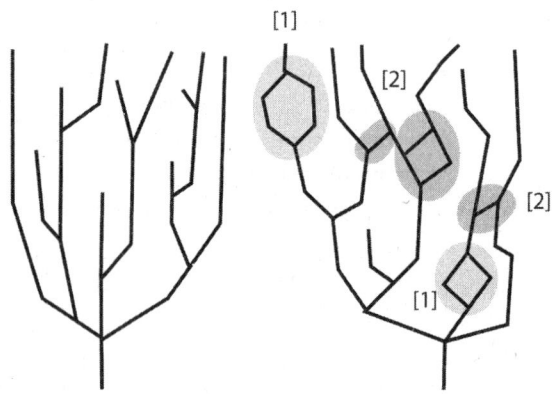

En un modelo de evolución jerárquico se genera un árbol filogenético en forma de «cascada» como el de la izquierda, donde un ancestro se va ramificando en distintas líneas evolutivas independientes. En un modelo de evolución reticulado, las bifurcaciones no tienen por qué mantener su independencia a lo largo del tiempo, dos líneas pueden volver a converger mediante una mezcla o hibridación [1], o bien puede haber una transferencia lateral de genes de una línea a otra o introgresiones [2]. Esquema modificado del original de Winder IC & Winder NP. 2014. Reticulate evolution and the human past: an anthropological perspective. *Annals of Human Biology* 41: 300-311

El propio Charles Darwin era consciente de que al aceptar la idea de que las especies cambiaban lentamente, el concepto de especie se volvía volátil. ¿Cómo definir algo que está cambiando? ¿Algo que es una transición entre lo que fue y lo que será? Darwin esbozó la transmutación de las especies con un hipotético árbol filogenético en la que una especie daba lugar a otras. En la página de la libreta donde dibujó el árbol, escribió un enigmático y sugerente «*I think...*». Desde entonces los árboles filogenéticos han permitido representar la sucesión de especies, relacionarse las unas con las otras y definir sus ancestros. Así, en el caso de *Homo sapiens,* se ha reconstruido nuestra historia colocando los fósiles de especies relacionadas en distintas ramas que han acabado extinguiéndose. En el árbol de la humanidad *Homo sapiens* se ha quedado solo, coronando la copa de un árbol lleno de ramas muertas. Una imagen muy utilizada pero falsa a la luz de la información actual. Los estudios de ADN antiguo demuestran que la rama solitaria de *Homo sapiens* en realidad estaba estrechamente conectada con otras ramas hasta prácticamente ayer, hablando en tiempo evolutivos. Las unas y las otras han entrado en contacto y se han vuelto a separar varias veces. Lo que antes eran ramas fuertes e independientes hoy es un galimatías donde las diferentes líneas se han cruzado e intercambiado genes. El descubrimiento de introgresiones de líneas arcaicas lleva a que algunos incluso se cuestionen el concepto de especie. Un concepto que, aunque básico y práctico en biología, carece de definición. De hecho, tiene muchas, tantas que a nivel práctico es como si no tuviese. Se han llegado a recoger 34 definiciones modernas de especie distintas que alumbran la falta de consenso que existe alrededor del concepto. Ecólogos, zoólogos, botánicos, paleontólogos y genetistas utilizan criterios diferentes a la hora de definir lo que es una especie. El problema no es realmente nuevo, el propio Darwin, tres años antes de publicar *El origen de las especies* escribió en una carta al naturalista Joseph Hooker lo ridículo que le resultaba ver las diferentes ideas que tenían varios de sus colegas sobre lo que era una especie, llegando a considerar que el problema se debía a que estaban intentando definir lo indefinible. Parece que siglo y medio más tarde seguimos igual.

A los problemas históricos con el concepto se le ha sumado el descubrir, en gran parte por la genética, que la hibridación entre especies animales es algo común, algo que durante mucho tiempo se había negado. En las plantas con flor, la hibridación afecta a una de cada cuatro especies, y entre los animales se estima que una de cada diez especies ha tenido episodios de hibridación en su historia. Así que nuestra historia de promiscuidades interespecíficas no es original ni única. De hecho, muchas especies filogenéticamente próximas intercambian, o han intercambiado, genes cuando ha existido la posibilidad. En realidad, parece ser algo común entre especies que aún no han llegado a diferenciarse del todo. Los grupos se aíslan geográficamente, se diferencian genéticamente durante un tiempo, y cuando vuelven a entrar en contacto, aún son lo suficientemente compatibles como para intercambiar genes entre ellos. Estas introgresiones entre líneas evolutivas dan lugar a lo que se conoce como evolución reticulada. Sus representaciones filogenéticas no son árboles con ramas que se bifurcan, sino que en ellos una retícula de conexiones une las dos ramas ilustrando las introgresiones entre ambas. Uno puede imaginarlo como el delta de un río, en el cual los brazos de agua se bifurcan ante la presencia de un islote, corren paralelamente un tiempo hasta que vuelven a fusionarse, para volverse a separar ante otras islas. Bifurcación, fusión y bifurcación de nuevo. La evolución reticulada da lugar a árboles intrincados. Aun así, pese a esta evolución reticulada observada en el caso de *Homo sapiens*, y otros organismos como los pinzones de Darwin o los mosquitos de la malaria *Anopheles*, se ha podido constatar que llegado un punto las ramas siguen sus propias trayectorias. El grado de diferenciación genética, fisiológica, conductual o cultural es tan grande que, pese a la existencia de introgresiones y reticulación, cada rama acaba encontrando su propio camino diferenciándose del resto. De hecho, en las especies actuales, la observación de híbridos en la naturaleza es rara (en nuestro caso es imposible porque ya no quedan otros *Homo* con los que cruzarse), sugiriendo que la mayoría de las introgresiones detectadas tuvieron lugar en el pasado, y que pese a tener una compleja y reticulada historia durante su diferenciación, una vez se han diferenciado lo suficiente, las especies son como el barco de la paradoja de Teseo. En ella uno se pregunta si el barco con el que regresa Teseo a Atenas, tras derrotar al Minotauro (este sí es un verdadero ser híbrido), es el mismo con el que partió, pues por el camino los marineros se dedicaron a retirar tablas y estructuras estropeadas, para reemplazarlas por unas de nuevas y más resistentes. Era un barco nuevo y al mismo tiempo el mismo viejo barco con el que habían zarpado años antes. Una especie reticulada, una especie con introgresiones, es como el navío griego, pese a los cambios de madera y nuevas adquisiciones sigue siendo el mismo barco. No somos híbridos. *Homo sapiens*, después de cruzarse con neandertales, denisovanos y otros grupos a los que aún no sabemos ni poner nombre, sigue siendo esencialmente *Homo sapiens*.

1. Hace unos 700.000 u 800.000 años se separaron de su ancestro común las líneas que darían lugar por un lado a los humanos anatómicamente modernos, y por otra a neandertales y denisovanos.

2. El ancestro compartido por los tres grupos podría ser *Homo heidelbergensis*, si bien aún no se ha confirmado. Nuevas muestras de ADN antiguo podrán confirmar o desmentir esta hipótesis.

3. Los grupos de *Homo heidelbergensis* que migraron a Eurasia hace 650.000 se diferenciaron en neandertales en Europa y Asia central, y denisovanos en el este asiático.

4. Antes de diferenciarse, el ancestro de neandertales y denisovanos se cruza con una forma desconocida de *Homo*, cuya huella puede detectarse en sus genomas. Se ha especulado que podría tratarse de *Homo erectus* u *Homo antecessor*.

5. En África, los grupos de *Homo heidelbergensis* acabarían dando lugar a *Homo sapiens*. Los restos más antiguos asignados a nuestra especie tienen 300.000 años, coincidiendo con una revolución cultural de nuevas herramientas en el continente.

6. El ADN antiguo de Denny, en la cueva siberiana de Denísova, muestra que hace 90.000 años neandertales y denisovanos se cruzaban entre ellos.

7. Hace entre 75.000 y 50.000, una serie de cambios climáticos facilita la migración de poblaciones de *Homo sapiens* fuera de África.

8. En Asia las poblaciones de *Homo sapiens* muestran introgresiones fruto de múltiples cruces con los denisovanos. Los valores más altos de un 4-6% se encuentran en los pobladores de Oceanía.

9. En Europa la proporción de introgresiones de neandertales varía entre el 1-4%. El ADN antiguo ha permitido identificar múltiples episodios de mestizaje entre *Homo sapiens* y neandertales.

10. La mayoría de las introgresiones de neandertales identificadas en *Homo sapiens* no se encuentran en regiones codificantes del genoma, sino en regiones relacionadas con la regulación de la expresión de los genes (regiones promotoras y regiones amplificadoras o potenciadoras).

11. Se ha demostrado el valor adaptativo de algunas de las introgresiones de neandertales y denisovanos, así como su posible relación con una mayor probabilidad de padecer algunas patologías.

12. También en África *Homo sapiens* se cruzó con una forma arcaica desconocida hace 43.000 años. La proporción de estas introgresiones varían entre un 2-19% en algunas poblaciones del África occidental.

13. Hace 40.000 años todas estas formas arcaicas desaparecieron y los *Homo sapiens* nos quedamos solos en el mundo, pero atesorando introgresiones de todas estas formas extintas.

6.

BUSCANDO EN EL BAÚL DE LOS RECUERDOS: RECUPERANDO ESPECIES EXTINTAS

VÍCTOR GARCÍA TAGUA

«—Dios crea al dinosaurio. Dios destruye al
dinosaurio. Dios crea al hombre. El hombre destruye a
Dios. El hombre crea al dinosaurio.
—El dinosaurio se come al hombre…
la mujer hereda la Tierra».
Parque Jurásico, IAN MALCOLM Y ELLIE SATTLER

11 de junio de 1993. Se estrena en los cines la película *Parque Jurásico* y estalla en el mundo una auténtica dinomanía. La película, basada en la novela homónima de Michael Crichton, parte de una premisa sencilla: un multimillonario guiado por un sueño logra extraer muestras de ADN de criaturas extintas y devolverlas a la vida millones de años después de su extinción. Con catastróficas consecuencias.

En esa época parecía ciencia ficción, pero los progresos actuales a nivel tecnológico, informático y genético están permitiendo conocer y reconstruir, tanto el aspecto de especies extintas hace miles o millones de años como predecir su comportamiento, fisiología y secuencia genética, abriendo así nuevos campos de investigación para la desextinción de especies.

¿Y qué es eso de la desextinción? Pues bien, es el proceso con el que pretendemos traer de vuelta a la vida especies que ya se han extinguido y que hasta ahora creíamos haber perdido para siempre. Recrear especies extintas es un campo emergente que desde hace pocos años empieza a sumar investigadores de diversas áreas como la biotecnología, bioética, genómica, biología de la conservación y muchas otras.

Los avances técnicos y científicos de los últimos 20 años son los que han permitido desarrollar tres de los métodos que se pueden utilizar para la desextinción de especies: la clonación, la creación de genomas sintéticos y la edición de ADN mediante CRISPR. Estas, junto a las técnicas más clásicas de cruzamiento selectivo, son las herramientas de las que disponemos hoy en día para devolver especies del pasado a nuestro presente.

TÉCNICAS PARA LA DESEXTINCIÓN: CRÍA SELECTIVA O RETROCRUZAMIENTO. DE LO DOMÉSTICO A LO SALVAJE

La cría selectiva o retrocruzamiento es un proceso de selección artificial que los humanos llevamos utilizando miles de años para mantener caracteres que consideramos beneficiosos o de interés. En este caso, mediante formas domésticas, especies cercanas muy emparentadas o híbridos intentaremos devolver algunos caracteres externos del ancestro extinto, como puede ser el color pardo rojizo sin rayas en el lomo y cuartos traseros de las cuagas (*Equus quagga quagga*), una subespecie de cebra del sur de África extinta a finales del siglo XIX; o un mayor tamaño y ferocidad en los uros (*Bos primigenius*), el ancestro de nuestras vacas y toros. Mediante cruces entre los individuos deseados, vamos seleccionando ese rasgo externo (fenotipo) hasta

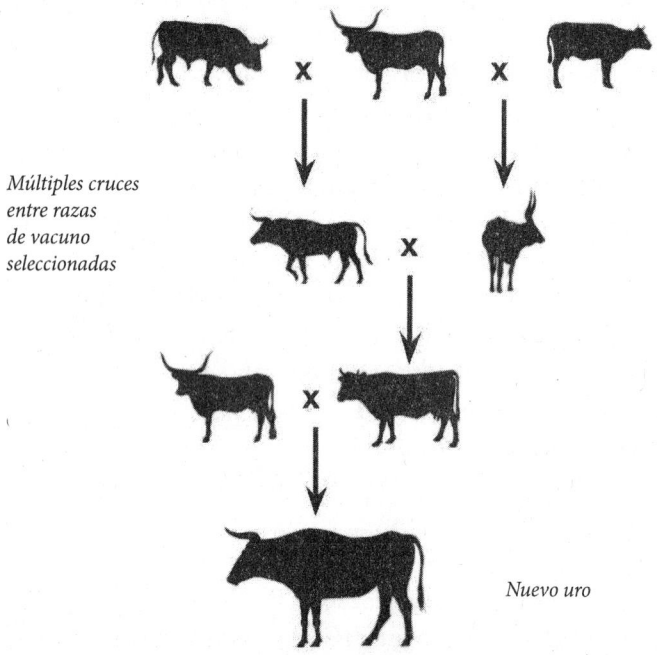

Múltiples cruces entre razas de vacuno seleccionadas

Nuevo uro

La cría selectiva consiste en cruzar ejemplares que presenten caracteres similares a los que queremos recuperar y durante generaciones ir reproduciendo esos ejemplares que los presentan hasta recuperar un individuo (o individuos) lo más parecido a la especie desaparecida, en este caso el uro a través del cruce de varias razas de ganado vacuno.

hacerlo estable. Es un proceso bastante lento y costoso, que depende del tiempo que tardan las especies en ser fértiles y reproducirse ya que pueden pasar varias generaciones hasta tener el resultado deseado, así como del porcentaje de ADN de la especie extinta que haya presente en sus descendientes. Externamente podrán parecerse a la especie extinta pero probablemente no lo sean a nivel genético, ya que no es fácil recuperar un taxón extinto de forma pura.

Esta idea se viene llevando a cabo desde hace algunas décadas, como traer de vuelta al uro, la cuaga, el tarpán (*Equus ferus ferus*), que es el ancestro de los caballos domésticos, o la tortuga gigante de la Isla Floreana (*Chelonoidis elephantopus*).

Como hemos dicho anteriormente, en los últimos años nuevas técnicas se han desarrollado, y sobre todo abaratado, haciendo posible que este proceso sea cada vez más cercano y posible.

TÉCNICAS PARA LA DESEXTINCIÓN: CLONACIÓN

Una de estas técnicas es la clonación. ¿Quién no conoce a la oveja Dolly o ha visto Parque Jurásico y la escena en la que Míster ADN nos explicaba cómo se habían «fabricado» los dinosaurios del parque? Pues esta técnica se podría utilizar, pero hay una fecha de caducidad ya que todo el ADN quedaría degradado tras unos 6,8 millones de años, y a partir de 1,5 millones de años los fragmentos restantes serían demasiado cortos para ser leídos y dar información significativa. Sin embargo, es posible que los avances técnicos e informáticos en unos años nos permitan tener

ADN con una antigüedad de unos 2,5 millones de años, el inicio del Pleistoceno. Los entornos donde mejor se preserva este ADN son zonas con bajas temperaturas y estables, como el permafrost y las cuevas, donde se han hallado muchas de estas muestras que hoy conocemos. Los científicos almacenamos el ADN en neveras y congeladores para conservar estos materiales, por lo que una vez más hemos copiado a la naturaleza.

Hasta el año 2020, el genoma más antiguo secuenciado era el de un caballo del Yukón (Canadá) de hace 700.000 años y el de unos humanos de La Sima de los Huesos en el Yacimiento de Atapuerca (Burgos, España) de hace 430.000 años. Pero en 2021 se rompió la barrera del millón de años con la recuperación de secuencias del genoma de un mamut de hace 1,2 millones de años de la zona de Krestovka (Rusia). Este ADN ha resultado ser de un linaje de mamuts hasta ahora desconocido, algo similar a lo que había pasado con los denisovanos, como contó Alex en el capítulo anterior. También en 2021 se recuperó la secuencia de ADN más antigua fuera del permafrost, la de un oso cavernario de Georgia con 360.000 años que está mucho mejor conservada que la humana de La Sima de los Huesos, mucho más antigua.

Parece que no podremos clonar nunca especies anteriores al Pleistoceno. Es imposible recuperar ADN de dinosaurio a partir de la sangre de un mosquito preservado en ámbar. Aunque 2020 nos trajo una noticia alucinante, pese a que fue eclipsada por la pandemia que estábamos viviendo. Se publicó un estudio sobre restos de cartílago calcificado de *Hypacrosaurus*, un dinosaurio de unos 75 millones de años, en los que parece haber vestigios de proteínas y condrocitos (células del cartílago) originales, con indicios de ADN que no se habría fosilizado. Al usar agentes que tiñen el

ADN se obtuvo reacción positiva, así como a la tinción de algunas proteínas como el colágeno. Es decir, que estas muestras no contienen ADN intacto, pero sí se han preservado las biomoléculas de una forma excepcional, quedando atrapadas en un microentorno sellado. EEn él incluso se pueden observar lo que parecen células dividiéndose con los cromosomas condensados, que han perdurado debido a una unión entre el ADN y las proteínas de una forma excepcio nal. En 2021 se encontraron restos de *Caudipteryx* con 125 millones de años en los que también hay restos de núcleos celulares con ADN en cartílago, lo que sugiere que este tejido sería de los mejores preservando el material genético..

También en huesos de ictiosaurio, un reptil parecido al delfín que vivió en la época de los dinosaurios, se encontraron restos de sangre y células sanguíneas como glóbulos rojos y blancos muy similares a los de mamífero. Estos restos tienen unos 180 millones de años, al igual que el fósil de un helecho sueco de la familia *Osmundaceae* que fue sepultado por una erupción volcánica, donde se han encontrado núcleos celulares y cromosomas individuales. Pero las plantas siempre pasan más desapercibidas para nosotros.

El permafrost (la capa de suelo permanentemente congelada) es un enorme museo repleto de especies congeladas donde se han encontrado ejemplares de mamut, rinoceronte, caballo, león de las cavernas, bisontes, lobos… incluso ardillas o una alondra, en un perfecto estado de conservación. En Yakutia (Rusia) han abierto un centro de clonación para extraer toda esa información que hay en el enorme banco genético que guarda este permafrost siberiano y han establecido una intensa colaboración con científicos de Corea del Sur, expertos en clonar mascotas, un mercado emergente en esa zona del planeta.

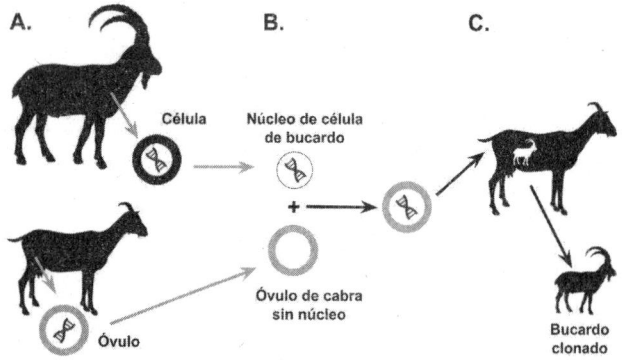

A. B. C.

Célula
Núcleo de célula
de bucardo

Óvulo de cabra
sin núcleo

Óvulo

Bucardo
clonado

Clonación del bucardo. A. Se extraen muestras de células del animal antes de morir y también óvulos de una cabra, especie en la que se gestará el clon. B. Se elimina el núcleo del óvulo de cabra quedando sin ADN nuclear. Por otro lado, se extrae el núcleo de la célula de bucardo y se introduce en el óvulo. Se le da una descarga eléctrica y el óvulo comenzará a dividirse como si estuviera fecundado. C. Se implanta el óvulo en la madre gestante y si todo va bien, dará a luz a un bucardo clonado.

Yuka es una joven cría de mamut que murió con 6-8 años en Siberia hace 28.000 años y quedó congelada hasta ser encontrada en el permafrost por «cazadores de colmillos». Sus restos fueron recuperados y conservados. Un grupo de científicos japoneses consiguieron restaurar la actividad biológica del núcleo de varias células musculares de este animal al pasarlos a ovocitos de ratón, pero no pudieron dividirse correctamente, probablemente por el grave daño que tenía el ADN.

Quizá se encuentren restos en mejores condiciones y en un futuro no muy lejano se puedan inyectar esos núcleos en óvulo de elefante indio para intentar revivir la especie.

La transferencia de núcleos de especies extintas a óvulos de especies emparentadas es factible y ya se ha realizado con éxito en varias ocasiones. Incluso se ha logrado desextinguir a una especie con esta técnica, el bucardo (*Capra pyrenaica*

pyrenaica). Y se hizo en España. El bucardo es una subespecie extinta de cabra montesa que vivió en el Pirinco y se extinguió en el año 2000 al morir Celia, la última hembra de la subespecie, durante una tormenta. Esta desextinción fue realizada por científicos en Aragón en 2003 transfiriendo núcleos de célula de bucardo a óvulos sin núcleo de cabra doméstica. Tras varios intentos nació el primer clon, pero murió a los pocos minutos por problemas respiratorios, siendo el bucardo la primera especie en extinguirse dos veces. En junio de 2019 se estrenó el documental *Salvar al bucardo* donde se cuenta esta historia.

También es posible clonar especies en peligro de extinción. Kurt, nacido en agosto de 2020, es el primer caballo de Przewalski (*Equus ferus przewalskii*) clonado para enriquecer la variabilidad genética de las poblaciones actuales a partir de células preservadas desde 1980 de un caballo de esta subespecie (Pedro Morell ya te habló de estos animales en el capítulo 4). Este individuo poseía variaciones en el ADN que ya no existen en los individuos actuales, y es imprescindible para evitar el cuello de botella genético, ya que los que quedan hoy en día descienden de únicamente 12 caballos que se salvaron de la extinción a principios del siglo XX. Algo similar se ha hecho con el hurón patinegro americano (*Mustela nigripes*), antes muy abundante en las praderas de EE. UU. pero ahora gravemente amenazado. En diciembre de 2020 nació Elisabeth Ann a partir de los restos de Willa, una hembra de esta especie muerta en 1988 y cuyo cuerpo fue congelado.

La clonación de especies en peligro crítico de extinción puede servir para reforzar la genética de poblaciones ya muy escasas y empobrecidas genéticamente y suponer una importante herramienta en la biología de la conservación.

La clonación probablemente sea una buena opción, aunque hay que seguir avanzando y eliminando algunos de los problemas que puede tener esta técnica. Uno de los principales problemas es que, al utilizar óvulos de otras especies, el ADN mitocondrial no sería el de la especie a desextinguir, pese a que se está consiguiendo resolver este contratiempo. Otro aspecto que se debe tener en cuenta es la longitud de los telómeros, que puede determinar la longevidad de las células; la metilación del ADN que puede ser importante a nivel de epigenética (de la que te habla en el capítulo 8 Carlos Romá) y la regulación de algunos genes y los factores o determinantes citoplasmáticos, que influyen en el desarrollo embrionario.

Además, estas técnicas hasta ahora solo se han estudiado para mamíferos y su aplicación sería diferente en especies de aves y reptiles, que ponen huevos de cáscara dura. Aunque en mamíferos también está el problema de encontrar una especie gestante similar tanto genéticamente como en tamaño para que el embarazo pueda llegar a término. Otro de los avances técnicos que se deben desarrollar es la creación de úteros artificiales para poder gestar estas especies extintas sin necesidad de una «madre de alquiler».

TÉCNICAS PARA LA DESEXTINCIÓN: GENOMAS SINTÉTICOS

La generación de genomas sintéticos podría ser otra técnica con la que traer de vuelta especies extintas. Por ahora se ha conseguido crear un genoma sintético con 473 genes, la llamada «célula mínima», que posee el conjunto mínimo de genes necesarios y suficientes para que una célula funcione, en presencia ilimitada de nutrientes esenciales.

Lo ha logrado un equipo de científicos liderados por Craig Venter, el biólogo y empresario responsable en gran parte del Proyecto Genoma Humano.

Otro grupo de científicos está intentando crear cromosomas sintéticos de levadura, mucho más grandes y parecidos a los de los animales que se podrían desextinguir.

Sin embargo, traer a la vida una especie sintetizando desde cero un genoma es una tarea titánica, excesivamente lenta y laboriosa. Al menos con los medios actuales y de momento no es algo que se esté planteando hacer seriamente.

TÉCNICAS PARA LA DESEXTINCIÓN: EDICIÓN GENÉTICA

En vez de partir de cero, lo que se ha propuesto es tener un molde sobre el que trabajar cortando y pegando secuencias de ADN que sean de interés. En eso se basa la técnica conocida como CRISPR, de la que podrás leer más en el capítulo 10, gracias a Isabel. Con ella podremos reescribir genomas ya existentes de especies emparentadas a las que se les pueden ir sustituyendo secuencias enteras de ADN por las de las especies extintas, reescribiendo el ADN hasta llegar a tener la especie desaparecida.

Algunas especies que se podrían desextinguir usando esta edición genética son el uro, al que se le podría recuperar editando el genoma de la vaca o de los ejemplares de «neouro» obtenidos por cría selectiva, al igual que los caballos salvajes. Se ha propuesto también a la rata de Maclear o de la Isla Navidad (*Rattus macleari*), extinta a principios del siglo XX, y que podría ser recuperada editando el genoma de la rata parda (*Rattus norvegicus*) ya que son más fáciles de manipular, más barato experimentar con ellas y tienen una gestación muy rápida por lo que sería el modelo perfecto para poner a punto esta técnica. Y también se habla de hacer lo mismo con el tilacino (*Thylacinus cynocephalus*) y la paloma migratoria o pasajera (*Ectopistes migratorius*), el proyecto estrella de la fundación Revive & Restore, que plantea la vuelta a la vida de varias especies extintas desde hace unos años y en la que trabajan importantes científicos del campo de la desextinción. Pero sin duda, el que más dará que hablar es el caso del mamut (*Mammuthus primigenius*) del que hablaré posteriormente en el último apartado de este capítulo, ya que merece un trato destacado.

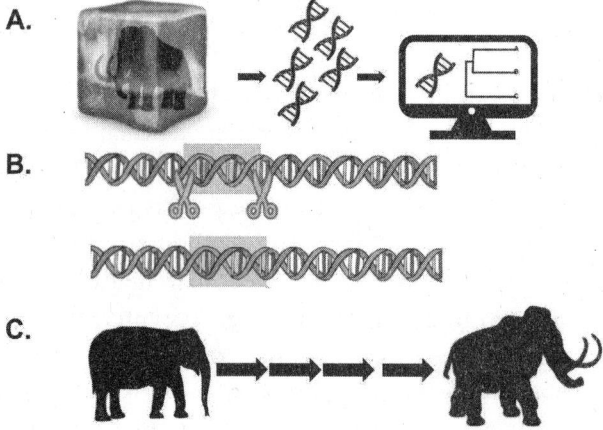

Edición del genoma. (A). A partir de los restos congelados de mamut sacados del permafrost se obtiene material genético y se secuencia para recrear el genoma de estos animales. (B). Posteriormente en el laboratorio, el material genético del elefante indio (su pariente actual más cercano) es editado mediante CRISPR/Cas para introducir nuevas variantes y recuperar parte del genoma del mamut. (C). Este ADN editado se coloca en óvulos de elefanta india que gestará una especie de «mamufante». Nunca será completamente un mamut, pero sí algo parecido al tener su material genético.

Hay un aspecto que no debemos olvidar en todos estos tipos de proyectos, y es que no solamente es el material genético y la secuencia de ADN la que determina lo que es un ser vivo, sino que hay otra serie de cuestiones que influyen también en el desarrollo y que no son tan fáciles de conocer y controlar. La epigenética, que posteriormente conocerás gracias al capítulo 8 escrito por Carlos Romá, tiene mucho que decir al respecto y apenas sabemos una parte sobre su influencia en la expresión de los genes.

Otro aspecto a tener en cuenta es la microbiota, que es el conjunto de microorganismos que conviven sobre y dentro del organismo, que tiene una gran influencia en nuestra fisiología, comportamiento, obtención de nutrientes o desarrollo de enfermedades al interaccionar con el sistema inmunitario. Esta microbiota puede variar entre poblaciones de la misma especie según dónde y cómo vivan, siendo muy complicado conocer la que tenían las especies extintas. O si sigue existiendo aún. Desextinguir especies sin su microbiota original o una inadecuada puede suponer graves problemas para estas al ser incapaces, por ejemplo, de digerir correctamente la comida ingerida o ser más vulnerables a enfermedades, enfermando con patógenos modernos y acabar desapareciendo por no tener un sistema inmunitario equipado para la supervivencia en nuestros tiempos. Estudiar los microbios procedentes de heces congeladas o recuperadas de otros ambientes como cuevas puede suponer una mayor calidad de vida o un comportamiento más similar al de los ejemplares que le precedieron.

También debemos tener en cuenta a los parásitos que todas las especies presentan y que también se deberían considerar y estudiar antes de devolver a la vida especies pasadas, ya que la desextinción podría suponer que las especies traídas de vuelta sean portadoras o vectores de enfermedades que salten de especie y supongan un problema para los humanos, directa o indirectamente afectando al ganado o especies de las que nos beneficiamos.

De hecho, otro de los problemas derivados del calentamiento global es que se está derritiendo el permafrost y están aflorando restos de animales, e incluso humanos, y con ellos el riesgo de despertar a los microorganismos que tendrían asociados, algunos de los cuales pueden suponer un problema ya que pudieron causar enfermedades o la muerte a esas criaturas y eventualmente podrían hacerlo en la actualidad a especies cercanas o saltar a los humanos. Ya se han encontrado virus gigantes (*Pithovirus sibericum* y *Mollivirus sibericum*) de hace 30.000 años que no existen en la actualidad, y que solo afectan a amebas unicelulares. Conocer estos paleovirus y paleobacterias puede ayudarnos a investigar la patogenicidad de estos microbios y cómo protegernos de parientes suyos cercanos.

La «resurrección» de microorganismos es algo relativamente frecuente que se ha conseguido en varias ocasiones. En los 90, Raúl Cano y su grupo de investigación consiguió muestras de varios microorganismos, bacterias y levaduras que vivieron asociados a insectos que quedaron atrapados en ámbar y fueron revividos por estos investigadores. Incluso, con una levadura de 45 millones de años, ha fabricado una cerveza comercializada en California gracias a la compañía «Fossil Fuels Brewing Company», que creó junto a algunos socios.

Posteriormente, en el año 2000 se aisló una bacteria, relacionada con el actual género *Bacillus*, a partir de las esporas encontradas en cristales de sal de unos 250 millones de años, siendo el organismo más antiguo devuelto a la vida hasta ahora y demostrando la capacidad de algunos organismos de soportar condiciones tan extremas, y el paso de los años, millones de ellos.

En 2020 se obtuvieron muestras de microbios obtenidas de sedimentos a 100 metros debajo del fondo marino que está a casi 6.000 metros de profundidad en el sur del océano Pacífico. Estas muestras tienen 101 millones de años y son una comunidad formada por varias especies de diversos grupos que han sobrevivido manteniéndose aletargadas todo este tiempo, pero que en el laboratorio con condiciones especiales han sido capaces de crecer y dividirse. Los microorganismos nunca dejarán de sorprendernos.

Y en el caso de las plantas, científicos rusos han sido capaces de revivir plantas del permafrost siberiano con unos 32.000 años. Se resucitaron cultivando tejidos de los frutos hallados con una técnica de reproducción en el laboratorio. Estos clones se trasplantaron y dieron lugar a plantas con semillas listas para reproducirse. Esta planta, *Silene stenophylla*, actualmente habita también esa zona, pero estos ejemplares más antiguos presentan un fenotipo o aspecto diferente a las actuales. Es el miembro del reino vegetal más antiguo que jamás se ha devuelto a la vida hasta ahora. También tenemos casos más recientes, como el de 7 semillas de palmera datilera (*Phoenix dactylifera*) de hace 2.400-1.800 años que fueron germinadas y cultivadas en Israel y que nos han ayudado a comprender mejor la historia evolutiva de este grupo y una semilla de loto sagrado chino (*Nelumbo nucifera*) con 1.300 años.

Las plantas son casi siempre las grandes olvidadas. De hecho, hay un fenómeno conocido como «ceguera de las plantas» que es la tendencia humana a ignorar las especies de plantas. Puedes preguntar por especies de mamíferos o aves que se hayan extinguido en los últimos miles de años y siempre tendrás respuesta, pero casi nadie conoce plantas que hayan desaparecido para siempre en tiempos recientes o incluso, más remotos.

En los últimos 250 años se podrían haber extinguido al menos 571 especies de plantas y puede que sean muchas más. El registro de algunas zonas es bastante escaso, pero algunas son redescubiertas y pasan a estar en la categoría de riesgo elevado de extinción. Su estudio, conservación y el uso de las técnicas de desextinción aplicado a vegetales es también muy importante y relevante para el sustento de las especies animales que se pretendan traer de vuelta, ya que algunas pueden presentar codependencia o eran su principal fuente de alimentación. Una de las primeras propuestas de desextinción vegetal es la palmera de Rapa Nui (*Paschalococos disperta*) extinguida tras la llegada de los primeros pueblos aborígenes que presuntamente la talaron hasta la extinción para la construcción de los famosos moais, entre otros usos.

Otro gran problema para traer de vuelta ejemplares de especies desaparecidas es que un animal no es solo un ente físico, ya que muchos animales poseen una cultura transmitida de generación en generación y que se habría perdido. El conocimiento sobre los mejores lugares de cría, fuentes de agua y buenas zonas de alimentación u otros recursos, rutas migratorias, comunicación y dialectos, técnicas de caza, cortejo... son muy difíciles de recuperar, por no decir imposible, lo que supone un reto aún mayor en la desextinción.

El rol ecológico de estas especies también es otro factor a tener en cuenta. Hay especies que serían ingenieros de ecosistemas y que modifican su hábitat, ayudan a aumentar la biodiversidad de la zona, favoreciendo los planes de recuperación y con un impacto en un área geográfica amplia. Sería interesante traer de vuelta estas especies ingenieras en primer lugar. Un ejemplo serían las aves dispersoras de semillas como la paloma pasajera y las moas que podrían recuperar los bosques compuestos por determinadas especies vegetales; los bisontes, que se alimentan de madera cambiando la composición y estructura de los bosques; o los mamuts, que podrían modificar la tundra hasta devolver la llamada estepa mamútica, y poder posteriormente reintroducir otras especies extintas como bisontes esteparios, rinocerontes lanudos o caballos salvajes en las recuperadas estepas.

Aparte de todo esto que hemos señalado, es imprescindible tener un mínimo de variabilidad genética en las especies a desextinguir. La información genética de un solo individuo, como pasa en el caso del bucardo, no es suficiente para mantener poblaciones viables. Sería preferible tener la de varios que hayan vivido en distintas épocas y regiones geográficas. Clonar un único individuo provocaría endogamia y consanguinidad, aunque sería posible eliminar ciertas mutaciones con técnicas de edición genómica. Es necesario generar una población numerosa, estable a largo plazo y que se pueda mantener por sí misma favoreciendo la diversidad genética, pero igualmente importante es que haya un hábitat restaurado y lo suficientemente amplio como para que esas poblaciones puedan habitarlo. Y que sea adecuado a sus necesidades, alimentación y comportamiento.

Todo lo que has leído hasta ahora se refería a especies extintas «recientemente» en términos geológicos. Pero también se están produciendo importantes avances respecto a especies mucho más antiguas y a las que a muchos nos gustaría ver de nuevo, los dinosaurios. Se han realizado algunos estudios comparando a sus parientes más cercanos, aves y cocodrilos, y se ha podido determinar algunas características genéticas, como el número de cromosomas que podrían haber tenido (entre 66 y 80 según una investigación) y también algunos estudios de los fósiles donde han podido ver unas estructuras llamadas melanosomas (orgánulos celulares que contienen los pigmentos) que nos podrían indicar el color de algunas especies como *Sinosauropteryx, Anchiornis, Microraptor, Caihong,* el ceratópsido *Psittacosaurus* o incluso el anquilosaurio *Borealopelta.*

Las proteínas podrían convertirse en una alternativa a la secuenciación de ADN antiguo cuando este está muy degradado, ya que son más estables y se conservan mucho mejor que el ADN. En 2019 vimos cómo se recuperaban del esmalte de los dientes de *Stephanorhinus*, un rinoceronte extinto de hace 1,8 millones de años, secuencias de proteínas con las que se ha podido ver su filogenia, es decir, la relación con otras especies emparentadas de las que se disponía también de estas secuencias. También se ha podido utilizar esta técnica con el *Gigantopithecus blacki,* un enorme simio herbívoro asiático, cuyos restos son de hace 1,9 millones de años, describiendo que están emparentados con los orangutanes y con el *Homo antecessor*, que tendría una estrecha relación con *Homo sapiens, Homo neanderthalensis* y los denisovanos gracias al análisis de las proteínas de unos molares con 800.000 años.

El esmalte de los dientes es un material muy duro, abundante y duradero que aporta información genética, lo que hace que sea utilizada en estudios evolutivos, permitiendo, por ejemplo, averiguar la especie actual más cercana de los fósiles identificados.

EL PROYECTO POLLOSAURIO

Seguro que la mayoría de los que estáis leyendo este libro habéis querido tener un dinosaurio. Uno vivo, de verdad. O al menos conocemos a alguien que ha estado, o está, obsesionado con esa idea. Pues eso mismo es lo que se propuso el paleontólogo Jack Horner, conocido por ser el asesor de Spielberg en Parque Jurásico y el que descubrió que los dinosaurios nidificaban en grupo y cuidaban a sus crías, entre otras cosas.

Nunca podremos tener ADN de dinosaurio ya que estará ya muy degradado e inservible aunque se haya conservado muy bien el fósil. Pero sí tendremos el de sus parientes vivos más cercanos, las aves. Horner se propuso usar el genoma de dinosaurio que toda ave lleva dentro de sus células para traerlos de vuelta, y para ello usó al pollo, muy estudiado en genética y biología del desarrollo y con el que podría hacer interesantes experimentos. Aseguraba que podía conseguirlo en 5 años, pero eso fue en 2012.

Utilizando una especie de «evolución reversa» pretende traer de vuelta caracteres primitivos, o atavismos, que hasta ahora estaban silenciados en las aves: los dientes, las garras en lugar de alas y la cola. A este animal se le ha llamado pollosaurio y tiene los mismos genes que un pollo normal y corriente, pero se cambia la expresión de una serie de genes maestros del desarrollo para recuperar esos caracteres primitivos o atavismos. En unos años podría estar listo y comercializarse.

Los dientes han sido de lo primero y más sencillo de hacer. Desde la década de 1980 se desarrollan experimentos con embriones de pollo en los que se injerta tejido embrionario de la boca de un ratón consiguiendo estimular la formación de dientes.

Las aves perdieron los dientes a lo largo de su evolución y desarrollaron un pico córneo de queratina llamado ranfoteca. Al desarrollar este pico, se inhibió la formación de los dientes y consecuentemente se perdió uno de los genes que activa los precursores de los dientes.

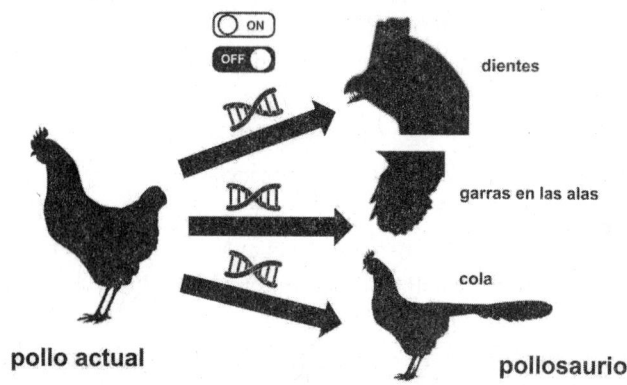

Proyecto Pollosaurio de Jack Horner. Se están intentando una serie de cambios genéticos en pollos de nuestros días para devolver algunas características presentes en los dinosaurios y ausentes en aves actuales, como es la presencia de cola, dientes y garras en las alas. Crédito de las imágenes a phylopic.org, Soledad Miranda-Rottmann, Steven Traver y Rebecca Groom.

También se ha descubierto la forma de convertir el cráneo de un ave en una forma más semejante a la de un dinosaurio. Y es que las aves tienen un cráneo similar al que poseen las formas juveniles de cocodrilos y dinosaurios; algo que también ocurre, por ejemplo, en los perros que tienen rostros similares a las crías de lobos, o en los humanos que tenemos rostros parecidos a los de las crías de los grandes simios.

Pero conseguir que un embrión de pollo desarrolle estructuras que deriven en dientes no lo es todo. Los dientes están cubiertos por esmalte y dentina y esos genes están inactivados en aves, como lo están en otros animales desdentados como tortugas, ballenas o mamíferos que comen hormigas como el pangolín o el armadillo. Habría que utilizar técnicas genéticas como CRISPR para reparar estas mutaciones y que desarrollen unos dientes verdaderos y funcionales.

Las garras son otro de los caracteres que queremos recuperar. Y es que las aves tienen tres dedos separados durante el proceso embrionario que se van fusionando hasta parecer un ala. Parando este proceso y haciendo algunos reajustes, podemos recuperar las garras de los dinosaurios. De hecho, existe un ave, el hoatzín, que vive en el Amazonas y cuyos polluelos tienen estas garras que le ayudan a trepar, como hacían las primeras aves, que pierden posteriormente al hacerse adultos.

Además de las garras, hay científicos que quieren revertir el dedo prensil que las aves adquirieron en las patas con el que se agarran a las ramas al posarse y que sin embargo no aparece en sus ancestros los dinosaurios. Durante el desarrollo embrionario se pasa por ese dedo ancestral que se tuerce y vuelve oponible, pero se puede paralizar el proceso y quedarnos con el carácter ancestral.

Y llegamos a la cola, que, según Horner, es lo que más está costando y se les resiste.

Un grupo de científicos hizo un experimento en el que colocaban una prótesis en forma de cola a los pollitos desde la eclosión y se la iban cambiando conforme crecían para ver los avances y cómo iban cambiando los huesos. Vieron que, al tener cola, cambiaba el centro de gravedad y por tanto la posición de los huesos y la postura.

Durante el desarrollo embrionario, las aves desarrollan una cola que poco después se ve reducida y los huesos se fusionan en una estructura llamada pigostilo. Aprender qué genes controlan este proceso y cómo evitarlo es lo que están investigando ahora mismo para poder tener un pollo con aspecto de dinosaurio. No será un feroz animal con instinto asesino como muchos imaginan, sino un ave con el mismo comportamiento y modo de vida, pero un aspecto un tanto peculiar que nos recordará a esos animales que tanto nos fascinan.

EL MAMUFANTE

El mamut es otro de esos animales icónicos y más populares de la prehistoria. Y como no podía ser menos, también hay un equipo de científicos trabajando en traerlo de vuelta, ya que su desaparición se remonta a periodos históricos (los últimos ejemplares se extinguieron en la isla de Wrangel hace unos 3.000 años, cuando se estaban empezando a construir algunas de las pirámides de Egipto, para situarnos en el tiempo).

Pero es un camino largo y complicado. Cuanto más separadas estén las especies, más trabajo habrá que hacer y más cambios serán necesarios. El pariente vivo más cercano del mamut lanudo (*Mammuthus primigenius*) es el elefante asiático (*Elephas maximus*), así que un grupo de científicos liderados por George Church trata de editar el genoma de este elefante mediante CRISPR para traer de vuelta al mamut lanudo.

El genoma del mamut difiere del genoma del elefante en 1,4 millones de nucleótidos y de estos, 2.020 hacen que cambie la secuencia de 1.642 proteínas. Unas 26 mutaciones inactivan esos genes en los que se encuentran y hacen que ya no sean operativos. Resumiendo, mamut y elefante tienen más de 1.600 proteínas distintas y 26 que no «funcionan» en el mamut.

Son demasiados cambios, pero Church estima que haciendo solo cambios en unos pocos genes se podrá traer de vuelta a esa especie de mamut (mamufante lo llaman algunos). De hecho, dice tener ya células de elefante con 45 cambios genéticos en su secuencia (para asemejarlos al mamut), listas para comprobar su eficacia y dar el paso de transferir los núcleos a un ovocito de elefante asiático y ver qué ocurre tras la gestación. Hasta ahora no hay nada al respecto publicado en una revista científica y estas declaraciones las hizo hace algunos años, por lo que es difícil saber si es verdad o no y el estado actual del proyecto. Pero en septiembre de 2021 se anunció la empresa Colossal, con un capital inicial de 15 millones de dólares y en la que el propio Church junto con Ben Lamm, un emprendedor de tecnología y software, toman las riendas para crear un híbrido entre mamut y elefante en los próximos años. Ya tienen claros los pasos que habría que dar para que tengamos de vuelta a un mamut a partir de un elefante. Serían cambios morfológicos, asociados sobre todo a las adaptaciones a las bajas temperaturas, cambios en el metabolismo de los lípidos y la acumulación de grasa y en el ritmo circadiano (el que controla el sueño y la vigilia según sea de día o de noche).

Se ha descrito que el mamut tiene algunas mutaciones en genes del ritmo circadiano ya que se encontraban en hábitats muy cercanos al Ártico donde en invierno apenas hay horas de luz y en verano no hay noche. Estas mismas mutaciones también se encuentran en especies que viven actualmente en esas zonas, como puede ser el reno. El mamut presenta cambios en ocho de estos genes.

Para sobrevivir en ambientes tan fríos es necesario una serie de cambios metabólicos que les hagan acumular reservas para los meses más fríos y con mayor escasez de alimentos. Se han encontrado unos 54 genes del metabolismo con mutaciones y 39 relacionados con la insulina, que es la que regula las reservas de energía. Esos cambios les provocarían variaciones en la forma y depósito subcutáneo de grasa.

Algunos de los cambios morfológicos que presentan los mamuts y no se observan en los elefantes son unas orejas pequeñas y la cola corta para evitar las pérdidas de calor corporal, junto con mayores glándulas sebáceas y largo pelo que les permitiría vivir a las temperaturas bajo cero que azotarían su hábitat en invierno. A nivel molecular hay dos cambios imprescindibles para que el elefante resista el frío del hábitat que ocupaba el mamut: la hemoglobina y genes relacionados con la adaptación térmica a las bajas temperaturas.

La hemoglobina es la molécula presente en los glóbulos rojos que se encarga de transportar el oxígeno por los tejidos y recoger el CO_2 para eliminarlo. Al bajar las temperaturas, la afinidad de la hemoglobina por el oxígeno es mayor por lo que este no se libera en los tejidos y se pueden dar problemas de falta de oxígeno y muerte tisular. Pero los mamuts tenían tres mutaciones en esta proteína que les daba la solución a este problema de forma que a bajas temperaturas funcionaba como la de los elefantes a temperaturas tropicales.

Otro cambio que también se ha estudiado en detalle ha sido el del gen *TRPV3* que está implicado en la sensación térmica y el crecimiento del pelo. Un único cambio en el gen le proporcionó mayor tolerancia al frío, el desarrollo de pelos más largos y una mejor síntesis de tejido graso que le protegerían de las bajas temperaturas gracias a las diversas funciones que regula la proteína TRPV3 al tener un efecto cascada.

Se ha podido ver que estas adaptaciones al frío ya estaban presentes en el genoma del antecesor del mamut lanudo, el mamut estepario (*Mammuthus trogontherii*), secuenciado a primeros de 2021. En el genoma de este animal ya se encuentran adaptaciones como el pelo lanudo, la regulación térmica, los depósitos de grasa subcutáneos, la tolerancia al frío o los cambios en el ritmo circadiano, por lo que ya se encontraban adaptados a la vida en ambientes gélidos.

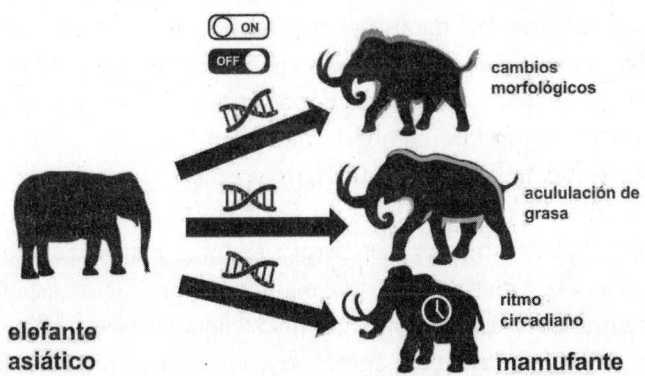

Proyecto Mamufante de Church. Se están intentando una serie de cambios genéticos en elefantes para devolver algunos rasgos propios del mamut como el pelo espeso, cola corta, orejas pequeñas, cambios en metabolismo de las grasas y su acumulación y en el ritmo circadiano, entre otras. Crédito de las imágenes a phylopic.org.

Se han secuenciado varios genomas de mamut de diferentes lugares del mundo que permitirán tener una gran variabilidad genética que asegure la viabilidad de los ejemplares desextintos. Incluso hay disponible ADN de los mamuts de Wrangel, los últimos supervivientes de esta especie, que estaban confinados en una isla y sufrieron los efectos de la endogamia, ya que se ha detectado un alto número de mutaciones perjudiciales, algunas de ellas que afectan a la fertilidad masculina, al desarrollo, al pelaje o a la capacidad de detectar olores florales. Estos mamuts no valdrían para traer de vuelta nuevos ejemplares, pero sirven de ejemplo para saber que aparte de secuenciar ADN antiguo, debemos estudiar esas secuencias y ver la viabilidad de los genes presentes, ya que secuenciar el genoma de los últimos ejemplares de una especie puede suponer recuperar ejemplares enfermos, como pudo suceder con Celia, el último bucardo.

El regreso del mamut puede implicar también la vuelta del hábitat que ocupaba, la estepa mamútica, que era una enorme extensión de hierba donde estos animales convivían con otras especies como el rinoceronte lanudo, bisontes, alces, caballos, bueyes almizcleros, renos o saigas que eran cazados por tigres, osos, leones de las cavernas o manadas de lobos. El investigador ruso Sergey Zimmer tiene la teoría de que era esta megafauna la que mantenía la productiva estepa mamútica y su desaparición tuvo como consecuencia la expansión de la actual y empobrecida tundra. La hierba de la estepa emplearía una gran cantidad de agua que drenaría el suelo, impidiendo que este se encharque y congele (evitando así la formación de permafrost) y la materia vegetal muerta puede descomponerse y volver al ciclo de nutrientes. Si esto no ocurre, el suelo se quedaría cubierto por la hierba seca, crecería el musgo que retendría la humedad en el suelo facilitando el encharcamiento y la congelación del mismo, haciendo de este un hábitat infértil y que provocaría la desaparición de la megafauna. Estos animales serían los que regularán el mantenimiento del ecosistema alimentándose de hierba, pisoteando el suelo y evitando el crecimiento de árboles o arbustos grandes y abonando el suelo con sus excrementos.

También tenemos ya disponibles los genomas de varias especies de mamut y otros proboscídeos fósiles: el mamut colombino (*Mammuthus columbi*) y el de la estepa (*M. trogontherii*), el elefante de colmillos rectos (*Palaeoloxodon antiquus*) y el mastodonte americano (*Mammut americanum*), por lo que, si hay éxito en traer de vuelta al mamut lanudo, es posible que se siga con otras especies.

El tema de la desextinción está en auge y supone un nuevo campo científico que puede darnos muchas sorpresas en los años futuros. Pero todo ello además debe ir acompañado de cierta regulación y estudios de bioética para que sea otra herramienta en nuestras manos para restaurar ecosistemas e intentar enmendar parte del daño que hemos hecho al planeta.

---

1. La desextinción de especies será una herramienta más en la conservación de especies en los próximos años.

2. Podrá ayudar a aportar diversidad en especies en peligro de extinción y en devolver especies desaparecidas y con un rol ecológico importante para la restauración ecológica.

3. Ya hay varios proyectos en funcionamiento para desextinguir especies, como el del uro, la quagga, la paloma pasajera, el mamut o la tortuga de Floreana.

4. Cada día se avanza más en el desarrollo tecnológico de estas herramientas y hay nuevos hitos como la secuenciación de genomas cada vez más antiguos, aunque sigue habiendo una fecha límite para la recuperación de ADN antiguo.

5. A la par que el desarrollo de técnicas científicas, debe irse desarrollando las cuestiones éticas que nos vamos encontrando por el camino.

7.

UNO PARA TODOS Y TODOS PARA UNO: HABLANDO DE QUIMERAS

ADRIÁN VILLALBA FELIPE

> «No hay verdades absolutas;
> todas las verdades son medias verdades».
>
> ALFRED WHITEHEAD

Cada uno es de su padre y de su madre. Esta frase hecha, casi tautológica, se puede aplicar a toda la especie humana e incluso extender al resto de mamíferos. En humanos, un individuo es el resultado de la información genética que hereda de sus progenitores en forma de ADN. Pero ¿cómo se mantiene la cantidad de cromosomas transmitidos de padres a hijos? Normalmente una persona posee una carga genética determinada, repartida en 46 cromosomas. Esta dotación no puede transmitirse íntegramente a la descendencia, porque si no, el número de cromosomas se duplicaría tras cada generación. Por este motivo, durante la formación de las células germinales (es decir, óvulos y espermatozoides) el contenido genético se reduce a la mitad mediante un proceso conocido como meiosis.

El mecanismo de la meiosis permite a una célula dividirse a la par que reduce a la mitad su número de cromosomas. Uno podría pensar que esta reducción es aleatoria de manera que, teniendo 46 cromosomas, se seleccionaría uno de cada dos para formar el conjunto que se hereda. Nada más lejos de la realidad. De hecho, de ser este el caso, cada hijo sería la suma de la mitad de los cromosomas de su madre y la mitad de su padre. Sabemos que esto no es así, cada individuo presenta rasgos únicos e individuales que no se encuentran en sus ancestros. Esto se debe a un fenómeno que tan solo sucede en la meiosis y no en otras formas de división celular como la mitosis: la recombinación genética. Esta recombinación permite barajar el contenido de los cromosomas equivalentes entre sí, originando nuevas variantes que no se hallaban previamente en las células de ese mismo organismo.

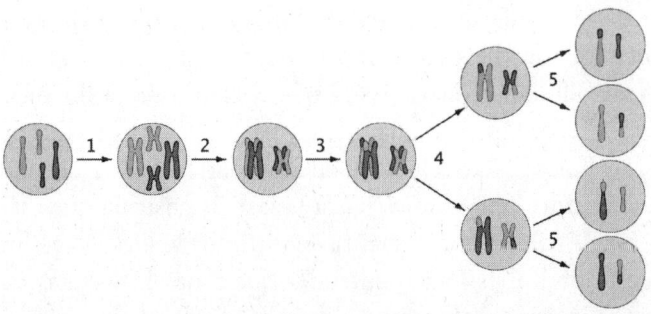

Esquema de la meiosis. En esta simplificación, una célula diploide con dos cromosomas distintos (tonos claro y oscuro, paso 1) acaba formando cuatro células haploides (paso 5). Los cromosomas heredados son totalmente distintos a los originales debido a la recombinación genética (pasos 3 y 4).

Decimos que las células sexuales son haploides, esto es, que contienen una única copia de cada cromosoma. Para poder formar un organismo humano se necesita otra célula haploide. Estos son los fundamentos matemáticos de la fecundación. Un espermatozoide que contiene 23 cromosomas fecundará un óvulo que también posee otros 23 cromosomas. El producto final será el cigoto, también conocido como embrión de una célula, que contiene 46 cromosomas (23 pares) y ya es diploide. Este cigoto se dividirá convirtiéndose en un embrión de dos células. Las dos células resultantes también harán lo propio y el embrión pasará a contar con cuatro células, que se dividirán sucesivamente hasta dar lugar al feto y posteriormente al bebé recién nacido. El continuo de divisiones celulares ocurre durante todo el desarrollo, siendo cada célula un clon de la célula inicial: el cigoto.

El cigoto está compuesto por una única célula, la fusión del óvulo y espermatozoide. El cigoto se divide originando otras dos células. El embrión, compuesto por dos células, se dividirá nuevamente dando lugar a cuatro células. Esta sucesión de divisiones origina la blástula: una fase del desarrollo embrionario en la que el cigoto se ha dividido unas 7 veces aproximadamente y ya contiene alrededor de 128 células. Estas células pueden tomar cualquier destino en el futuro feto y no es hasta la fase de gástrula que esta masa de células se especializa en distintos linajes. Llegados a este punto, es lógico entender que todas las células de un organismo compartan el mismo ADN, ya que son el resultado de las muchísimas divisiones de la primera célula.

Esta es la historia que todos conocemos, brevemente simplificada, y que nos han enseñado para entender la reproducción humana. Ahora bien, tal y como indica la cita que inaugura este episodio, no existen las verdades absolutas sino las medias verdades. ¿Me creerías si te digo que podemos estar hechos de ADN procedente de otros individuos distintos a nuestros padres biológicos? ¿Te imaginas que la mayoría de esos individuos ni siquiera los conoces? En este capítulo vamos a hablar de las quimeras, que como bien dice su nombre, pueden parecer una ilusión inexistente. Aun así, no te dejes engañar, tal y como se verá a continuación, nada es tan real como la existencia de quimeras.

EL NACIMIENTO DE UNA QUIMERA AUTÉNTICA

En la mitología griega se conoce a la quimera como un monstruo híbrido, un animal que contiene partes del cuerpo de distintos animales. Aunque biológicamente esto no es plausible, actualmente llamamos quimera o individuo quimérico al organismo que está formado por células con distinto ADN. Partiendo de la premisa anterior, que todas las células de un individuo son clones del cigoto, resulta incomprensible que el concepto biológico de quimera pueda existir. Ciertamente, aunque se trata de un fenómeno raro en la naturaleza, es posible encontrarlas en multitud de especies.

Las quimeras se extienden entre los mamíferos, no solo en gatos y perros sino también en primates e incluso humanos. De hecho, se han vuelto tan populares los gatos quiméricos que cuentan con cientos de miles de seguidores en las redes sociales que les llevan sus dueños. Además, el quimerismo es un fenómeno tan antiguo en la evolución que se ha descrito también en peces, invertebrados e incluso plantas. Seguramente a estas alturas te estás preguntando qué procesos pueden conducir a la aparición de una quimera.

Algunos individuos quiméricos lo son desde el nacimiento, en lo que conocemos como quimerismo congénito. Hemos dicho que las células de un organismo normal son el resultado de las sucesivas divisiones del cigoto. Es común imaginar este proceso desde el punto de vista de un único embrión originado a partir de la fecundación de un solo óvulo. No obstante, la fecundación puede dar lugar a más de un embrión si la ovulación es múltiple. Esto que es poco frecuente en humanos resulta ser la norma en otras especies de mamíferos, donde las hembras quedan embarazadas de varias crías. Cuando dos o más espermatozoides fecundan otros tantos óvulos se producen cigotos totalmente distintos. En el supuesto que estos embriones fueran humanos y se desarrollasen hasta el parto diríamos que son hermanos mellizos.

Durante el desarrollo temprano de estos embriones, cuando aún están formados por unas pocas células, se pueden fusionar entre ellos. Es decir, dos cigotos distintos que iban a originar dos individuos se han convertido en un único embrión que se desarrollará como un solo organismo. Este individuo resultante es lo que conocemos como quimera tetragamética, es decir, que proviene de cuatro gametos (2 óvulos y 2 espermatozoides distintos).

Si antes todas las células del organismo eran el producto de la división del cigoto, en una quimera tetragamética lo serán de la división de las células de dos embriones distintos. Esto significa que un grupo de células de uno de los embriones formará unas células específicas del futuro individuo adulto con un ADN determinado mientras que el grupo de células que proviene del otro embrión hará lo propio también. Simplificando, es como si se mezclaran células de dos hermanos mellizos en un único embrión que dará lugar a un solo individuo. Aunque las causas que dirigen este proceso son todavía desconocidas, las consecuencias de este tipo de quimerismo son realmente interesantes.

Las primeras células del desarrollo embrionario tienen capacidad de convertirse —o diferenciarse— en cualquier tipo de célula del futuro adulto. Cuando dos embriones distintos se fusionan, las células originales de cada uno de ellos son capaces de diferenciarse a las células que formarán el individuo. De esta manera el organismo contará con dos poblaciones celulares que contienen un ADN distinto y, por ende, expresan genes y poseen características diferentes. Una muestra muy bonita de estas diferencias genéticas se puede observar en las quimeras de violeta africana (*Saintpaulia*), cuya flor presenta un patrón de dos colores. De forma similar este fenómeno también se aprecia en los animales. Las quimeras de gatos tan famosos en las redes presentan un patrón característico con más de un color. Como se puede comprobar en la siguiente figura, algunos gatos quiméricos muestran media cara de cada color. Esto sucede cuando las células de la piel del gato se han formado a partir de células distintas que provienen de cada uno de los embriones que forma la quimera tetragamética. Al igual que con la piel, otros órganos pueden presentar estas diferencias que además influyen no solo en el color sino en cualquier otra característica determinada genéticamente.

Los embriones tetragaméticos también se encuentran en la especie humana. Es un fenómeno muy poco habitual, tan solo se han documentado unos cientos de casos, pero algunos indicios apuntan a que tecnologías de manipulación de embriones como la reproducción asistida pueden favorecer su aparición. La técnica de fecundación *in vitro* (FIV) es una práctica de reproducción asistida ampliamente extendida. Consiste en favorecer la fecundación de óvulo y espermatozoide en el laboratorio y mantener *in vitro* durante unos días el embrión hasta que se implanta en el útero de su futura madre. Normalmente se recurre a la fecundación *in vitro* cuando este proceso no puede darse de forma natural, aunque óvulos y espermatozoides sean sanos. Como norma se obtienen e implantan varios embriones con el fin de asegurar el éxito, que es conseguir el embarazo con al menos uno de ellos.

Aspecto de una gata quimérica que presenta una pigmentación diferencial de la piel y de los ojos. Fuente: Instagram (@gataquimera).

Se han descrito algunos casos en que los embarazos conseguidos por FIV y otras técnicas de reproducción asistida acaban dando a luz a humanos con quimerismo. Este suceso se debe al proceso de amalgamación, que es como conocemos que dos embriones se fusionen en uno. Para que la amalgamación ocurra ambos embriones deben encontrarse en un estadio preimplantacional, es decir, que aún no se hayan implantado en el útero de la madre.

Todavía no se conocen las leyes que rigen la segregación de los distintos tipos de células que forman una quimera. ¿Por qué algunas forman unas estructuras determinadas en un órgano y las otras no? Muchos científicos proponen que el establecimiento de las células adultas durante el desarrollo embrionario de las quimeras es estocástico. Dicho de otra manera, la diferenciación de las células embrionarias sucede totalmente por azar. Actualmente es difícil predecir qué camino tomarán cada una de ellas por lo que la aparición de complicaciones derivadas del quimerismo es una lotería.

Se conocen individuos quiméricos que resultan de la fusión de un embrión femenino (46 cromosomas, XX) y uno masculino (46 cromosomas, XY). El hecho de encontrar diferencias tan significativas entre ambos genomas como la presencia de dos cromosomas sexuales hace saltar las alarmas. En algunos de estos casos los individuos se desarrollan completamente sin mostrar ninguna alteración manifestable. De hecho, en estos casos el descubrimiento del quimerismo suele deberse a incongruencias halladas en otras pruebas médicas. Por esta razón no es raro encontrar quimerismo en individuos ya entrados en la vejez y que han pasado toda su vida sin ninguna patología reseñable.

Un caso curioso que merece la pena mencionar es el siguiente: un individuo que presentaba dos tipos de células distintas (46, XX) y (46, XY) y además nunca desarrolló patologías severas. Aunque la hipótesis principal era un quimerismo de origen tetragamético, los análisis genéticos parecían indicar otra opción. Inicialmente un embrión tetragamético es la fusión de dos embriones fecundados (óvulo + espermatozoide). Si bien es cierto que en este caso no se ha podido comprobar, la hipótesis más plausible apunta a que uno de los embriones no procedía de un óvulo.

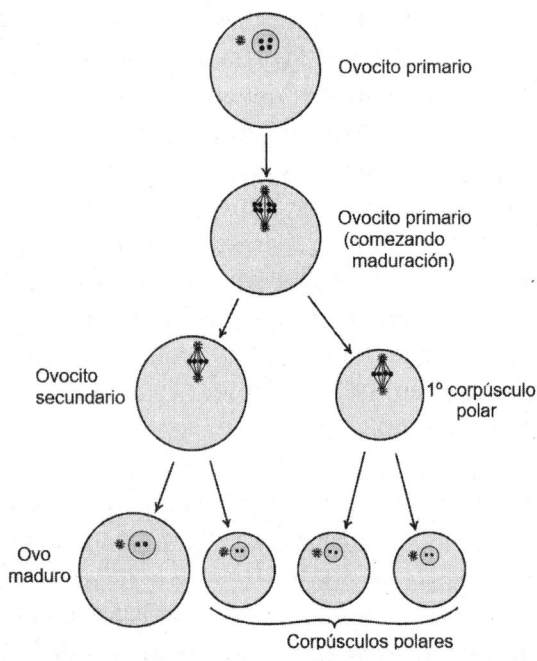

Esquema de la meiosis de un ovocito primario. Este es el mecanismo por el cual se forma un óvulo y tres corpúsculos polares con el mismo número de cromosomas.

Recordemos la meiosis, el proceso mediante el cual una célula diploide repartía sus cromosomas recombinados entre cuatro células hija (ahora haploides). En la meiosis de la célula precursora del óvulo (ovogonia) se origina un óvulo sano y tres corpúsculos polares. A continuación tienes un esquema que resume este proceso. Los corpúsculos son células igualmente haploides pero que no llegan a desarrollarse como óvulos. En un embrión, la ovogonia se encuentra en meiosis y produce dos corpúsculos polares que se descartan. Sin embargo, no será hasta la pubertad (y en cada ovulación) que la ovogonia se convertirá en óvulo, produciendo también el tercer y último corpúsculo polar. Una posible quimera podría deberse a la fecundación del óvulo por parte del espermatozoide junto a una fecundación simultánea del corpúsculo polar restante por parte de otro espermatozoide. Aún se necesitan más casos y otras pruebas que resulten concluyentes para confirmar este supuesto. De ser cierta la hipótesis, confirmaría que cualquier mecanismo que permita unir dos embriones distintos —sean cuales sean sus orígenes— puede desencadenar el nacimiento de una quimera.

En este caso que acabamos de comentar, la lotería de la diferenciación de las células embrionarias quiso que únicamente las células (46,XY) constituyeran los órganos sexuales. De esta manera, este individuo se considera a efectos biológicos un hombre fértil. Aunque también puede suceder lo contrario, que ambos tipos celulares (46,XX y 46,XY) se diferencien en órganos reproductores de cada sexo. En estos casos los individuos son diagnosticados de hermafroditismo o desarrollo sexual diferente (DSD). Debido a esta condición genética, los humanos con DSD desarrollan tejidos parecidos a los órganos sexuales pero presentando malformaciones severas. Por ejemplo, se ha descrito la presencia de ovotestículos, un tejido que contiene folículos ováricos y túbulos seminíferos, en humanos con quimerismo del tipo (46,XX) y (46,XY). Cabe destacar que el desarrollo sexual diferente puede aparecer también en individuos que no son quiméricos, como en el caso de los pacientes con síndrome de Klinefelter. Este síndrome se produce cuando un niño nace con una copia extra del cromosoma X (XXY), lo que resulta en el desarrollo anormal de los genitales masculinos e infertilidad.

En humanos no se ha descrito la existencia de ovotestículos que sean funcionales, es decir, capaces de producir óvulos y/o espermatozoides. No obstante, su existencia se presta a proponer la hipótesis de la autofecundación. Si una quimera humana contase con ambos tipos de órganos sexuales totalmente funcionales, ¿podría autofecundarse? Esto que parece ciencia ficción, y que algunos autores incluso utilizan para explicar ciertos acontecimientos religiosos, ha sido previamente descrito en conejos quiméricos que también eran hermafroditas. Aunque dada la casi nula probabilidad de presentar ambas condiciones (quimerismo y hermafroditismo), esta hipótesis es difícilmente demostrable, sí que abre la puerta a otro puñado de preguntas igual de interesantes. ¿Qué sentido biológico tiene el quimerismo? ¿Es un mero accidente embriológico o no?

Hasta este momento se ha hecho hincapié en el concepto de quimera tetragamética, también conocida como quimera auténtica. Ahora bien, la definición de quimera incluye a cualquier individuo formado por células con distinto ADN. Esto significa que existen otras formas de quimerismo que aún no se han visto en este capítulo.

MICROQUIMERISMO: UNA
QUIMERA MUY SUTIL

Hace poco más de 100 años se descubría que los embriones de vaca podían compartir el sistema circulatorio durante el desarrollo embrionario. Esto significa que dos embriones distintos se desarrollan como individuos diferentes, pero en cierto momento pueden compartir la circulación sanguínea durante el embarazo. Este sistema compartido se debe a la presencia de anastomosis, que son conexiones entre los vasos sanguíneos de ambos embriones. Estas anastomosis permiten el transporte de sustancias como hormonas, que se intercambian entre ambos organismos.

Esta observación se utilizó para explicar por qué en un parto en el que nacen una vaca y un toro, la hembra resulta muchas veces estéril. Se creía que la presencia de hormonas masculinas conducía al desarrollo fallido de sus ovarios. Ray Owen descubrió que, aunque esto sea cierto, tan solo era una verdad a medias. Ambos embriones de vaca comparten mucho más que hormonas a través de su sistema circulatorio: también intercambian células. En este trueque, las células acaban por establecerse en el otro organismo y se convierten en células adultas del mismo, pero con el ADN original de su hermano. Es decir, nos encontramos ante una quimera originada durante el desarrollo de un embrión en estado avanzado. Ahora no podemos llamarlas quimeras tetragaméticas, por lo que adoptan el nombre de microquimeras. Este microquimerismo consiste en el intercambio de células entre dos individuos que se encuentran en un desarrollo avanzado, por lo que tan solo un número muy reducido de estas células se encontrará presente en el futuro individuo adulto.

La presencia de microquimerismo se ha detectado en todas las hembras de vaca infértiles que nacen junto a un macho, y es que se tratan de hembras con algunas células XY. No obstante, Ray Owen no descubrió el microquimerismo en vacas por este ejemplo, sino atisbando otra observación más sutil. Owen descubrió que todas las vacas nacidas junto a otra cría contenían dos grupos sanguíneos distintos. Concretamente el suyo propio y el que correspondía genéticamente a su hermano. El científico concluyó que este fenómeno se debe al intercambio de células sanguíneas a través de anastomosis durante el embarazo. Según Owen, el traspaso de estas células sanguíneas entre embriones acabaría contribuyendo al desarrollo del futuro sistema sanguíneo. Este científico descubrió el microquimerismo a mediados del siglo pasado.

No fue hasta mucho más tarde que el microquimerismo se detectó también en humanos. Un caso interesante es el de dos hermanos mellizos de sexo opuesto que se obtuvieron por inducción a la ovulación de la madre. Se originaron dos embriones diferentes que se desarrollaron dentro de la misma placenta, pero en diferentes coriones —popularmente conocidos como bolsas—, de manera que entre ambos se permitió el intercambio celular. Esto resulta curioso porque el hecho de compartir placenta pero desarrollarse en bolsas distintas es el fenómeno más común en hermanos gemelos y no había constancia de ello en mellizos. Mucho menos se conocía la existencia de microquimerismo en mellizos que se desarrollaban en la misma placenta.

Un hecho a destacar del microquimerismo es que las conexiones entre hermanos no son las únicas que suceden durante el embarazo. No hay que pasar por alto que cualquier individuo en desarrollo se encuentra en contacto íntimo con la madre, que en última instancia es quien provee los nutrientes para el embrión. Por este motivo no debería extrañar que el microquimerismo también suceda entre madre e hijo. Además, el intercambio de células es bidireccional por lo que las células de la madre pueden colonizar el cuerpo del hijo y viceversa. Para no confundirnos, en el primer caso hablamos de microquimerismo materno-fetal y en el segundo de microquimerismo fetal. Este intercambio sucede a partir del segundo mes de embarazo y se cree que las células intercambiadas pueden coexistir en su nuevo organismo durante toda la vida. Se han detectado células originadas por microquimerismo en órganos tan diferentes como el hígado, corazón o cerebro.

Las funciones biológicas que desempeñan estas células no son conocidas, aunque se han propuesto algunas hipótesis para explicar el microquimerismo. La más extendida se basa en la tolerancia inmunológica. Por una parte, las células que viajan del feto a la madre (microquimerismo materno-fetal) podrían permitir a su sistema inmunológico reconocer al hijo como un elemento propio del organismo, para no rechazarlo. Por otra parte, las células de la madre que colonizan al hijo (microquimerismo fetal) ayudarían a este a reconocer un número mayor de elementos extraños mientras aún no se ha desarrollado su sistema inmunológico. Una forma de hacerlo sería colonizando al feto con células madre del sistema inmunológico que luego puedan diferenciarse en células más especializadas con un reconocimiento específico.

Por desgracia no todo son buenas noticias para el microquimerismo, y es que este fenómeno se ha visto implicado también en la aparición de algunas patologías.

Las enfermedades autoinmunitarias son aquellas causadas por la destrucción de tejidos propios del organismo debido a un funcionamiento incorrecto del sistema inmunológico. Este tipo de enfermedades es más común en mujeres que en hombres y especialmente en aquellas que han tenido hijos, por lo que se le atribuye un papel relevante al microquimerismo. Se han hallado indicios de este fenómeno en mujeres que han padecido esclerosis sistémica, tiroiditis autoinmunitaria o artritis reumatoide. También sucede a la inversa con el microquimerismo fetal, se han hallado células en pacientes con lupus, dermatomiositis o diabetes tipo 1.

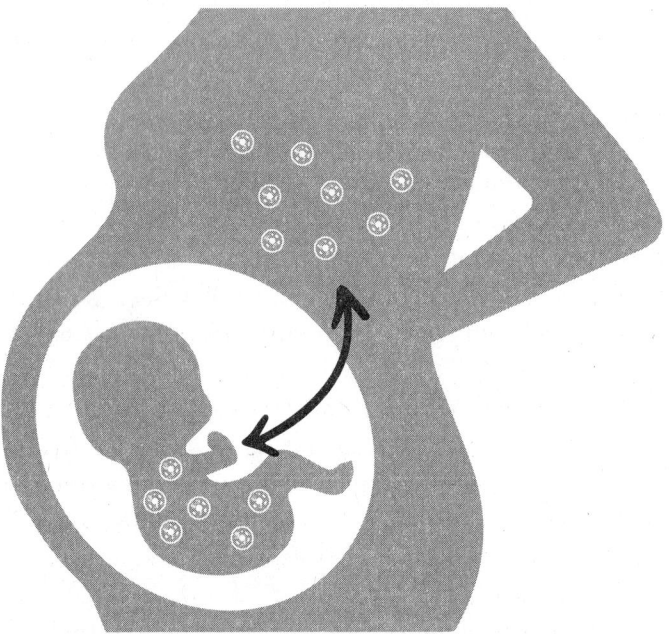

El microquimerismo es un camino en el que puede darse un intercambio células entre el feto (o fetos) y la madre en ambos sentidos.

El principal cuello de botella para estudiar el microquimerismo estriba en las técnicas para detectarlo. A diferencia de una quimera tetragamética, el número de células que se pueden hallar en microquimeras es muy reducido por lo que dificulta su estudio. No solo eso, sino que el estudio de estas células *in situ* mediante métodos no invasivos es prácticamente imposible y la obtención de biopsias tanto de personas vivas como *post mortem* es una tarea compleja. Se necesitan nuevas tecnologías que nos permitan conocer el origen genético de las células que conforman un órgano o tejido sin producir daño alguno.

Una de las preguntas más relevantes que se pueden hacer acerca del microquimerismo es la siguiente: ¿Cómo consiguen las células intercambiadas evadir al sistema inmunitario? La respuesta a esta pregunta será clave para el futuro de la medicina regenerativa ya que permitirá mejoras significativas en los trasplantes de órganos.

El microquimerismo no es exclusivo de los seres humanos, sino que al igual que el quimerismo tetragamético también se extiende a otros animales. La biología ha jugado la carta del microquimerismo especialmente bien en los titíes, esos monos tan adorables que uno querría abrazar. Las células que se intercambian durante el desarrollo embrionario entre dos crías también tienen la capacidad de diferenciarse en otras células del organismo adulto. En el caso de los machos titíes, las células compartidas durante el desarrollo embrionario con otros machos pueden diferenciarse en células germinales (espermatozoides).

Este aspecto es fundamental para aportar diversidad genética a la población de titíes. Un macho tití que haya hecho microquimerismo con uno o varios de sus hermanos podrá formar espermatozoides que contengan el ADN de cada uno de ellos. De manera que cuando este macho tití participe en la reproducción podrá fecundar a una hembra con su propio material genético o bien con el de cualquiera de sus hermanos. Así el individuo que nazca podría ser un hijo biológico de cualquiera de sus hermanos, pero no del macho que participó en la fecundación. Si hiciéramos una prueba de paternidad a un tití cualquiera podríamos encontrar que no es hijo biológico del macho que fecundó a su madre, pero sí de alguno de los hermanos de este.

La naturaleza es sabia y aún riza más el rizo. Los titíes son unos primates muy sensibles a las moléculas que producen olor en su piel, es decir, que han desarrollado un olfato muy sensible. Tal es la precisión que estos primates pueden reconocer a sus crías por el olor. La piel de una cría de tití con microquimerismo no produce un único olor sino que su piel, al contener dos tipos de células distintas puede producir también dos olores diferentes. En consecuencia, si un tití macho fecunda a una hembra con los espermatozoides que portan el ADN de su propio hermano, el futuro hijo podrá reconocer tanto su olor como el del hermano. Se trata de una herramienta que la evolución utiliza como ventaja social para favorecer la supervivencia de las crías.

Las consecuencias del microquimerismo son muy parecidas a las del quimerismo tetragamético. Aunque la transferencia de células sucede a otro nivel durante el desarrollo, en ambos casos se concluye con células quiméricas que se amplifican durante la diferenciación celular. Como se puede comprobar, la existencia de quimerismo proporciona una serie de ventajas al individuo que posee células con distinto ADN. Ahora bien, ¿cómo podemos utilizar esta ventaja que ofrece la biología del desarrollo embrionario?

1. La quimera es distinta de un híbrido. Un híbrido es un organismo resultante del cruce entre dos especies distintas. Por ejemplo, el mulo es un híbrido del cruce del burro y la yegua.

2. Una quimera también es diferente a un mosaico. Un individuo mosaico es aquel que contiene células con ADN distinto pero originado del mismo cigoto. Estas diferencias en el ADN de células que provienen del mismo cigoto pueden deberse a mutaciones o a una expresión diferente de genes.

QUIMERISMO DE FÁBRICA

Aunque parezca retorcido se puede conseguir una quimera en el laboratorio, todo es ponerse. En pocas palabras, bastaría con «mezclar» dos embriones distintos *in vitro* e implantarlos en el útero de una madre sana. Afortunadamente esta práctica no se lleva a cabo con embriones humanos, aunque sí es realmente útil hacerlo con animales de laboratorio. Durante muchísimos años la generación de quimeras ha sido la técnica estrella para obtener animales transgénicos.

Para ello, se modificaban genéticamente células madre embrionarias de ratón en un cultivo *in vitro*. Una vez se había introducido el transgén de interés se inyectaban estas células en un embrión de pocos días de desarrollo y se transfería al útero de su madre. Los animales que nacían eran quiméricos ya que algunas células expresaban el transgén que se les había inoculado inicialmente. Si estas células modificadas además colonizaban los órganos reproductores el transgén podría transmitirse a las crías. Actualmente esta práctica ya no se utiliza para generar animales transgénicos. Máxime porque la aparición de la técnica CRISPR ha acelerado el proceso considerablemente, pero eso ya nos lo contará Isabel López Calderón en el capítulo 10. Sin embargo, la generación de este tipo de quimeras nos ha enseñado muchísimo acerca del desarrollo embrionario normal, como el concepto de complementación del blastocisto.

El blastocisto es el nombre que recibe un embrión en uno de sus estadios más tempranos del desarrollo, cuando apenas cuenta con un puñado de células. Desde hace años se conoce que la expresión de un gen determinado —llamado *PDX1*— es esencial para que los mamíferos desarrollemos el páncreas. Los individuos que no tienen este gen o lo tienen mutado no pueden desarrollar páncreas y en consecuencia mueren a una edad temprana. Unos científicos japoneses decidieron inyectar células madre normales en un embrión de ratón mutado para el gen *PDX1*. En condiciones normales este embrión se hubiese convertido en un organismo sin páncreas, pero al formar una quimera con células que sí contenían el gen *PDX1* pudo desarrollarse normalmente. Los análisis posteriores revelaron que todas las células que formaban el páncreas de esta quimera provenían de las células madre que se inyectaron con la copia correcta de *PDX1*. Este experimento nos enseña que las células madre no tienen un destino predefinido durante el desarrollo embrionario, sino que pueden diferenciarse según las condiciones del organismo. Parece que el destino no está escrito para las células madre.

Ratón quimérico obtenido por la inyección de células madre modificadas genéticamente en el blastocisto.

Las cosas se pueden complicar aún más si se juega con los parámetros del experimento anterior. ¿Qué sucedería si las células madre que se inyectan en el embrión son de otra especie? Hasta el momento se han visto quimeras entre dos individuos distintos de la misma especie —quimeras intraespecie— pero también podrían formarse quimeras artificiales mezclando células de dos especies distintas aunque cercanas entre ellas —quimeras interespecie—. La respuesta a la anterior pregunta se conocía incluso antes de llevarse a cabo el experimento con células madre. A finales de los años setenta, la científica francesa Le Douarin trasplantó el sistema nervioso (cresta neural) de un embrión de codorniz a otro de pollo. Le Douarin pudo observar como la quimera resultante no solo se desarrollaba por completo, sino que se convertía en un individuo adulto funcional. Sin embargo, antes de alcanzar los dos meses de edad la quimera de pollo rechazaba las células del sistema nervioso que provenían de la codorniz. Esto causaba problemas neurosensoriales y de parálisis graves que provocaron la muerte de la quimera.

También se han ensayado con éxito otras quimeras interespecíficas. Entre ellas contamos con quimeras entre distintas especies de ratón, rata-ratón, oveja-cabra e incluso entre dos especies bovinas. Actualmente las quimeras interespecíficas se consiguen inyectando células madre embrionarias de una especie dentro del embrión de la otra. En el caso de la quimera ratón-rata, por ejemplo, se pueden inyectar células madre de ratón en un embrión de rata o viceversa. El caso es que dependiendo de si el embrión es de una especie u otra, el organismo que se forme también se parecerá más a una especie u otra. Por ejemplo, las quimeras formadas por células madre de ratón en un embrión de rata tienen el tamaño de esta última especie (que es varias veces mayor que un ratón). En este caso las quimeras interespecíficas también nos ayudan a conocer información del desarrollo embrionario. Es bien sabido por los científicos que el ratón posee vesícula biliar mientras que la rata no. Las quimeras de células madre de ratón en rata son incapaces de formar una vesícula biliar, seguramente porque el programa genético del embrión de rata se lo impida. Sin embargo, en el caso opuesto, una quimera de células madre de rata en un embrión de ratón sí contiene vesícula biliar.

Más allá de expandir nuestros horizontes en el conocimiento de la genética, las quimeras interespecíficas también se han propuesto como verdaderas herramientas biotecnológicas del siglo XXI.

¿Os imagináis que somos capaces de hacer crecer órganos humanos en un animal quimérico? Esta podría ser una solución a la actual escasez de órganos para practicar trasplantes. Pero se puede llegar mucho más lejos. Con las herramientas actuales de edición genética, se podría trasladar la mutación de un paciente a un órgano humano crecido en una quimera. ¿Cómo sería investigar directamente sobre unos pulmones humanos que padecen fibrosis quística en una quimera de cerdo, por ejemplo? Aunque esto parezca ciencia ficción sí que se han dado pequeños pasos. Es el caso de los «ratones humanizados», que llamamos así porque cuentan con células humanas en la médula ósea que pueden originar células del sistema inmunológico de un paciente. Estos ratones humanizados son muy útiles para el desarrollo de nuevos fármacos y terapias para combatir enfermedades como el SIDA o la tuberculosis.

En 2016 se llevó a cabo la primera quimera humano-ratón viable de la historia. Esta fue el resultado de inyectar células madre humanas de la cresta neural en un embrión de ratón que ya se había implantado en el útero. Las células humanas pudieron detectarse en varios tejidos del ratón en estadios más avanzados del desarrollo embrionario. Sin embargo, el experimento se quedaría ahí. Por motivos éticos este experimento no se puede realizar en quimeras que lleguen a nacer, de manera que se interrumpió todavía en estadio embrionario. Por cierto, a estos y otros dilemas bioéticos nos enfrentaremos en otros capítulos escritos por los compañeros Ignacio Crespo y Ana Jiménez.

Dado que los roedores constituyen un grupo separado por muchos millones años de evolución respecto al ser humano, el siguiente intento consistió en el diseño de quimeras humanas con un pariente más cercano. Para ello se seleccionó al cerdo. Al año siguiente, ya en 2017, el grupo del científico español Juan Carlos Izpisúa logró la creación de la primera quimera humano-cerdo. Este experimento se encontró con varios problemas. La eficiencia del quimerismo era realmente baja entre las especies humana y porcina. Tan solo se detectó una célula humana por cada 100.000 células de cerdo. Además, por motivos que todavía se desconocen, la mayoría de las quimeras nacían con problemas de desarrollo.

En 2019 una filtración en una nota de prensa aseguraba que el grupo del Dr. Izpisúa había conseguido crear quimeras humano-mono en China. Ya en 2021 se ha conocido la publicación científica que avala estos resultados, por lo que se trata del último hito en la carrera por conseguir quimeras humanas. Aunque el trabajo reciente de este científico apunta en la dirección de generar órganos a la carta en otros animales, la generación de este tipo de quimeras siempre había supuesto cruzar una línea roja. La generación de quimeras humanas con otras especies más allá del nivel embrionario supone un muro ético considerable. ¿Qué tipo de consideración debe tener un animal quimérico con células humanas? El principal problema del uso de células humanas en la generación de individuos quiméricos es que no se puede controlar el establecimiento de las células injertadas en un organismo. En una situación ideal se podría obtener un hígado humano en un cerdo, pero en la práctica se sabe que esto no sucede así. ¿Qué sucedería si una célula humana desarrolla un cerebro humano dentro de un animal? ¿Tendría este animal una consciencia humana atrapada en su cuerpo? ¿Y si desarrolla el sistema reproductor? ¿Sería una quimera fértil para producir humanos? Esta práctica podría resultar en un experimento macabro que cruza los límites de la bioética… aunque resulta sugerente para la ciencia ficción.

Llegados a este punto puede parecer que el recorrido de la investigación en quimeras se acaba aquí, pero eso no es para nada cierto. En la especie humana el quimerismo puede ser adquirido a partir de cualquier otra persona. En algunas enfermedades como la leucemia, el tratamiento necesario a menudo es un trasplante de médula. Esto a nivel celular significa que un conjunto de células madre se transmiten de un individuo a otro donde empezarán a diferenciarse y a producir las células del sistema inmunológico. Por lo tanto, las células del sistema inmunológico de un paciente trasplantado cuentan con un ADN distinto al del resto de su organismo.

Se ha descrito también que pacientes que reciben un trasplante múltiple, es decir de médula y otro órgano, son menos propensos a rechazar ese órgano que los que no son trasplantados de médula. Este fenómeno se ha bautizado bajo el nombre de macroquimerismo, ya que el trasplante implica acoger dos órganos distintos con otro ADN.

La principal barrera en el trasplante de órganos, tras la de su limitada disponibilidad, es que un gran número de intervenciones acaba en rechazo. En consecuencia, para prolongar la vida máxima de este órgano trasplantado se recurre al uso de inmunosupresores. Los ensayos clínicos con macroquimerismo parecen indicar que este fenómeno promueve la tolerancia hacia el injerto mediada por el sistema inmunológico quimérico que se desarrolla. De confirmarse estos resultados podrían suponer una revolución en el futuro de la medicina regenerativa.

A lo largo de este capítulo hemos descubierto como se ha desterrado la idea preconcebida de que un individuo equivale a un genoma. Además, recorremos un fenómeno biológico desde nuestros parientes evolutivos más lejanos hasta nuestra propia especie. Por último, concluimos con la utilidad que supone conocernos más y mejor como entes vivos para el desarrollo de terapias que prevengan el rechazo de órganos. El quimerismo es un ejemplo de cómo la investigación basada en conectar observaciones ha podido desentrañar uno de los misterios más complejos de la biología.

EPIGENÉTICA: MOVIENDO LOS HILOS DE LA DOBLE HÉLICE

CARLOS ROMÁ MATEO

«Todos somos marionetas, Laurie.
Yo solo soy una marioneta que puede ver los hilos».

DR. MANHATTAN, *Watchmen*,
de ALAN MOORE y DAVE GIBBONS

Jonathan Osterman creció observando a su padre arreglar relojes, sintiéndose fascinado por su intrincado mecanismo y la precisión con que cumplían su cometido. Marcando cada segundo de cada hora de cada día hasta que un defecto en sus engranajes o el paso del tiempo terminasen por detener sus saetas. Más adelante, Jon comenzaría sus estudios de física nuclear en un intento por desentrañar los engranajes que mueven el universo. Como buen científico la curiosidad marcó siempre su vida, incluso cuando se vio sometido a una fuente de radiación tan potente que acabaría por desintegrar su frágil cuerpo humano, para recomponerlo en la forma de un casi omnipotente ser que el mundo conocería como Dr. Manhattan.

Dejando a un lado las licencias artísticas en el nacimiento de este atípico superhéroe, el genio de su creador, el británico Alan Moore, nos regaló en su obra magna *Watchmen* la posibilidad de reflexionar sobre temas mucho más fascinantes que la razón por la que ciertas personas se embuten en mallas para luchar contra el crimen. ¿Cuántos seres humanos han pasado noches en vela divagando acerca de la maravilla que supone la vida orgánica? ¿Del origen y futuro del Universo? ¿De la base biológica de la consciencia? Si llevamos al terreno eminentemente biológico la metáfora del funcionamiento de la realidad utilizada por Moore (un gigantesco conjunto de engranajes girando sin que nadie les dé cuerda) nos encontraremos que esta alegoría ya fue utilizada por el famoso escritor y evolucionista Richard Dawkins, como hilo conductor de su obra *El relojero ciego*. En ella, Dawkins explica de forma elegante la evolución de las especies sin necesidad de recurrir a un diseñador consciente. En otra de sus famosas obras titulada *El gen egoísta*, Dawkins incluso defendió de forma audaz que los genes son, de hecho, los auténticos directores de la evolución biológica, siendo las células e incluso los organismos meros vehículos para garantizar la perpetuidad de linajes genéticos. Detengámonos en esta idea un momento, porque a lo largo del libro estamos explicando muchas propiedades de los seres vivos utilizando la genética como base.

Ya desde el capítulo introductorio de Óscar Huertas (quien por cierto también nos habló de los engranajes que mueven el reloj biológico de nuestro organismo) ha quedado claro que los genes son la clave de la identidad de los seres vivos. Analizando la secuencia del ADN somos capaces de trazar toda una historia evolutiva (como nos demostraron Pedro Morell y su apasionante historia de la domesticación y Álex Richter-Boix con el devenir de los sapiens), y si la conocemos con el suficiente detalle, podemos incluso manipularla artificialmente, cambiando las propiedades de las células e incluso creando organismos híbridos (como acaba de explicarnos Adrián Villalba, y un tema que os ampliarán más adelante Isabel López Calderón e Ignacio Crespo). En la época en que la tecnología de secuenciación permitió leer genomas con relativa rapidez, asistimos al resurgimiento de un cierto determinismo genético: habíamos conseguido descifrar la clave de la vida, y por tanto se nos abría la puerta a conocer el destino que cada uno podríamos llegar a sufrir. Conocer la secuencia en detalle del genoma no solo abría la puerta a descifrar nuestros orígenes (según se comentará en el último capítulo, por Carlos Briones), sino a explicar de forma certera toda nuestra biología. Esta puerta a su vez desvelaría las razones últimas de la enfermedad, y estaríamos en condiciones de crear un catálogo preciso de mutaciones y alteraciones en el ADN para poder predecir todo tipo de enfermedades.

Y cómo no, la naturaleza volvió a sorprendernos.

RIZANDO EL RIZO DE LA DOBLE HÉLICE

El hecho de que las moléculas de ADN tengan la forma de una larguísima hebra formada a partir de apenas cuatro unidades más sencillas, concatenadas unas detrás de otras, da una idea equivocada, de linealidad y aparente sencillez. Visto de esta manera, el ADN no es más que una sucesión de planos para construir las piezas que dan forma a la estructura celular y regulan sus funciones. Pero ya desde el siglo XIX los primeros biólogos especializados en el desarrollo de los organismos (la disciplina conocida como «embriología») se percataron de que la información genética debía estar ordenada de una forma muy concreta, que permitiera al organismo desarrollarse de forma secuencial y cronológica para que todo estuviera en su sitio. Uno no nace con células nerviosas, de la piel, músculos; estas especializaciones se van adquiriendo poco a poco, a partir de células «base» que sufren un proceso conocido como *diferenciación celular*. ¿Cómo consiguen sus atributos finales estas células? A base de seleccionar cuidadosamente las piezas que utilizan de entre todo el catálogo que supone el genoma. Compaginar la idea de este cribado de piezas con la cronología del avance en las fases embrionarias es algo complejo, y fue Conrad Hal Waddington el primero que lanzó al aire una idea fundamental: tal vez las células, programadas como están para reaccionar de manera automática (de nuevo, como un reloj al que nadie da cuerda), responden a señales externas producidas por células vecinas, las cuales activan o desactivan ciertas instrucciones. Esto es precisamente lo que sucede. No todos los genes contenidos en el genoma se utilizan a la vez; y, de hecho, en algunos linajes celulares ciertos genes permanecerán definitivamente inactivados, mientras otros se activarán de manera constante. Dado que muchos genes funcionan como interruptores maestros que controlan la apertura o cierre de otros tantos, y que muchos productos de diferentes genes interaccionan entre sí (unas veces complementándose, otras contradiciéndose), la aparente sencillez de la información contenida cn el ADN empieza a tornarse un espejismo. Pero la clave de los postulados de Waddington fue el concepto de que estas órdenes, este movimiento de los hilos que manejan la marioneta celular, podría provenir del exterior. Para darle un nombre a este tipo particular de regulación de lo que conocemos como expresión génica (es decir, el efecto que la activación de un determinado gen produce sobre la célula), rescató una palabra que ya había utilizado un tal Aristóteles hacía unos cuantos siglos (aunque no para definir lo mismo): *epigenética*, literalmente «por encima de la genética». Un término elegante y sencillo, que sin embargo... ha traído no pocos quebraderos de cabeza.

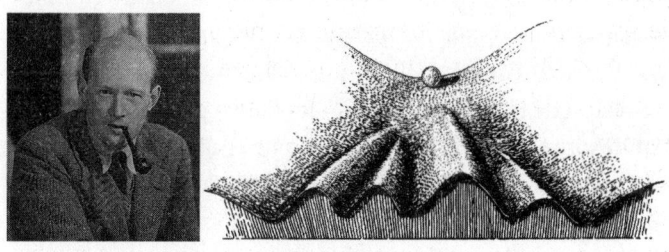

Conrad Hal Waddington (1905-1975) y su paisaje epigenético aparecido en la obra *The strategy of the genes*. La ilustración constituye una metáfora de cómo las células embrionarias totipotentes (la bolita) pueden tomar diferentes caminos en su recorrido hacia la constitución de células en el organismo adulto, y cómo el ambiente (las diferentes colinas e imperfecciones del terreno) puede condicionar dicho recorrido. (Fuente: Wikipedia y Waddington, 1957).

Definiciones de epigenética ha habido para todos los gustos, y hoy día se sigue discutiendo sobre cuál es la más rigurosa. No vamos a reproducirlas aquí; pero podemos resumirlas con una serie de elementos que todas consideran relevantes. En primer lugar, en todas encontramos mención a cambios en la expresión génica sin que haya un cambio en la secuencia del ADN; la mayoría hacen mención a que estos cambios están estrechamente ligados a efectos externos a la propia célula; y lo más importante, que se trata de cambios heredables. Esta última parte es precisamente la que distingue a la epigenética de otros niveles de regulación de la expresión génica, y también la que más polémica ha generado. Tranquilos, que llegaremos a ello en su debido momento. Pero antes debemos dejar algo bien claro: la epigenética es considerada a veces como una disciplina de estudio en sí misma, pero en realidad no deja de ser más bien una rama de lo que conocemos sencillamente como genética. Lo más correcto (o mejor dicho, lo más práctico desde el punto de vista biológico) sería hablar de *cambios epigenéticos*, *regulación epigenética* o *marcas epigenéticas*. En definitiva, procesos y mecanismos que alteran la expresión de los genes teniendo un efecto palpable y significativo sobre el fenotipo celular y, por ende, del organismo. Aquí es donde salta a la vista que la epigenética puede verse desde cierto punto de vista como una forma de cambiar el destino, una posibilidad de contradecir lo que está escrito en el genoma, de desembarazarse de los hilos que nos mueven como marionetas hacia un destino fatal. Cuando creíamos que habiendo leído el libro de la vida tendríamos ante nosotros todas las respuestas, aparece este inesperado giro de guion para demostrarnos que no está todo escrito en los genes; hay muchas oportunidades de cambiar el destino celular. Para conocer mejor la forma en que las células pueden reescribir su destino, volvamos por un momento al desarrollo y a la divergencia de los linajes celulares.

Las células de un embrión son capaces de producir todo tipo de proteínas de cuantas permiten construir las instrucciones contenidas en su genoma. Se dice en biología que son *totipotentes*. Tienen todo el genoma impoluto, abierto, listo para ser leído. Pero según estas células se van organizando y dividiendo, se irán produciendo cambios en dicho genoma sin afectar a su secuencia. Lo que sufrirá cambios durante la formación del organismo es la organización del genoma: dado que las moléculas de ADN son como largas hebras, podemos enrollarlas y apretujarlas. Algunas regiones se compactarán hasta ser completamente inaccesibles, otras quedarán expuestas. Y sobre la larga secuencia de nucleótidos (ya sabéis, las «letras» que se suceden a lo largo de la cadena de ADN) se realizará una serie de modificaciones químicas que marcarán secciones completas, a modo de señal de «STOP» para asegurar que, pese a ser accesibles, nunca sean «leídas». Para rematar, incluso aunque algunas instrucciones de esta larga lista lleguen a ser leídas, el resultado no llegará nunca a ser una pieza para la célula (una proteína), porque el plano a partir del cual esta se debe construir será despedazado, tachado o secuestrado.

Mediante estas estrategias, el genoma irá cambiando… sin cambiar. Combinando estos efectos, se podrá incluso desactivar cromosomas enteros. Y dado que todos estos mecanismos pueden mantenerse a pesar de que el ADN se duplique y la célula se divida, las células hijas resultantes mantendrán esas alteraciones en la estructura de su propio genoma. Por el camino, habrán perdido esta totipotencialidad a cambio de una personalidad muy específica que mantendrán hasta su muerte. En genética se utilizan mucho los símiles lingüísticos; por eso si un gen se activa para dar lugar a la construcción de proteínas, se dice que se ha «expresado». Por tanto, cuando queda inactivado se dice entonces que se ha «silenciado». El silenciamiento selectivo de la expresión génica, cuando es mantenido en linajes celulares enteros, constituye uno de los fundamentos de la epigenética. Pero una de las razones por las que la epigenética es una estrategia efectiva para manipular la estructura y función celulares de forma versátil, es que paradójicamente y aunque se fundamenta en cambios duraderos... estos cambios son reversibles. Las células pueden escapar a su destino. Y según se ha ido descubriendo mecanismos epigenéticos y su capacidad de respuesta ante cambios ambientales... se ha ido extinguiendo la llama del determinismo genético. Veremos a continuación cómo el conocimiento de esta capa de regulación, este nivel último de manipulación de la palabra génica para pulir el tono, la inflexión y la potencia de la voz de los genes, ha sido fundamental para comprender mejor nuestra biología y la de los seres que nos rodean.

LA COMPLEJA PARTITURA DE LA SINFONÍA GENÉTICA

Ya hemos introducido las claves de la regulación epigenética: se trata básicamente de reorganizar la gigantesca molécula de ADN para que algunas regiones estén más accesibles que otras. Para hacernos una idea, el tamaño de dicha molécula puede ser tremendamente grande: el cromosoma humano más pequeño tiene una longitud de casi 500 millones de nucleótidos, que totalmente estirados se extenderían hasta alcanzar varios centímetros. Una salvajada si tenemos en cuenta que el núcleo celular medio en nuestra especie se mide en micras (diez milésimas de centímetro). Para conseguir empaquetar esta estructura, en el núcleo las hebras de ADN se comprimen utilizando un tipo de proteínas conocido como histonas, alrededor de las cuales se enrollan como una madeja de hilo sobre un armazón. En un primer nivel de empaquetamiento, se forma algo que fue bautizado al verse bajo el microscopio como «estructura en collar de perlas» (ya hemos visto en capítulos anteriores que estas «perlas» se llaman *nucleosomas*) y que de un modo menos rancio y más técnico es básicamente lo que constituye la *cromatina*. Cuando la célula se va a dividir, este collar cromatínico está aún más compactado, formando los famosos cromosomas; pero durante la mayor parte de la vida celular se encuentra en un estado intermedio, que para el observador casual puede parecer aleatorio. En realidad, el ADN de todos los cromosomas únicamente se encuentra descompactado allí donde se necesita «leer» la información; y, por tanto, dada la versatilidad de las células para responder a los cambios del entorno, los estados «abierto» y «cerrado» alternan en el tiempo y el espacio. El estado abierto, en el que las regiones ocupadas por histonas se espacian o incluso se liberan totalmente de su armazón proteico, permite que la maquinaria celular capaz de reconocer regiones concretas tenga vía libre. Por el contrario, en toda zona de ADN pegada a un armazón de histonas —y no digamos ya si varias zonas llenas de proteínas se enrollan en varias vueltas unas sobre otras— se elimina toda posibilidad de que dicha maquinaria, que en realidad está fabricada para «pegarse» automáticamente a zonas abiertas de la cromatina con una secuencia muy específica, sea incapaz de encontrar su objetivo.

¿Cómo se regulan estas transiciones entre estados abiertos y cerrados, impidiendo o permitiendo la lectura? Mediante modificaciones químicas de las histonas, que las hacen más o menos «pegajosas» para unir el ADN.

Las modificaciones de este tipo se cuentan por decenas, pero las más famosas son las acetilaciones y metilaciones. Y ya que hemos mencionado estas últimas, vamos a aprovechar para decir que la metilación es un proceso de modificación química que también puede darse sobre la propia hebra de ADN. Efectivamente: incluso cuando la cromatina se abre completamente, dejando al descubierto una región del ADN, existe una posibilidad alternativa de silenciar los genes que contiene. La metilación específica de algunas «letras» del ADN, en concreto los nucleótidos de citosina, impide de nuevo el acceso a la maquinaria que hemos mencionado antes. Conviene matizar que dicha maquinaria se engancha a estas regiones para copiarlo en forma de ARN, paso previo a la construcción de proteínas. La metilación del ADN suele equivaler a silenciamiento de la expresión génica, y es el segundo nivel de regulación epigenética después de las modificaciones en histonas que promueven o dificultan la apertura de la cromatina, que sería un primer nivel. Solo nos resta desvelar cómo se producen estas metilaciones en el ADN o en las histonas, las cuales recordemos que además pueden sufrir otra serie de modificaciones como acetilaciones, fosforilaciones, y un largo etcétera. Todo esto se consigue mediante la acción de otra maquinaria específica, proteínas con actividad enzimática que promueven ciertas reacciones químicas. Y cómo no, de manera reversible: por cada enzima con función *metilasa* (añade grupos metilo), encontramos una *desmetilasa* (elimina dichos grupos). Junto a las *acetilasas* y *desacetilasas*, son el escuadrón de modificación cromatínica que mejor conocemos, hasta el punto de que somos capaces incluso de manipularlo para nuestros propios fines, como veremos al final del capítulo.

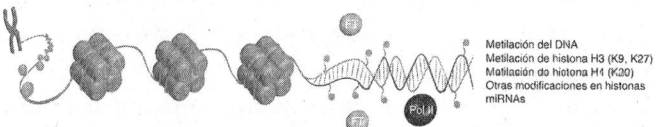

Mayor accesibilidad a la cromatina/expresión génica

Demetilación del DNA
Acetilación de histona H3 (K9, K14)
Metilación de histona H3 (K4, K36)
Acetilación de histona H4 (K5, K8, K12, K16)
Remodelamiento ATP-dependiente
Otras modificaciones en histonas

Menor accesibilidad a la cromatina/expresión génica

Metilación del DNA
Metilación de histona H3 (K9, K27)
Metilación de histona H4 (K20)
Otras modificaciones en histonas
miRNAs

Los cromosomas constituyen el nivel máximo de compactación de la información genética, que solo se produce cuando una célula tiene que dividirse. El resto del tiempo, estados abiertos y cerrados de la cromatina (ADN unido a proteínas estructurales tipo histona) alternan en función de los requisitos de la célula. Estos procesos de compactación y descompactación de la cromatina están facilitados por proteínas con actividades contrapuestas: metilasas y desmetilasas de ADN o histonas, acetilasas y desacetilasas de histonas, entre otras muchas. (Fuente: *Rev. Chil. Ped.* 2016;87:4-10).

El último nivel de regulación epigenética no tiene que ver con la cromatina sino con el paso que acontece desde la secuencia lineal de nucleótidos, hasta que se construye una proteína. ¿Qué pasa si la cromatina se abre, y el ADN se encuentra sin metilar? Pues que nada impide el acceso a los factores de transcripción, esos agentes de la expresión génica que iniciarán, a partir de ese punto en el ADN, la creación de una copia en forma de ARN. En la mayoría de casos se producirá un ARN del tipo mensajero, que no es sino una copia de una región concreta que contiene información específica para construir una proteína. Solo hace falta que una última serie de interacciones moleculares conduzcan a la unión entre el ARN mensajero y la fábrica de proteínas de la célula, el ribosoma, para que se construya una proteína que puede ser crucial para cambiar la actividad de la célula, e incluso su destino. Pero todavía se puede dar marcha atrás. Un último tipo de modificadores epigenéticos consiste en un tipo concreto de moléculas de ARN, que no sirven para construir proteínas ni para ayudar en el proceso, sino todo lo contrario. Algunos ARN que llamamos *no codificantes* tienen una función que se opone a la expresión génica, a diversos niveles. Los hay de gran tamaño, que se unen a la propia cromatina —incluso a cromosomas enteros— impidiendo todo intento de utilizar la información que contienen (al hacerlo desencadenan, además, una serie de metilaciones masivas); otros mucho más pequeños, conocidos como microARN, se unen a una molécula de ARN mensajero para fusionarse con él en un abrazo mortal; son como un doble malvado que atraerá a una serie de proteínas destructoras que impedirán para siempre la posibilidad de construir una proteína. En ambos casos, estos ARN silenciosos impiden la expresión génica.

Es el momento de detenernos a recapitular un poco. Según las diferentes definiciones de epigenética, para considerar como tal un proceso de regulación de la expresión génica este debe afectar a la función de los genes, sin alterar la secuencia del ADN y de manera heredable post-mitóticamente; es decir que el cambio debe mantenerse incluso después de un proceso de división celular, incluyendo la parte en la que las moléculas de ADN de cada cromosoma son copiadas con todo detalle. Precisamente por ser las metilaciones, acetilaciones y cualquier otra modificación en histonas, tanto como las metilaciones en ADN, reversibles, pueden quitarse y ponerse siguiendo exactamente el patrón original. Y los ARN no codificantes pueden seguir fabricándose continuamente, incluso pueden distribuirse entre las células hijas y seguir produciéndose en cada una de ellas para asegurar que se mantiene a raya la expresión de los genes que regulan. Esta es la manera en que señales ambientales, contactos con otras células o sustancias producidas por estas pueden condicionar la expresión génica de un linaje celular a lo largo del tiempo, regulando a veces regiones completas de cromatina de gran tamaño. El conjunto de ARN no codificantes, metilaciones directas en el ADN y modificaciones en histonas se coordinan para hacer que una célula sea, por ejemplo, neurona y no linfocito; y lo mismo para todas sus descendientes. Es la explicación molecular de los fenómenos observados por Waddington, y la respuesta a cómo las células regulan a largo plazo su forma de ser, pero sin llegar a comprometer su destino hasta el punto de perder toda plasticidad. El ambiente puede cambiar, y las modificaciones epigenéticas pueden reorganizarse para afrontar nuevos retos. Esta es la razón de que la epigenética pueda dar respuesta a algunos fenómenos de adaptabilidad celular, y por extensión de los organismos, que hasta hace bien poco resultaban difíciles de comprender. Y pese a que seguimos encontrándonos con importantes lagunas de cara a entender estos fenómenos de regulación, sabemos ya lo suficiente como para tener una perspectiva mejor de cómo se armoniza la sinfonía de la vida.

Históricamente, las modificaciones epigenéticas no se descubrieron todas a la vez. Ni siquiera se denominaron así desde un principio. La estructura de la cromatina, las reacciones de metilación, los ARN no codificantes... todos estos conceptos se han ido definiendo en paralelo al avance en el conocimiento de la genética y la biología molecular. Agruparlos bajo el epígrafe de «epigenética» ha desencadenado algunas confusiones, e incluso hay autores que hoy día excluyen a los microARN de la familia epigenética por su participación más indirecta en la modificación del genoma, ya que actúan en un momento posterior a la transcripción (a los que trabajamos estudiando estas cosas nos encanta enzarzarnos en estos acalorados debates). La idea que levanta más suspicacias, no obstante, es la del vínculo entre el «ambiente» y los cambios epigenéticos. Esta idea, que no es errónea, se ha interpretado de una manera un tanto excesiva en algunas ocasiones. Si bien la epigenética es responsable de drásticos cambios en la expresión génica motivados por agentes externos, dando lugar incluso a modificaciones enteras del patrón corporal en algunos insectos o incluso vertebrados como los peces y reptiles, en organismos más complejos es difícil establecer auténticas relaciones causa-efecto.

MODELADO CORPORAL EPIGENÉTICO

En el reino animal encontramos algunos ejemplos espectaculares de cómo la regulación epigenética es capaz de modelar el fenotipo de los organismos. En algunos peces, se produce el curioso fenómeno de que organismos adultos cambian de sexo en base a cambios ambientales: una diferencia de apenas unos grados de temperatura puede cambiar el grado de metilación de un gen maestro que produce la aromatasa. Esta proteína es responsable de convertir una hormona masculina como la testosterona en otra femenina, el estradiol.

Por lo tanto, la metilación o desmetilación de la región génica que contiene la información para construir aromatasa determinará que todo el organismo desarrolle órganos y caracteres sexuales masculinos o femeninos. Este tipo de regulación se da en peces como la lubina o el famoso pez payaso de *Buscando a Nemo*, algunos anfibios y reptiles. Al parecer, constituye una forma de equilibrar la proporción de sexos de cara a enfrentar desafíos ambientales, pero todavía tenemos mucho que aprender de estos procesos.

Más fácil de comprender —pero no por ello menos espectacular— es el ejemplo de las abejas: varios estudios han demostrado que la diferente composición de nutrientes si comparamos el polen con la jalea real es lo que determina que una larva se convierta bien en obrera, o en una reina. La presencia de ciertas moléculas, que influyen directamente sobre los patrones de metilación y abundancia de microARN específicos, actúa como un inhibidor de vías moleculares concretas que son determinantes para producir el crecimiento corporal y desarrollo necesarios para ser una reina fértil. En resumen, las larvas alimentadas con el polen son privadas de la posibilidad de convertirse en reinas… aunque toda larva tiene los genes necesarios para potencialmente alcanzar tan regio destino.

Hoy día es bien fácil «leer» las marcas de metilación en el ADN, dando lugar a que podamos comparar el epigenoma entre individuos y correlacionarlo con las diferencias que encontramos a nivel del organismo. Estudios de este estilo son los que han iluminado la posibilidad de que el patrón de marcas epigenéticas pueda mantenerse incluso en la descendencia, convirtiendo estas respuestas genéticas para adaptarse a cambios ambientales en un rasgo heredable. Impresionantes experimentos en roedores que «heredan» ciertos comportamientos inducidos por los experimentadores en sus madres (condicionadas a asociar un olor con un estímulo doloroso, sus propios ratoncitos reaccionan igual desde el primer momento, sin haber sido previamente condicionados), o el famoso caso de la hambruna holandesa de 1944 (en la que madres embarazadas durante la carestía de alimentos dieron a luz a hijos que desarrollaron problemas de obesidad y diabetes aun teniendo una alimentación suficiente), son de los más ilustrativos. En ambos casos el efecto en la descendencia se ha achacado a patrones de metilación en regiones génicas concretas, que se replican de progenitores a descendencia y afectan a la regulación de la fisiología corporal, ya sea en la forma de reaccionar ante un estímulo o en la manera en que se gestiona el metabolismo con la ingesta de alimentos. No vamos a detenernos en este tipo de casos, igual que hemos pasado muy por encima por todos los increíbles fenómenos en el mundo vegetal y animal que parecen estar determinados en última instancia por los niveles de regulación epigenética. Pero sí vamos a finalizar el capítulo deteniéndonos a pensar cómo el estudio del epigenoma puede arrojar algo de luz sobre las innumerables sombras que todavía debemos despejar a la hora de luchar contra las enfermedades. El conocimiento de los agentes que se encargan de colocar las marcas epigenéticas, y de esos silenciosos manipuladores de la expresión génica, puede facilitarnos el desarrollo de herramientas poderosas que están revolucionando la ciencia biomédica. Porque habitualmente, cuando los humanos investigamos no nos contentamos con identificar los hilos; a partir de cierto momento, nos atrevemos a intentar moverlos nosotros mismos.

REESCRIBIENDO EL DESTINO: LA EPIGENÉTICA BIOMÉDICA

Las grandes revoluciones en biología siempre han recaído en el conocimiento. Conocer la estructura del ADN supuso un salto gigantesco para comprender la genética, y abrió un sinfín de posibilidades para la biotecnología que todavía estamos explotando. Primero viene el conocimiento, y sobre él se construyen herramientas y metodologías. Según se ha ido ordenando, clasificando y comprendiendo la naturaleza de esas marcas y modificaciones que ahora conocemos en conjunto como epigenética, ha ido resaltando el papel que desempeñan en la biología humana, con consecuencias directas para el avance biomédico. Sin ir más lejos, la capacidad de leer estas marcas y mapearlas a lo largo del genoma puede suponer en sí mismo un punto de partida fundamental. A veces no somos conscientes de la cantidad de estrategias, terapias y metodologías médicas que se basan en un conocimiento incompleto. Aunque no sepamos con absoluta certeza qué función tiene cada uno de los grupos metilo colocados estratégicamente a lo largo del genoma, silenciando unos genes mientras otros se expresan libremente, el hecho de que podamos mapearlos de cara a comparar no solo la secuencia génica —como hacíamos hasta ahora— sino la secuencia *epigenética*, proporciona una capa más de información que puede resultar crucial. Podemos de este modo rellenar esos huecos que nos dejaron el Proyecto Genoma Humano y otros grandes esfuerzos colaborativos para desentrañar los entresijos de secuencias genómicas en otros organismos que han puesto de manifiesto el increíble grado de similitud que existe entre genomas de especies emparentadas. Pues bien, la organización epigenética puede suponer una fuente extra de variabilidad. Y llevándolo al terreno de la biomedicina, este conocimiento ha supuesto un avance decisivo hacia lo que se conoce como *medicina de precisión*, también a veces llamada *medicina personalizada* (dentro de unas cuantas páginas tenéis un capítulo entero en el que Conchi Lillo os desarrolla este apasionante tema). Comenzando por los proyectos de comparativa genética y epigenética en gemelos monocigóticos, que han servido para poner de manifiesto los matices que el ambiente puede otorgar a la forma en que se expresan los genes dando lugar a variabilidad en los fenotipos, hemos conseguido fijarnos en que a veces esa variabilidad afecta a regiones relacionadas con la predisposición al cáncer. Hasta tal punto disponemos de herramientas tecnológicas capaces de crear mapas genéticos y epigenéticos, que mediante herramientas informáticas podemos comparar las regiones metiladas en distintos linajes de células cancerígenas. Se han llegado a desarrollar de este modo herramientas biomédicas capaces de identificar la fuente de origen de un tumor, otorgándole a cada tipo celular una especie de carnet de identidad epigenético que permite diferenciar unos de otros. Se llega a hablar incluso de *metilomas* característicos de cada tipo, incluso subtipo, de enfermedad. La presencia de moléculas de ARN no codificantes, que tienen la particularidad de liberarse al torrente sanguíneo en un proceso de señalización a distancia tan asombroso como todavía lleno de incógnitas, permite no obstante identificar de manera muy precisa la cantidad de estas moléculas y compararla con la de individuos sanos. Estos llamados *perfiles de microARN circulantes* sirven como «chivatos» moleculares que dan pistas acerca de la progresión de una enfermedad que puede estar avanzando, sibilina y silenciosamente, hacia un empeoramiento que ningún otro síntoma más evidente nos podría desvelar. Incluso sin saber qué hacen esos pequeños chivatos en la sangre, podemos utilizarlos para hacer un diagnóstico.

Estos ejemplos se basan, principalmente, en la observación y comparativa. No es poco. Enfermedades complejas como la sepsis o cualquier infección con posibilidad de generar toda una respuesta sistémica, o todos los tipos de cáncer con su complejidad funcional y diferentes pronósticos, se están beneficiando enormemente de la utilización de este tipo de biomarcadores, muchos de ellos basados en detectar las modificaciones epigenéticas. Y para los casos de enfermedades raras en las que la escasez de pacientes dificulta en gran medida diagnósticos y tratamientos adecuados a cada individuo, los biomarcadores epigenéticos están suponiendo una nueva generación de abordajes biomédicos. Dada la importancia del ambiente para regular estas modificaciones, esto nos acerca a esta medicina de precisión y personalizada, puesto que cada paciente es particular y está sometido a una dieta, unas costumbres, una forma de vida diferentes a las de su vecino. Y sí, la epigenética responde también a las sustancias tóxicas como las contenidas en el humo de un cigarrillo o el estrés oxidativo que se produce en las células tras un continuado exceso de ingesta de alcohol o productos ricos en grasas saturadas. En definitiva, a cualquier estímulo que afecte al equilibrio de nuestra bioquímica corporal. Multitud de ensayos clínicos han fallado debido a la inmensa variabilidad entre individuos, observándose cómo un fármaco increíblemente efectivo en algunos grupos de personas ha fracasado estrepitosamente en otros incluso teniendo en cuenta la variabilidad genética. ¿Está la epigenética detrás de estos casos? En muchas ocasiones así se ha demostrado, como en los casos de enfermedades que llamamos de *impronta materna* o *paterna*, debidas a fallos en el patrón de herencia de las metilaciones de uno u otro progenitor y que afectan a la copia que hereda el desafortunado descendiente. En otras, la epigenética ha tenido un papel secundario: alteraciones, bien genéticas o ambientales, que hayan generado un funcionamiento incorrecto de los agentes moduladores de la epigenética (proteínas modificadoras de histonas, metilasas del ADN, expresión aberrante de ARN no codificante...) han desencadenado una serie de alteraciones en el orden correcto de silenciamiento o activación génica, produciendo catastróficas consecuencias. ¿Quién metila a las metilasas? Podríamos parafrasear así el leitmotiv de *Watchmen*, a su vez una reformulación de la famosa locución de Juvenal. La buena noticia es que ya se ha comenzado a desarrollar fármacos basados en modular a estos agentes: inhibidores de metilasas del ADN, para frenar la metilación desenfrenada que se ve en muchos tumores (a causa generalmente de una inhibición de las proteínas con actividad contraria, las que eliminan grupos metilo); o moléculas generadas artificialmente y «a la carta» capaces de unirse y destruir a algunos microARN, o de suplantarlos para incrementar su función, dependiendo de si hemos hallado que niveles altos o bajos correlacionan con gravedad de los síntomas. Algunos de estos fármacos ya han demostrado su eficacia e incluso se están utilizando en la rutina clínica.

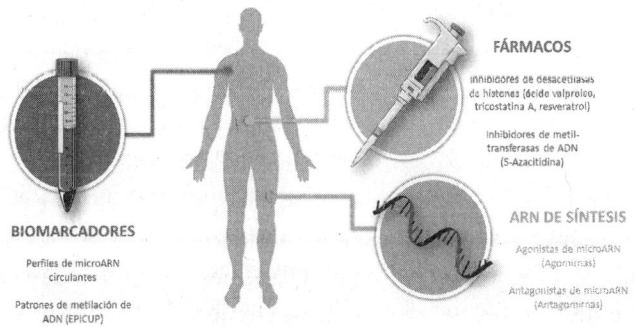

FÁRMACOS

Inhibidores de desacetilasas de histonas (ácido valproico, tricostatina A, resveratrol)

Inhibidores de metil-transferasas de ADN (5-Azacitidina)

BIOMARCADORES

Perfiles de microARN circulantes

Patrones de metilación de ADN (EPICUP)

ARN DE SÍNTESIS

Agonistas de microARN (Agomirnas)

Antagonistas de microARN (Antagomirnas)

Las marcas epigenéticas pueden usarse como biomarcadores, algo que ya se está haciendo con los perfiles de microARN circulantes o la tecnología EPICUP diseñada por el laboratorio del investigador Manel Esteller para la identificación de células metastásicas en base a su tumor de origen. También se está ensayando la utilidad de algunos fármacos para los que se ha descubierto un efecto significativo sobre la maquinaria epigenética de modificación de la cromatina, en el tratamiento de enfermedades como algunos tipos de cáncer o el infarto de miocardio. Finalmente, la utilización de moléculas sintéticas que mimetizan o contrarrestan el efecto de microARN de manera específica ha demostrado ser una potente herramienta en modelos celulares y animales; actualmente se están desarrollando ya algunos ensayos en humanos para enfermedades como la hepatitis o algunos tipos de distrofias musculares de baja prevalencia. (Fuente: elaboración propia a partir de materiales de https://smart.servier.com/).

Junto a las modernas herramientas de edición del genoma (de las que en breve os hablarán Isabel López Calderón, Conchi Lillo e Ignacio Crespo), los modificadores de niveles de regulación epigenética cada vez más específicos ponen en nuestras manos la capacidad de cambiar el destino celular. Ya no debemos temer haber nacido con la enfermedad escrita en lo más recóndito de nuestras células; tampoco tenemos por qué vivir con la horrible duda de si nuestra forma de vida nos puede condenar, a nosotros y nuestra descendencia, a sufrir enfermedades de las que habíamos escapado en la lotería genética. Ni el determinismo genético ni el ambiental sirven para avanzar en el largo camino del conocimiento; nada pueden hacer por nuestra salud, la mejora de nuestras cosechas, o por salvar las especies con las que convivimos. Lo que sí puede conseguirlo es seguir avanzando para comprender mejor cómo estas influencias se entrelazan en ese increíble equilibrio que llamamos relación genotipo-fenotipo. Si nuestros genes, costumbres y deseos son los hilos que nos mueven como marionetas, la epigenética nos ha permitido comprender mejor de qué están hechos estos hilos; incluso nos ha instruido en la forma en que podemos tirar de ellos para salvarnos de destinos a menudo crueles e inexorables, ciegos a nuestros deseos y anhelos como el ciego relojero que es la evolución.

El Dr. Manhattan consiguió ver esos hilos. No solo esos, sino los que dan integridad al Universo, sus mismísimos engranajes. Y aunque en un principio ese conocimiento le hizo perder el interés en el ser humano y su historia, pronto se dio cuenta de que estaba equivocado. Porque seguía sin comprender la forma en que esas marionetas humanas parecían contradecir todas las leyes de la física y la biología con sus comportamientos erráticos, incongruentes y a menudo, hermosos. Cuanto más sabemos de nuestro genoma, más complicado nos resulta comprendernos a nosotros mismos. El epigenoma ha venido para darnos algunas respuestas, al mismo tiempo que nos plantea muchísimas preguntas radicalmente distintas. Y es más que probable que sigamos buscando más y más respuestas. Y de nuevo le daremos la razón a Alan Moore, cuya obra nos ha acompañado a lo largo de este capítulo. Porque nada termina, todo forma parte de un ciclo. El conocimiento genera conocimiento, y así seguirá siendo hasta que los engranajes del Universo dejen de girar.

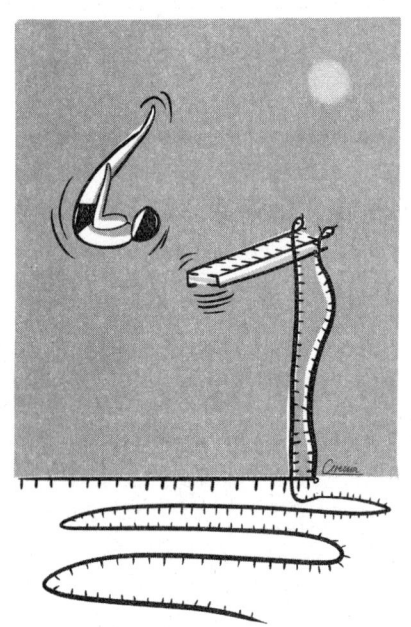

GENES SALTARINES: LOS ESCAPISTAS DEL GENOMA

GUILLERMO PERIS RIPOLLÉS

«Cantan. Cantan.
¿Dónde cantan los pájaros que cantan?
Ha llovido. Aún las ramas
están sin hojas nuevas. Cantan. Cantan
los pájaros. ¿En dónde cantan
los pájaros que cantan?
No tengo pájaros en jaulas.
No hay niños que los vendan. Cantan.
El valle está muy lejos. Nada…
Yo no sé dónde cantan
los pájaros —cantan, cantan—
los pájaros que cantan».
Fin de invierno. JUAN RAMÓN JIMÉNEZ

Quizás os estéis preguntando, queridos lectores, qué relación puede haber entre la genética y este poema de Juan

Ramón Jiménez. Espero que al finalizar este capítulo hayáis aprendido que ese factor común son las repeticiones. Así como en el poema aparece en varias ocasiones la palabra «cantan», en nuestro genoma hay fragmentos que se repiten con asiduidad. De hecho, se encuentran con tanta frecuencia que la inmensa mayoría de nuestro ADN serían repeticiones.

Es muy habitual usar la metáfora de que nuestro genoma es como una biblioteca (en el capítulo sobre el devenir del *Homo sapiens* ya la utiliza Álex Richter-Boix). Podríamos imaginarla como un gran número de estanterías en cuyas baldas se encontrarían los libros que almacenan toda la información necesaria para el funcionamiento de nuestras células. También habréis oído que solamente un 2 % del genoma son genes, pero ¿qué contiene el resto? ¿Y si os dijera que más de la mitad de esa biblioteca son copias repetidas y defectuosas de los mismos libros? Más aún, ¿y si, paseando por esta biblioteca, contemplarais cómo de repente un libro salta de una estantería a otra, como si de una mansión encantada se tratara? Bienvenidos al mundo extraordinario de los elementos genéticos móviles, los escapistas del genoma.

BARBARA MCCLINTOCK Y EL MAÍZ DE COLORES

En la década de los años 40 del pasado siglo, la investigadora en genética Barbara McClintock estaba estudiando en su laboratorio de Cold Spring Harbor (Nueva York) a qué se debía la variedad de colores de los granos de maíz. Siguiendo las reglas clásicas de la genética no era capaz de explicar la enorme variación de colores de granos que aparecía en una nueva generación de mazorcas; desde luego, no parecía atribuirse a simples mutaciones de genes.

Barbara McClintock en su laboratorio (1977).
Fuente: Wikimedia Commons.

Para explicar este comportamiento, McClintock desarrolló una teoría que implicaba la existencia de unos elementos genéticos que eran capaces de cambiar su posición en
el genoma y, al hacerlo, modificaban la expresión de otros

genes, entre los que se encontraban los responsables del color. Esta teoría la publicó en un artículo que vio la luz en 1950 y que obtuvo como respuesta el escepticismo de gran parte de la comunidad científica. Tanto fue así, que McClintock dejó de publicar y dar conferencias sobre este tema durante años.

Para entender este desprecio inicial al trabajo de McClintock hay que situarlo en la época en que se produce. Para los científicos de aquellos años, su descubrimiento implicaba lo mismo que si alguien afirmara que en una biblioteca se mueven libros entre estanterías de forma autónoma. En aquel momento todavía no se conocía la estructura en doble hélice del ADN (publicada en 1953 por Watson y Crick, según vimos en el primer capítulo) pero sí que los genes se encontraban en los cromosomas en una posición concreta e inamovible, uno a continuación del otro en un orden predeterminado. De hecho, bajo esta hipótesis se llevó a cabo un gran número de experimentos para localizar la situación relativa de genes (por ejemplo, los experimentos de T.H. Morgan con la mosca de la fruta), lo cual permitía conocer en qué cromosoma se encontraba un gen concreto y cuáles eran los genes más próximos a este. La idea de que hubiera un tipo de genes que podría cambiar de posición en un cromosoma e incluso saltar a un cromosoma distinto era inconcebible.

Una década después del descubrimiento de McClintock empezó a documentarse en otras especies la existencia de elementos genéticos capaces de moverse por el genoma: en virus bacteriófagos (1963), bacterias como la *Escherichia coli* (1969), la mosca de la fruta (1981) y, por supuesto, en humanos (1980). En 1983 se otorgó a Barbara McClintock el premio Nobel de Medicina por el descubrimiento de lo que hoy conocemos como elementos genéticos móviles o transposones.

ELEMENTOS MÓVILES Y RETROTRANSPOSICIÓN

La idea de transposón es bastante sencilla de explicar: no es más que un fragmento de ADN que se encuentra en el genoma de un ser vivo y que tiene la capacidad de realizar copias de sí mismo en otro lugar de su propio genoma. Según cómo se lleve a cabo esta copia, se distingue entre transposones de ADN (utilizan un mecanismo de «corta-pega») o retrotransposones (utilizan un mecanismo de «copia-pega»). Expliquemos esto con más calma.

Para ello vamos a seguir con la metáfora de que el ADN y, por extensión, nuestro genoma, no sería más que un texto escrito. Siguiendo este ejemplo, los transposones de ADN se moverían por el genoma como se observa a continuación en nuestro poema de Juan Ramón Jiménez, en el que se mueve la palabra «cantan». Fijémonos en que esta palabra desaparece del segundo verso y aparece en el tercero:

Transposones de ADN

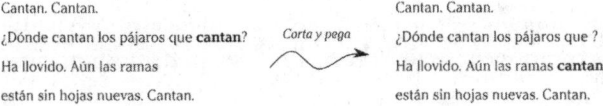

Cantan. Cantan.		Cantan. Cantan.
¿Dónde cantan los pájaros que **cantan**?	*Corta y pega*	¿Dónde cantan los pájaros que ?
Ha llovido. Aún las ramas		Ha llovido. Aún las ramas **cantan**
están sin hojas nuevas. Cantan.		están sin hojas nuevas. Cantan.

Los transposones de ADN se mueven conforme a un mecanismo de «corta-pega». En la imagen se ve cómo la palabra «cantan» se mueve del segundo verso al final del tercero. Fuente: elaboración propia.

Si preferís pensar en una biblioteca, este movimiento se corresponde con la imagen del inicio de que un libro se mueve de una estantería a otra. Por el contrario, si esta palabra fuera un retrotransposón, podría copiarse en otra posición manteniendo la copia original:

Retrotransposones

Cantan. Cantan.

¿Dónde cantan los pájaros que **cantan**?

Ha llovido. Aún las ramas

están sin hojas nuevas. Cantan.

Copia y pega

Cantan. Cantan.

¿Dónde cantan los pájaros que **cantan**?

Ha llovido. Aún las ramas **cantan**

están sin hojas nuevas. Cantan.

Los retrotransposones se mueven conforme a un mecanismo de «copia-pega», aumentando el tamaño del genoma. En la imagen se ve cómo la palabra «cantan» del segundo verso se copia al final del tercero, duplicándose. Fuente: elaboración propia.

En el ejemplo de la biblioteca, sería como si un amanuense cogiera el libro, realizara una copia de este y colocase esta nueva copia en otra estantería. En breve hablaremos de quién sería este amanuense. En cualquier caso, el lector habrá notado que tanto el transposón como el retrotransposón estropean el poema original. Lo mismo ocurre en los genomas: es poco probable que un elemento genético móvil mejore el texto en el que se integra (aunque veremos más adelante que sí puede suponer una mejora).

Dada esta capacidad para moverse por el genoma a base de «saltos», los elementos móviles genéticos se conocen coloquialmente —e incluso en algunas publicaciones científicas— como «genes saltarines». También podemos imaginarlos como genes escapistas (de ahí el título del capítulo) que se liberan del férreo control celular que trata de que no escapen.

En este capítulo nos vamos a centrar exclusivamente en los elementos móviles activos del genoma humano, por lo que nos restringiremos a los retrotransposones (también tenemos transposones de ADN, pero están inactivos desde hace mucho tiempo). En la siguiente imagen puede verse cuál sería el resultado de la movilización de un retrotransposón, proceso al que denominamos retrotransposición, inserción o, más coloquialmente, salto.

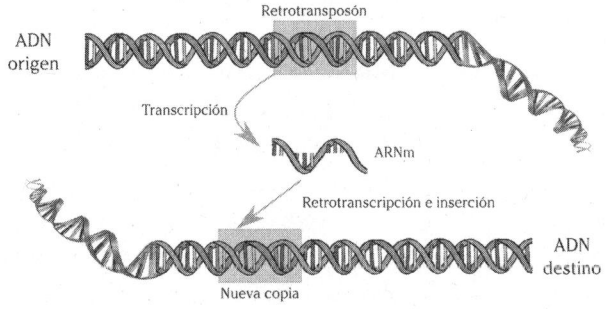

Proceso de retrotransposición. Fuente: elaboración propia.

Expliquemos un poco más despacio cómo se produce este salto del gen saltarín de una región del genoma a otra, siguiendo para ello la figura anterior. En primer lugar, al igual que ocurre con la expresión de cualquier gen —como ya se explicó en el capítulo sobre el epigenoma—, la secuencia de ADN del retrotransposón se transcribe a ARN mensajero (ARNm). A continuación, este ARNm se retrotranscribe (el prefijo «retro» se usa porque la transcripción sigue el camino inverso al habitual, esto es, de ARN a ADN) y se inserta en la nueva posición genómica en forma de ADN de doble cadena como una nueva copia.

Fijémonos en que en este proceso de retrotransposición hay una secuencia de ADN (resaltada con un recuadro gris en la imagen anterior) que se ha duplicado; es decir, el tamaño del genoma ha aumentado ligeramente. Si consideramos que durante cientos de miles de años de evolución las especies han acumulado muchas duplicaciones de este tipo, entenderemos por qué los retrotransposones constituyen una gran parte de los genomas de los seres vivos; y por qué nuestro genoma, al igual que el poema con el que se iniciaba el capítulo, está formado en su mayor parte por repeticiones. En concreto, más de la mitad del genoma humano estaría constituido por este tipo de secuencias; incluso hay estudios que cifran esta composición en dos tercios del genoma. En resumen, la inmensa mayoría de nuestro ADN estaría compuesta por estas secuencias repetitivas.

No obstante, una gran parte de estos genes saltarines ya no serían capaces de «saltar»: muchos de ellos perdieron algún trozo importante de su secuencia al insertarse en otra posición del genoma (nos referimos a ellos como «truncados»); otros han sufrido mutaciones a lo largo de cientos de miles de años, inhabilitándolos para movilizarse; y, en general, la inmensa mayoría han sufrido desgracias varias que les impiden moverse por el genoma. Pero, como comentaremos en breve, todavía hay unos pocos que mantienen su capacidad de «saltar».

Dentro de los retrotransposones encontramos varios tipos de elementos móviles. Una clase serían los denominados retrovirus endógenos (ERV, de *Endogenous RetroVirus*), cuya secuencia genómica provendría de una antigua infección vírica (alguien introdujo un libro desde el exterior de la biblioteca y lo dejó en una estantería) y que serían capaces de generar nuevos virus en el interior de las especies en cuyo genoma «habitan». Esto puede parecer curioso: el genoma de una especie podría generar virus que infectarían desde el interior de las células (de ahí el término «endógeno»), sin necesidad de una infección externa. Por suerte, los retrovirus endógenos humanos (HERV, de *Human Endogenous RetroVirus*) habrían perdido ya la capacidad de retrotransponerse o crear partículas víricas... o al menos eso creemos.

Si nos desviamos por un momento del ser humano sí encontramos especies que incluyen en sus genomas ERVs activos; sus miembros pueden sufrir infecciones provocadas por los virus que fabrican sus propias células: un triste ejemplo serían los koalas. Estos marsupiales que viven en el este y sur de Australia sufrieron una infección vírica relativamente reciente (unos pocos miles de años) y el virus logró colarse en el genoma de sus células germinales (esperma u óvulos) por lo que pudo transmitirse de generación en generación. Estos retrovirus son capaces no solamente de «saltar» a otra posición del genoma del koala, sino también de generar virus completos que infectan al animal desde su interior: sí, el koala lleva en su genoma las instrucciones para fabricar los virus que le hacen enfermar. Estos virus, además de causar algunos tipos de tumores, también actúan como el virus de la inmunodeficiencia humana (de hecho, son muy similares a este) y atacan al sistema inmune de los koalas, lo cual les hace vulnerables a otras infecciones, en concreto a las de clamidias.

LA RADIO DE DARWIN

En un estudio reciente se descubrió que algunas personas tenían en su genoma uno de estos retrovirus endógenos humanos completos, sin truncar ni mutar, por lo que en teoría podría dar saltos e incluso formar nuevos virus independientes. Y digo en teoría porque hoy en día no tenemos evidencias de que ello ocurra. Pero ¿qué sucedería si uno de estos virus «despertara»?

Ese es precisamente el tema de la novela *La radio de Darwin* de Greg Bear. Un HERV se activa de repente en la población humana causando una pandemia terrible (sí, peor que la COVID-19).

¿Podría esto ocurrir? Para averiguarlo, en 2006 un grupo de investigadores franceses, utilizando técnicas de ingeniería genética, resucitó una versión de un virus que nos infectó hace unos cinco millones de años. Lo llamaron Phoenix, como la mítica ave que renació de sus cenizas. Es algo así como lo que hicieron en *Parque Jurásico* resucitando dinosaurios, solamente que en lugar de sangre de mosquito conservado en ámbar utilizaron un genoma humano. Una vez diseñado el virus, lo introdujeron en células humanas en laboratorio y observaron qué ocurría. Y lo que vieron es que ese virus mantenía su capacidad de infectar nuevas células (aunque esta capacidad era baja) y crear nuevas copias de virus que, a su vez, eran capaces de camuflarse en el ADN de células humanas.

Volviendo a los humanos, otros dos tipos de retrotransposones que habitan nuestra biblioteca genómica son los denominados ALU y SVA. Pero estos elementos móviles presentan un problema: no son capaces de dar el salto por sí solos, necesitan la ayuda de herramientas que les permitan pasar su ARN a ADN (enzimas retrotranscriptasas) y que corten el ADN (enzimas endonucleasas) en el punto de inserción para introducirse allí. Por suerte para estos elementos sin autonomía para saltar por sí mismos, en nuestro genoma tenemos un retrotransposón que, además de poder dar este salto de una posición a otra, es capaz de fabricar las herramientas necesarias para ello: se trata de LINE-1.

LINE-1, EL GEN SALTARÍN AUTÓNOMO

LINE-1 es el único elemento móvil autónomo conocido en el genoma humano. Esto significa que, además de que tiene la posibilidad de copiarse en otras posiciones del ADN, es capaz de fabricar las herramientas necesarias para que él y otros retrotransposones no autónomos puedan dar saltos en el genoma. Veamos este aspecto con más detalle.

Un elemento LINE-1 completo tiene en su secuencia de ADN (formada por unos 6 000 nucleótidos) la información necesaria para fabricar dos proteínas, a las que se denomina ORF1p y ORF2p (los genes asociados y que se muestran en la siguiente figura serían *ORF1* y *ORF2*). En concreto, ORF2p actúa como unas tijeras que cortan el ADN en el punto donde se insertará la nueva copia y también transcribiendo (en realidad, retrotranscribiendo) la copia de ARNm de nuevo a ADN; una auténtica navaja suiza. Es decir, siguiendo la nomenclatura más formal introducida unos párrafos atrás, tendría función de endonucleasa y retrotranscriptasa. Pero no solamente eso, las proteínas ORF1p y ORF2p son las que van a copiar y pegar otros elementos móviles en el genoma distintos de LINE-1. En cierto modo, estas proteínas harían el papel del amanuense que comentábamos antes.

Esquema del retrotransposón LINE-1. Las regiones 5'-UTR y 3'-UTR en los extremos del elemento no se traducirían a proteína. Los fragmentos ORF1 y ORF2 se traducirían a las proteínas homónimas. Imagen de elaboración propia.

Cada uno de nosotros presenta en su genoma alrededor de 500 000 copias de LINE-1 (¡ocupan cerca del 20 % del genoma), aunque de ellas solamente entre 80 y 100 son activas (es decir, con capacidad de saltar). ¿Qué ha pasado con todas las demás copias? Pues que, como ya se ha comentado anteriormente, han perdido su capacidad de movilización debido a mutaciones o truncaciones (la mayoría de las retrotransposiciones no son completas, perdiéndose parte de la secuencia en 5'; en la figura, la parte de la izquierda). Es más, de este centenar de copias que tenemos activas cada uno de nosotros, solamente unas pocas presentan una actividad realmente importante en nuestras células: son los denominados *hot* LINE-1s (lo sé, parece una centralita de teléfonos de línea erótica).

Como ya se ha mencionado, la importancia de LINE-1 no reside únicamente en ser el único elemento con autonomía para insertarse en otras posiciones del genoma, ya que codifica las herramientas necesarias para ello (el amanuense), sino que con ellas también puede hacer saltar a otros elementos. En particular, aunque no profundizaremos en ello, puede movilizar elementos de tipo ALU, SVA e incluso ARNs mensajeros de otros genes (cuyas inserciones en el genoma dan lugar a los denominados pseudogenes).

Estas inserciones de elementos móviles han provocado que distintas personas difieran en el número y posición de estos en su genoma. Hay saltos que son tan antiguos que pueden encontrarse en toda la población humana actual (y de hecho aparecen en el conocido como genoma de referencia); otros más cercanos en el tiempo son comunes a un gran número de personas, pero otras carecen de ellos: son las conocidas como inserciones polimórficas; y después habría nuevos saltos que tendrían lugar en una persona concreta. Se estima que estos nuevos saltos aportarían nuevas inserciones de elementos ALU en 1 de cada 20 nacimientos; una nueva inserción de LINE-1 en 1 de cada 100-200 nacimientos; y una inserción de un elemento SVA en 1 de cada 900 nacimientos.

Tenemos un conjunto de secuencias de ADN que son capaces de copiarse a sí mismas en otro punto de nuestro genoma. ¿Suponen algún tipo de mejora genética? ¿Dan lugar a enfermedades? ¿Influyen en nuestro comportamiento?

ROL DE LOS ELEMENTOS MÓVILES EN ENFERMEDADES

La distrofia muscular congénita de Fukuyama (abreviada como FCMD, por sus siglas en inglés), aun siendo una enfermedad rara, tiene una incidencia destacable en Japón. Los niños que padecen esta terrible enfermedad presentan debilidad muscular, malformaciones cerebrales, problemas en el desarrollo motor, dificultad respiratoria… Por desgracia, estos enfermos suelen acabar inmovilizados en la cama mucho antes de cumplir los 10 años y mueren antes de los 20.

Hace unos años se descubrió que prácticamente en el 90 % de los casos de FCMD aparece una inserción de un retrotransposón de tipo SVA en el gen que codifica una proteína conocida como fukutina. Lo más curioso es que el salto de este gen tuvo lugar hace unos dos milenios en una única persona que vivía en Japón, en sus células germinales —las que dan lugar a espermatozoides u óvulos; los saltos en otras células, como luego comentaremos, no se heredan—, y se fue transmitiendo a su descendencia hasta llegar a nuestros días, en que uno de cada 90 japoneses es portador de este gen con un elemento móvil insertado en él. En Japón esta enfermedad congénita afecta a 3 de cada 100 000 nacimientos.

Y es que, en alguno de estos saltos que dan nuestros escapistas genómicos, puede ocurrir que se irrumpa en mitad de un gen, comprometiendo la fabricación y función de la proteína asociada. Es como si en una estantería de nuestra biblioteca tuviéramos una enciclopedia de varios tomos, nuestro amanuense introdujera la copia de un libro distinto entre esos tomos y luego leyéramos estos de forma secuencial sin darnos cuenta de que un libro no se encuentra en su lugar. Utilizando de nuevo el símil del poema de Juan Ramón Jiménez, sería como si nuestro elemento móvil «cantan» al saltar se introdujera en el interior de una palabra, dando lugar a una palabra sin sentido.

Pero no nos asustemos antes de tiempo. Este tipo de enfermedades provocadas por saltos de elementos móviles suelen ser muy poco comunes. Como comentaremos en breve, nuestras células tienen múltiples mecanismos de defensa contra estos saltos, pero, incluso aunque un retrotransposón escapara de todas estas barreras de protección, es mucho más probable que la inserción tenga lugar en posiciones en las que no hay genes. Y es que recordemos que estos únicamente conforman el 2 % de nuestro genoma, así que es más probable caer en el 98 % restante. Pero, incluso con todas estas dificultades, a veces los retrotransposones pueden causar enfermedades.

Inserción en gen

Cantan. Cantan.

¿Dónde cantan los pájaros que **cantan**?

Ha llovido. Aún las ramas

están sin hojas nuevas. Cantan.

Copia y pega

Cantan. Cantan.

¿Dónde cantan los pájaros que cantan?

Ha llovido. Aún las ram**cantan**as

están sin hojas nuevas. Cantan.

El salto de la palabra «cantan» del segundo verso en mitad de la palabra «ramas» da lugar a una palabra sin sentido. Fuente: elaboración propia.

El primer caso registrado de enfermedad causada directamente por el salto de un elemento móvil se observó a finales de la década de 1980, cuando se detectaron en dos niños sendos casos de hemofilia de tipo A debidos a la inserción de un elemento LINE-1 en el gen que codifica el factor de coagulación VIII. En ambos casos, las inserciones estaban truncadas —no eran completas y, por lo tanto, no eran capaces de dar nuevos saltos. Es decir, que a las copias de los libros les faltan páginas.

Desde este primer hallazgo se han descrito más de un centenar de casos concretos de enfermedades en los que la causa fue el salto de un retrotransposón; por ejemplo fibrosis quística, beta-talasemia, retinoblastoma... No está de más recalcar que son casos concretos y extraordinarios; no es que todas estas enfermedades estén causadas por saltos de elementos móviles. Y es que las células tienen sus propios mecanismos para evitar que estos escapistas del genoma se muevan a sus anchas por las células.

LAS DEFENSAS CONTRA LINE-1

Para evitar los saltos de retrotransposones, nuestras células se valen principalmente de la epigenética, de la cual nos habló Carlos Romá en su capítulo, y en concreto de la metilación de ADN; en diversos estudios se ha establecido que, en células adultas, los promotores de los elementos móviles en general, y de LINE-1 en particular, están altamente metilados. Los promotores serían las regiones a las que se unen las enzimas que van a leer un gen (en este caso, un elemento móvil) para traducirlo a ARNm. Al encontrarse estas regiones altamente metiladas se dificultaría la posibilidad de dar saltos de elementos móviles.

Además, las células disponen de otros mecanismos (denominados post-transcripcionales porque ocurren después de la transcripción de ADN a ARNm) en el caso de que disminuyera la metilación de los promotores de elementos móviles; estos mecanismos tratarían de evitar que el ARN del elemento móvil pudiera retrotranscribirse a ADN e insertarse en el genoma. En el grupo de investigación del que formo parte descubrimos recientemente que unas pequeñas moléculas de ARN conocidas como microARN (y en concreto, la conocida como let-7) bloquean a LINE-1 en las ocasiones en que escapa a la metilación. También hay otros actores celulares (como el gen p53) que se encargarían de este bloqueo post-transcripcional. En resumen, el objetivo de nuestras células es conseguir que no haya movimientos de genes saltarines.

Así pues, las células humanas maduras son muy eficientes evitando saltos de elementos móviles, razón por la cual hasta hoy no se han encontrado demasiados casos concretos de enfermedades causadas por saltos de retrotransposones. El problema aparece cuando estos mecanismos se ven comprometidos y no son capaces de evitar estos movimientos. Por desgracia, esto es algo que suele ocurrir en las células tumorales.

ELEMENTOS MÓVILES Y CÁNCER

Al hablar anteriormente de enfermedades provocadas por saltos de elementos móviles he evitado intencionadamente hablar de su capacidad de dar lugar a tumores o empeorar su pronóstico. Este punto merece ser tratado con algo más de detalle ya que ocurre con tanta frecuencia que no puede considerarse como algo anecdótico.

Acabamos de comentar que no es habitual que en células maduras haya saltos de retrotransposones debido a la acción constante de los mecanismos de control celulares. Pero aun así, ocurren y pueden dar lugar a tumores. ¿Recordáis cómo un salto de la palabra «cantan» en el poema podía afectar a su significado, creando la palabra inexistente «ramcantanas»? De la misma forma, si un elemento móvil se introduce en el interior de un gen puede afectar a la fabricación de la proteína asociada a este. Esto puede dar lugar al inicio de un tumor o, más comúnmente, a una mala evolución de un cáncer previo.

El primero de estos casos se describió en 1992 en un paciente con un tumor colorrectal, cuya causa se asoció a la presencia de un fragmento de LINE-1 en un gen supresor tumoral. Dicho de manera más simple: el salto de un elemento móvil provocó de forma directa el tumor. No obstante, estas inserciones, más que la causa de los tumores, suelen ser una consecuencia.

Y es que en una célula tumoral se pierde la organización y la estabilidad; es decir, hay un cierto caos. En esta situación anárquica, los mecanismos que evitan las retrotransposiciones se relajan, por lo que los elementos móviles pueden saltar con más facilidad. En concreto, se sabe que la metilación de los promotores de LINE-1 disminuye en diversos tipos de tumores, favoreciendo los saltos de este elemento genético móvil. De hecho, hay estudios que asocian la disminución de la metilación de LINE-1 con tumores más agresivos de pulmón, colon y esófago, junto con una menor tasa de supervivencia en cáncer de mama y ovario.

De una forma más directa, se ha comprobado cómo tumores epiteliales (adenocarcinomas pulmonares, tumores de cabeza y cuello, colorrectales…) presentan un gran número de saltos de retrotransposones, pero esto no ocurre en otros tipos de cáncer, como leucemias o linfoma. Y se ha demostrado que cuando ocurre un mayor número de saltos en el genoma el cáncer presenta un peor pronóstico. Es decir, aunque no es frecuente que el salto de un retrotransposón inicie un tumor, sí que puede empeorarlo *a posteriori* con nuevas mutaciones inducidas por saltos.

EXPRESIÓN EN EMBRIOGÉNESIS Y NEURONAS

Antes comentaba que había mentido al decir que no era habitual que en nuestras células se dieran movimientos de genes saltarines, ya que estos sí se dan con frecuencia en las células tumorales. Lo cierto es que hay algunas excepciones más; hoy sabemos que hay más casos de tipos celulares concretos en los que nuestros retrotransposones pueden moverse con una mayor libertad.

El cuerpo humano está formado por unos 30 millones de millones de células que están especializadas en unos 200 tipos distintos (por ejemplo neuronas, células sanguíneas, musculares, cardíacas…). Resulta maravilloso pensar que todo este número ingente de células diferenciadas proviene de una sola célula: el cigoto, resultante de la fecundación del óvulo por un espermatozoide, tal y como vimos en el capítulo dedicado a las quimeras. A partir de él y mediante sucesivas divisiones se generan dos, cuatro, ocho células, hasta llegar a un grupo de células conocido como mórula, que después evoluciona a los estados de blástula y gástrula. A partir de la mórula las células pasan de ser totipotentes (no están diferenciadas y podrían generar un embrión completo) a pluripotentes (se especializan en tres tipos que darán lugar a todos los tejidos del cuerpo).

¿Qué tiene que ver esto con nuestros elementos móviles? Los retrotransposones se comportan como una especie de parásitos celulares, como si fueran virus —de hecho, ya hemos visto que hay una relación entre los virus y los elementos móviles—: su único interés es sobrevivir. Un salto a una nueva posición del genoma de una célula muscular no conseguirá sobrevivir a la siguiente generación. ¿En qué momento los saltos serían heredables? Pues precisamente en los primeros momentos del desarrollo embrionario en células no diferenciadas o en aquellas que darán lugar a las células germinales (las que fabricarán óvulos y espermatozoides). Si un gen saltarín consigue insertarse en una posición nueva del genoma en estas células, se garantiza el paso a la siguiente generación.

Hoy sabemos que en las primeras etapas del desarrollo embrionario hay una ventana temporal en la que los elementos móviles poseen una cierta libertad de movimiento. Así, se ha comprobado que en células embrionarias humanas y de ratón disminuye la metilación del genoma, lo cual permite nuevos saltos de retrotranposones. De hecho, se ha detectado en células embrionarias humanas un aumento del ARNm de LINE-1 y en células de ratón la inserción de nuevos retrotransposones. También se ha comprobado que el número de nuevas inserciones en células embrionarias es mayor cuanto menor es la metilación global del genoma. Por último, estudios recientes indicarían que esta actividad de LINE-1 en células embrionarias podría resultar esencial para el desarrollo correcto del embrión.

Acabamos de ver que nuestros genes saltarines «prefieren» saltar en células embrionarias que van a poder transmitir sus copias a las nuevas generaciones y que, por contra, son poco habituales las nuevas inserciones en células adultas diferenciadas (salvo células tumorales y casos muy poco frecuentes). Pero recientemente ha sido descubierto un tipo de células diferenciadas que no heredan los descendientes, que son perfectamente sanas y en las que los saltos de LINE-1 son frecuentes: las neuronas.

Existen cada vez más indicios de que en neuronas de varias regiones del cerebro podrían producirse nuevos saltos de retrotransposones. Esto se ha comprobado en ratones transgénicos (en los que se modificaba su genoma para incluir LINE-1 humanos), en células progenitoras neuronales diferenciadas de células madre y en muestras de cerebros humanos. Dicho de otra forma, nuestro cerebro estaría formado por un mosaico de células con genomas ligeramente distintos debido a diferentes saltos (lo que se denomina mosaicismo celular) y este extremo se ha confirmado en el estudio de diversos mamíferos. Pero este es un campo de investigación activo que aún genera muchas dudas. Por ejemplo, no sabemos aún con qué frecuencia ocurren estos saltos (aunque algunas estimaciones señalan que podría ser un número de 1 o 2 inserciones por cada 25 neuronas) ni cuál sería el propósito evolutivo o funcional de estos saltos.

Tampoco está claro cómo podrían afectar estos saltos de elementos móviles en nuestro cerebro al comportamiento y si podrían causar enfermedades. Sin embargo, sí que hay evidencias de que hay una actividad elevada de LINE-1 en muchas patologías psiquiátricas y trastornos del neurodesarrollo; en concreto, se ha detectado este aumento de actividad en los cerebros de consumidores de metanfetaminas o cocaína, y en enfermos de esquizofrenia, depresión o trastorno bipolar.

Hemos empezado esta sección hablando de la retrotransposición en embriones y parece lógico terminar por la vejez. Durante los últimos años se están produciendo interesantes descubrimientos sobre el efecto de los elementos móviles en células senescentes (células que, por diversas razones, no van a seguir dividiéndose). En concreto, un estudio de 2020 señala que en la etapa final de la vida de estas células se produciría un aumento de la actividad de LINE-1 en el citoplasma celular que podría activar mecanismos antiinflamatorios. Aunque todavía hay que avanzar en las investigaciones en este campo, los autores del estudio afirman que medicamentos que tuvieran su diana en LINE-1 podrían servir para el tratamiento de enfermedades relacionadas con el envejecimiento.

PAPEL DE LOS ELEMENTOS
MÓVILES EN EVOLUCIÓN

Si habéis llegado hasta aquí probablemente penséis que estos genes saltarines no nos traen más que desgracias. Por eso no querría terminar el capítulo sin hablar sobre la gran utilidad de los elementos genéticos móviles; aunque estos beneficios nos afectarían como especie y no de forma individual, espero convenceros de su gran papel en el desarrollo humano. Pensemos que si la evolución ha favorecido que se puedan activar los movimientos de elementos móviles durante el desarrollo embrionario, por algo será. Veamos varios ejemplos de esta ventaja evolutiva de nuestros escapistas del genoma.

Todos los mecanismos celulares asociados a la reproducción están pensados para intentar innovar con nuestros descendientes. La propia reproducción sexual supone una mejora por su capacidad para mezclar genomas, teniendo como objeto la posibilidad de que, tras probar muchos cambios posibles (la mayoría de los cuales serán neutros e inocuos e incluso tendrán repercusiones negativas para el individuo), haya unos cuantos que supongan una mejora evolutiva para la especie. Y aquí es donde entran los elementos móviles del genoma.

Durante cientos de miles de años de evolución, el genoma humano ha estado sometido a invasiones de virus que se las han arreglado para infectar nuestras células germinales y transmitirse a las siguientes generaciones; también a movimientos de transposones en el genoma en forma de saltos. Algunos de estos cambios genómicos han conseguido aportar una mejora genética a la especie humana. Y no solamente a nosotros: los elementos móviles se encuentran presentes desde bacterias a insectos, aves, mamíferos, vegetales, etc. y han permitido su evolución. Pero mejor pongamos un par de ejemplos concretos.

Los linfocitos T son un tipo de células del sistema inmunitario adaptativo que son capaces de detectar distintos tipos de antígenos y con ello ayudan a frenar muchas infecciones. Puede que hayáis oído hablar de ellos en relación al COVID-19, ya que combaten el virus y al parecer presentan una memoria duradera de este antígeno. Pues bien, dos genes implicados en la formación de los linfocitos T, genes conocidos como *RAG1* y *RAG2*, derivarían de un antiguo salto de transposones que luego fueron «domesticados» y adaptados para su función inmunitaria. Dicho de otra forma, gracias a estos transposones nuestro cuerpo puede defenderse de patógenos externos.

Otro ejemplo de domesticación de retrotransposones supuso la mejora del embarazo en distintos animales. Durante el embarazo se forma una capa de células que crea una interfase entre la placenta y el útero, y que sabemos que secretan una proteína conocida como sincitina. Esta proteína desempeña un papel importante en ayudar a los embriones a adherirse al útero, así como en la formación de la placenta, y se ha observado que mutaciones en el gen asociado provocan abortos y enfermedades en el embarazo. Lo curioso es que el gen que codifica esta proteína proviene de una infección vírica que tuvo lugar en los primates hace unos 40 millones de años y que se integró en el genoma como un retrovirus endógeno. Lo más normal es que estos virus camuflados en el genoma sufran mutaciones y se conviertan en secuencias inútiles, en lo que podríamos llamar ADN basura. Pero en el caso de humanos, chimpancés, gorilas y otros primates, se mantuvo y no perdió su función, sino que se transformó en un gen útil, responsable de la fabricación de la sincitina.

Lo más interesante de esta molécula de sincitina aparece al estudiar otros animales: este proceso por el cual un virus que se insertó en una posición concreta del genoma de un antepasado nuestro y dio lugar a la proteína sincitina de los primates, ocurrió con otras especies y con virus insertados en posiciones distintas. Una infección distinta en ratones dio lugar a otro tipo de molécula de sincitina. Otra infección completamente distinta, a una proteína equivalente en conejos. Otra distinta dio lugar a la sincitina del grupo de carnívoros. Es decir, infecciones completamente diferentes, en regiones cromosómicas diferentes, dieron lugar a genes que fabricaban proteínas con la misma función por caminos totalmente distintos. Esto es un ejemplo de lo que se conoce como evolución convergente: en ocasiones la naturaleza encuentra, por azar, la misma solución para el mismo problema en distintas especies.

LA RESURRECCIÓN DE UN GEN

Los genes *IRGM*, que pueden encontrarse en la mayoría de mamíferos, codifican una familia de proteínas con el mismo nombre relacionada con la respuesta inmune de las células a la invasión de algunos patógenos externos, como las bacterias causantes de la tuberculosis y la salmonela. En la familia de los primates, hace unos 50 millones de años se produjo un salto de un elemento móvil ALU que se insertó al inicio de este gen, cambiando la forma en que se leía —técnicamente, un desplazamiento del marco de lectura— y por lo tanto convirtiendo al gen *IRGM* en no funcional (o pseudogén).

Debido a una especie de carambola genética, hace unos 20 millones de años se produjo otro salto, en este caso de un retrovirus endógeno (llamado ERV9), que se insertó cerca de la secuencia ALU del salto anterior y pudo restaurar el marco de lectura correcto, haciendo de nuevo funcional el gen. Esto ocurrió aproximadamente antes de la aparición de gibones y orangutanes en los primates. Gracias a esta «resurrección» tenemos un refuerzo extra en las defensas contra antígenos.

CONCLUSIÓN

Desde su descubrimiento a mediados del siglo pasado, los elementos genéticos móviles no han dejado de darnos sorpresas y de ayudarnos a explicar su implicación en distintas enfermedades y cómo afectan al desarrollo de tumores. A día de hoy todavía tenemos un gran número de preguntas por contestar, por ejemplo cuál es su papel en el desarrollo embrionario y cómo afectan en el desarrollo cerebral y —quién sabe— si influyen en nuestro comportamiento. La investigación en retrotransposones es un campo muy activo que seguro nos dará muchas sorpresas durante los próximos años.

10.

LA TECNOLOGÍA DEL ADN: DE LO BELLO A LO PRÁCTICO

ISABEL LÓPEZ CALDERÓN

«El espectáculo de lo bello, en cualquier forma que se presente, levanta la mente a nobles aspiraciones».

GUSTAVO ADOLFO BÉCQUER

La historia del reconocimiento del ADN como material genético de los organismos, de su estructura y su funcionamiento como tal, se extiende en el tiempo desde la mitad del siglo XVIII, como muy bien Óscar Huertas relata en el capítulo 1 de este libro. Sin embargo, fue en la década de los 40 del siglo pasado, cuando la sensación colectiva de que la solución a este enigma estaba ya «al alcance de los dedos», provocó una actividad frenética entre los especialistas del campo y la expectación de los no especialistas.

En el glorioso año de 1953, la revista *Nature* publicó una carta de apenas una página y pico en la que James Watson y Francis Crick proponían una estructura para el ADN basada en los datos físicoquímicos disponibles en ese momento. La imagen que aparece en el artículo y la que aparece en la foto que ambos se hicieron en su laboratorio de Cambridge, Inglaterra, junto a un modelo de alambre del ADN tamaño gigante, enseguida sedujo a todos los científicos que llevaban décadas tratando de desentrañar su estructura. Incluso Linus Pauling, quien un año más tarde ganó el premio Nobel por la elucidación de la estructura de las proteínas pero que había pinchado estrepitosamente al predecir la del ADN, se quedó enamorado de la esbelta y elegante figura.

Este enamoramiento colectivo de una molécula había sido precedido por el que sufrió James Watson cuando tuvo en sus manos la famosa foto 51 de un cristal de ADN tomada mediante difracción de rayos X por Raymond Gosling, doctorando de Rosalind Franklin, en un laboratorio cercano. «Nada más ver la fotografía me quedé boquiabierto y mi corazón comenzó a acelerarse», confesó Watson más tarde, reflejando así de forma casi apasionada su impresión. Esta foto era hermosa no solo por fuera, sino también por dentro porque a alguien versado le sugería que la molécula estaba formada por dos largas cadenas enlazadas formando una hélice, y que había un elemento que se repetía a lo largo de las dos cadenas cada 0,34 nm. Por otro lado, se sabía que el ADN está compuesto por un azúcar —la desoxirribosa—, un grupo fosfato y cuatro bases nitrogenadas: la adenina (A), la timina (T), la citosina (C) y la guanina (G). También se sabían las proporciones en las que estaban estos seis elementos de modo que Watson y Crick con estas informaciones propusieron que cada cadena estaría formada por azúcar y fosfato alternantes, que cada azúcar tendría una base unida fuertemente a él y que entre base y base habría precisamente 0,34 nm de distancia. Las dos cadenas se asociarían formando así la famosa doble hélice, mediante uniones débiles entre las bases, pero estas uniones tendrían lugar de forma muy específica: una A de una cadena solo se aparearía con una T en la otra cadena, una C solo con una G, y viceversa. Las cadenas se denominan «complementarias» porque conociendo la secuencia de bases de una de ellas inmediatamente se puede deducir la de la opuesta. Así una cadena cuya secuencia de bases fuera ATACGG solo podría aparearse con otra cuya secuencia fuera TATGCC. En una comparación ilustrativa, la doble cadena podría equivaler al sistema velcro popularmente conocido, compuesto por una cinta de ganchitos que se emparejaría con una cinta de bucles.

Watson y Crick, conscientes de la trascendencia de su modelo, escribieron en su artículo de *Nature*: «No se nos escapa que el apareamiento específico que hemos postulado inmediatamente sugiere un posible mecanismo para copiar (duplicar) el material genético». Efectivamente, la complementariedad de las bases explica de forma sencilla cómo el ADN puede hacer copias de sí mismo: si se separan las cadenas, lo que es fácil dado que las uniones entre las bases son débiles, la maquinaria copiadora solo tiene que mirar a una de ellas para deducir y sintetizar la complementaria, es decir, a partir de la cadena de ganchitos, se fabricaría una de bucles y a partir de la de bucles, una de ganchitos. Este proceso se denomina «replicación» y la maquinaria que la lleva a cabo, ADN polimerasa porque enlaza (polimeriza) unidades (monómeros, denominados nucleótidos formados por un grupo fosfato, una desoxirribosa y una base), para formar una cadena, un polímero de ADN. Es cómo engarzar cuentas para formar un collar, pero no de forma aleatoria, sino tomando como modelo otro collar preformado.

Así pues, la belleza de la molécula de ADN no solo reside en su hermosa doble hélice, inspiradora de artistas, sino también en su sencillez funcional.

El otro ácido nucleico biológicamente relevante, el ARN, parecía ser solo un interesante «patito feo» de la biología molecular. Frente al importante, extraordinariamente estable y bello ADN, el ARN se consideraba poco menos que una ristra monocatenaria de nucleótidos, que era muy inestable y que tenía un papel secundario en la expresión del mensaje genético, es decir, en su traslación del idioma del ADN, al de las proteínas. Al ARN, cuya diferencia del ADN consiste en tener ribosa cómo azúcar y la base uracilo (U) en vez de timina (T), se le atribuía un papel de mensajero, de «correveidile» entre el ADN y las proteínas (los ARNm); de componente estructural de los ribosomas, que son los que realmente llevan a cabo la traducción (los ARNr); y de transportador de aminoácidos para que los ribosomas realicen la labor de engarzar aminoácidos para formar la cadena proteínica (los ARN de transferencia o ARNt). Vamos: una auténtica «cenicienta» molecular. Quién hubiera adivinado en aquel entonces los papeles tan importantes que ahora sabemos que tiene el ARN en algunos procesos biológicos: como material genético de algunos virus (los coronavirus o los retrovirus), de regulador de la expresión genética (algunos microARNs), como autor material del ensamblaje de aminoácidos en los ribosomas, incluso como agente activo en vacunas para inducir la inmunidad a patógenos (algunos ARNm), según hemos comprobado recientemente en el caso de algunas de las vacunas más eficientes frente al SARS-CoV-2. Incluso se especula con que, en el origen de la vida, la aparición del ARN fuera anterior a la del ADN, según se mostrará en el capítulo 15.

Sin embargo, desde la década de 1950 parecía que su papel de «segundón» estaba refrendado por el descubrimiento que se convirtió en dogma, de que todo ARN se sintetizaba a partir de un segmento de ADN, mediante un proceso —la transcripción— similar a la replicación, pero en el que se usan nucleótidos con ribosa, y con uracilo en vez de timina. La ARN polimerasa que es la enzima que realiza esta función, utiliza otra vez el truco de la complementariedad de las bases, copia una de las cadenas del ADN y forma una molécula de ARN de cadena sencilla que luego se pliega sobre sí misma con reglas complejas que poco a poco vamos comprendiendo.

El panorama de cómo funciona el ADN como portador de la información genética quedaba en aquella época de la siguiente forma:

El material genético de un organismo constituye su *genoma*, su «libro de instrucciones» que contiene las fórmulas —las recetas, los genes— para fabricar todos los elementos necesarios —esencialmente proteínas— para que ese organismo viva y se multiplique. Por ejemplo, en las células humanas el gen *INS* es el responsable de la fabricación de insulina, constituye su «receta». El genoma de los organismos pluricelulares suele ser tan grande que normalmente se distribuye en «volúmenes» —los cromosomas—. Así, el genoma humano que consta de unos 3.000 millones de letras y contiene unas 20.000 instrucciones —genes—, se encuentra dividido en 24 cromosomas o volúmenes distintos, 22 denominados autosomas, y 2 cromosomas sexuales, X e Y. El denominado en aquella época entonces «Dogma de la Biología» establecía que el flujo de la información genética iba siempre y de forma irreversible, de ADN a ARN y de ARN a proteínas. Cuando la célula requiere una proteína para realizar una función determinada, la ARN polimerasa elige el gen correspondiente y copia (transcribe) una de las dos cadenas a un ARNm, cuya secuencia será la complementaria de la cadena de ADN elegida. Las máquinas celulares llamadas ribosomas, interpretan el mensaje y lo traducen del lenguaje de los ácidos nucleicos (cuatro letras, los cuatro nucleótidos), al de proteína (20 letras, los aminoácidos). Así, a partir del gen *INS*, se sintetiza la insulina.

Hoy en día sabemos que aquel «siempre y de forma irreversible» no era correcto porque en ciertos casos, la información puede ir de ARN a ADN mediante la «transcriptasa reversa o retrotranscriptasa», o de ARN a ARN mediante la «ARN polimerasa dependiente de ARN», dos actividades presentes en distintas familias de virus con genoma de ARN. Precisamente la multiplicación del genoma de los coronavirus depende de está última polimerasa y en el capítulo 9, Guillermo Peris introduce al lector en el mundo de ciertas secuencias del genoma de los organismos superiores cuya multiplicación depende de la retrotranscriptasa. En todos estos casos, las polimerasas copian su molde, su modelo, utilizando la complementariedad de las bases: frente a una G, pongo una C o viceversa, y frente una A pongo una T (o una U), o viceversa.

LA MOLÉCULA DE ADN. DE MUSA A INGENIERA

El ser humano siempre ha sido un avispado observador de la naturaleza, dispuesto a sacar partido a cualquier materia, instrumento o truco que se le ponga a tiro para procurar su beneficio. De ahí el desarrollo de la minería, la agricultura, la ganadería y tantas actividades para sobrevivir y también para llevar una existencia más cómoda, a veces a costa del bienestar de otros seres o sistemas. Así se recoge en la definición formal de la Biotecnología que reza: «Aplicación tecnológica que utiliza organismos vivos o compuestos derivados de los mismos, para obtener productos útiles para el hombre». Bajo este paraguas se pueden incluir, además de la mejora animal y vegetal, la utilización de microorganismos para la elaboración de pan, bebidas alcohólicas, queso, yogur, etc. y también de vacunas y antibióticos.

Una definición más moderna de la biotecnología la refiere como el «uso de técnicas de ADN recombinante (ingeniería genética) para modificar organismos vivos con el fin de obtener productos útiles para el hombre». En ella se menciona la tecnología utilizada que implica el aislamiento de genes y de todo tipo de moléculas para su manipulación y estudio en el laboratorio.

Es más, los organismos no solo son fuente de productos para el consumo, sino que también proporcionan herramientas y compuestos para la propia manipulación *in vitro*, el aislamiento y clonación de genes, y la ingeniería genética en general. Especialmente las bacterias son fuente de todo tipo de enzimas (polimerasas, enzimas de restricción, ligasas, etc.). Ellas mismas nos sirven de hospedadores de genes aislados de otros organismos y se convierten en factorías para generar productos farmacéuticos como la insulina, o de uso industrial como es la quimiosina para hacer queso. Lo mismo ocurre con otros microorganismos y ciertos animales o plantas y sus células cultivadas en los laboratorios.

Dentro de esta panoplia de herramientas, nos vamos a centrar en algunas que tienen que ver con la manipulación de ácidos nucleicos, y que están basadas en la maravilla que constituye la complementariedad de las bases. A estas alturas, el lector se habrá percatado de que la complejidad del vocablo no está acorde con la sencillez de su propia esencia. Concretamente describiremos de forma muy simplificada tres técnicas: la detección de secuencias mediante hibridación, la PCR y el CRISPR, pero antes permítame el lector que le lleve al nacimiento de la ingeniería genética para encontrarnos con una herramienta que fue fundamental para su desarrollo: las enzimas de restricción o restrictasas, que ya mencionó Óscar Huertas en el capítulo 1.

Como ya se ha mencionado en varios capítulos de este libro, los años 60 y 70 constituían un hervidero de novedades e ideas e informaciones en el campo de la genética y la biología molecular. Resultaba claro que detrás de todos los procesos biológicos, había uno o más genes responsables de su funcionamiento y en algunos casos, ya se sabían cuáles eran estos genes. Lo inmediato para avanzar en el conocimiento era tratar de estudiarlos *in vitro*. Sin embargo, aislar un gen era una tarea para la que no se disponía de instrumentos adecuados. El investigador se encontraba en la misma situación que hubiera tenido un sabio en el siglo I a.C. que, estudiando la elaboración del pan, acude a la biblioteca de Alejandría, a buscar la receta. Sabe que la biblioteca encierra todo el saber de su tiempo y que, por tanto, la receta de hacer pan está allí, pero tiene varios inconvenientes para encontrarla. En primer lugar, el número de legajos y papiros es inmenso y ninguno tiene etiqueta que diga lo que cada uno contiene. En segundo lugar, nuestro sabio apenas habla la lengua en la que están escritos y los lee lentamente y con dificultad.

Así se encontraban nuestros investigadores de los años 60 cuando deseaban aislar y estudiar un gen determinado: los genomas tenían una información ingente, no había etiquetas que les indicaran dónde había secuencias interesantes y, para colmo, ellos eran poco duchos en la lectura del lenguaje del ADN.

Pero nuestro sabio alejandrino tuvo su «momento eureka»: dividamos los papiros y legajos en fragmentos discretos, démosle uno a cada uno de los soldados del inmenso ejército de Egipto, escribamos en una tablilla los ingredientes del pan: trigo, levadura, agua, sal, y mostrémosla al ejército de «voluntarios» colaboradores preguntando:

—¿Quién tiene en su papel algo parecido a esto?

Ni siquiera tenían que entender el idioma; solo comparar caracteres. Alguno diría «¡Yo!». En sus manos estaría la receta del pan. Y hasta aquí la metáfora.

El primer problema biológico estuvo en cómo cortar el ADN en fragmentos discretos y la solución vino, otra vez, de nuestras aliadas, las bacterias. En el capítulo 1 ya ha relatado Óscar Huertas la historia del descubrimiento de las enzimas de restricción por el grupo de Werner Arber, que también recibió el premio Nobel por el hallazgo. Estas enzimas, son verdaderas tijeras moleculares que se dirigen a una secuencia determinada que es palindrómica (se lee igual de derecha a izquierda que de izquierda a derecha), y cortan las dos cadenas no en recto, sino en oblicuo, dejando entre ambos cortes normalmente 4 pares de bases. Un leve golpe de calor hará que se disocien generando así 2 extremos con una de las cadenas 4 bases más larga que la otra, que son cohesivos —«pegajosos»— porque sus secuencias protuberantes son complementarias. Aquí vuelve a aparecer la bella y útil complementariedad que estamos comentando en todo este capítulo, porque una bajada de la temperatura hará que los extremos cohesivos, si se encuentran, se apareen y si en el tubo de ensayo hemos añadido «ligasa», una enzima que rehace los enlaces que la restrictasa ha destruido, se restituya la continuidad de las moléculas. Este proceso permite además que, si cortamos dos muestras de ADN distinto con la misma enzima de restricción, las mezclamos y añadimos ligasa, se generen también moléculas híbridas, quiméricas. Por ejemplo, si una de las muestras contiene ADN de células humanas y la otra plásmidos, pequeñas moléculas circulares de ADN capaces de multiplicarse en una bacteria, generaríamos una colección de plásmidos cada uno de los cuales contendría un trozo del genoma humano y en conjunto, todo el genoma humano, toda la biblioteca de Alejandría; a esto lo denominamos «una genoteca». Ya solo tendremos que introducirla en bacterias —típicamente *E. coli*—, por transformación, y obtendremos un conjunto de bacterias cada una con un trozo de genoma humano, un ejército de soldados egipcios entre los que hemos distribuido la biblioteca. Si estamos interesados en aislar un gen determinado, el gen *INS*, la receta del pan en nuestra metáfora, ahora solo habría que diseñar una estrategia para identificar el clon bacteriano que lo contiene. La técnica más común para hacerlo es la hibridación de la que hablaremos a continuación y que equivale a enseñarles a los soldados una tablilla con los ingredientes.

El proceso descrito constituye el fundamento de la clonación de genes que abrió el campo de la ingeniería genética molecular. Otra vez debemos el reconocimiento al mundo bacteriano como generador de herramientas para comprender cómo somos y cómo funcionamos los seres vivos.

HIBRIDACIÓN DE SECUENCIAS

Quizás una de las técnicas más elementales basadas en la complementariedad de bases sea la detección de secuencias específicas de ADN o ARN mediante hibridación. Pongamos un ejemplo.

Por un lado, se dispone de un tubo de ensayo que contiene una solución con muchas moléculas de doble cadena de ADN (que podemos llamar «diana») que hemos aislado de células humanas. En otro tubo, tenemos una muestra con muchas copias de ADN monocatenario correspondientes a una región pequeña del gen *INS*, el de la insulina humana que ya hemos mencionado anteriormente. A esta última muestra la hemos sometido previamente a un tratamiento de marcaje por el que a las moléculas de ADN se han incorporado átomos radiactivos que las hace visibles en una placa fotográfica, o moléculas coloreadas o fluorescentes visibles al iluminarlas con una luz adecuada. A este ADN marcado se le denomina «sonda».

El primer tubo se calienta a unos 90° o más, con lo que los enlaces entre las bases se deshacen y las cadenas dobles del ADN diana se separan, se disocian. Si ahora se añade el contenido del tubo de las sondas y se baja la temperatura, por un lado las cadenas complementarias del ADN diana se buscarán para volver a aparearse, pero las sondas también buscarán secuencias complementarias en dichas dianas y si las encuentran, se aparearán con ellas formando dobles cadenas «híbridas». Si esto ocurre, las cadenas que contengan secuencias complementarias a las sondas quedarán marcadas y eso podremos detectarlo. En nuestro ejemplo, al ser humanos tanto el ADN diana, como la sonda, se detectarían híbridos marcados. La no aparición de marcaje podría deberse a que uno de los dos, diana o sonda, no fuera realmente humana. De forma similar, si la muestra diana fuera de ARNm procedente de células de páncreas, el órgano donde se produce la insulina, la hibridación daría un resultado positivo indicando que el gen *INS* está expresándose en esas células. Naturalmente, si la muestra fuera de ARNm de células nerviosas donde no se expresa el gen *INS*, el resultado sería negativo.

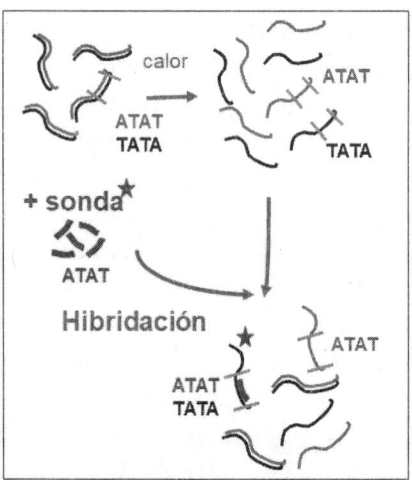

Hibridación entre una cadena de ADN y una sonda gracias a la complementariedad de bases. (Figura elaborada por la autora).

Este proceso por el que se detecta la presencia de una determinada secuencia de ácido nucleico en una muestra por su hibridación con un sonda marcada, tiene muchísimas aplicaciones como son las técnicas de *Southern* y *Northern*, la hibridación *in situ* con cromosomas, o los *microchips* (o *microarrays* de ADN) que tanto juego llevan dando a la biología molecular en las últimas décadas. Todas ellas tienen sus cimientos en el aparcamiento que tiene lugar entre las cadenas de ADN o ARN gracias a la complementariedad de las bases. No nos cansaremos de comentarlo.

LA PCR: ESA FAMOSA DESCONOCIDA

Últimamente, quizás el término PCR sea uno de los más nombrados en los medios de comunicación o incluso en las conversaciones de los ciudadanos, pero cuyo verdadero significado y trascendencia sean más desconocidos por el público en general. Esencialmente, la PCR (*Polymerase Chain Reaction*, «reacción en cadena de la polimerasa») es una técnica mediante la cual, a partir de una sola secuencia de ADN, por ejemplo el ya mencionado gen *INS*, se pueden generar millones de copias de la misma.

En los orígenes de esta técnica está el conocimiento general que existía por los años 70 de que para hacer *in vitro* copias de una secuencia de ADN, solamente hacía falta la «máquina» copiadora, por ejemplo una ADN polimerasa bacteriana, el ADN que se va a copiar o ADN molde y los nucleótidos que van a constituir las piezas para sintetizar las nuevas cadenas. Sin embargo, las ADN polimerasas tienen la particularidad de que son incapaces por sí mismas de elegir por dónde empezar a sintetizar o qué secuencia copiar, y esto resulta muy afortunado porque nos proporciona la capacidad de dirigir su actividad hacia la región que deseamos amplificar. Para ello, debemos diseñar dos pequeños ADN monocatenarios —llamados «cebadores»— con secuencias capaces de aparearse, con el principio y el final de la región del ADN molde que queremos copiar, respectivamente.

Con un tubo de ensayo que contenga el ADN molde —digamos que sea el gen *INS*—, los nucleótidos, los cebadores adecuados y la ADN polimerasa ya estamos listos para generar millones de copias de *INS*. Para ello disponemos de un aparato —el termociclador— que esencialmente calienta y enfría cíclicamente la muestra siguiendo un programa sencillo. Cada ciclo constaría de un periodo de calentamiento a unos 95ºC para que las cadenas del molde se separen, uno de enfriamiento a unos 65ºC para que los cebadores busquen y encuentren sus secuencias complementarias, la polimerasa se una al cebador y lo alargue copiando la cadena del molde. De esta forma, en el primer ciclo, a partir de una cadena doble se formarían dos, en el segundo de dos se formarían cuatro y así el número de copias iría creciendo exponencialmente de modo que teóricamente tras 30 ciclos de pocos minutos cada uno, se podrían generar unos 10.000 millones de copias de *INS*. De ahí el nombre de la técnica «reacción en cadena de la polimerasa». Sin embargo, se da la circunstancia de que la mayoría de las polimerasas, como también ocurre con la mayoría de las proteínas, no son capaces de resistir tan altas temperaturas por lo que, al primer calentamiento del termociclador, se deformarían e inactivarían. Aquí entra el ingenio del bioquímico Kary Mullis que tuvo la ocurrencia de utilizar en el proceso una ADN polimerasa «termorresistente», es decir, capaz de resistir altas temperaturas. Mullis solicitó y obtuvo del microbiólogo Thomas Brock una muestra de la ADN polimerasa termorresistente, presente en la bacteria *Thermus aquaticus* (Taq) que él mismo había aislado de aguas termales del Parque Yellowstone (Estados Unidos). El uso de la «*Taq* polimerasa» constituye el pilar de este avance tecnológico que llevó a que Mullis (pero no Brock) recibiera el premio Nobel de Química en 1993. Técnicamente, el uso de esta ADN polimerasa en la reacción de la PCR, implicó el incluir al final de cada ciclo un paso de calentamiento a 75ºC, la temperatura óptima de esta polimerasa.

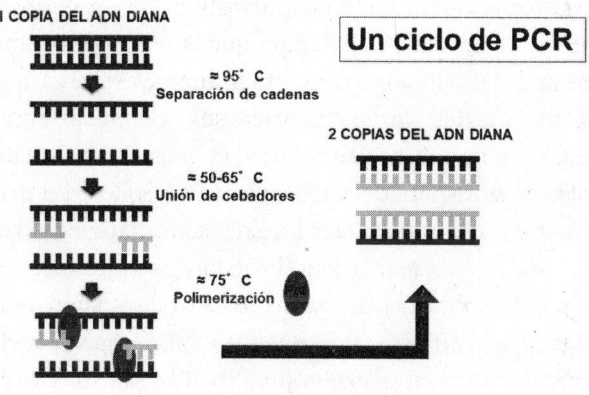

Esquema del procedimiento de la técnica de PCR. (Figura elaborada por la autora).

El proceso que acabamos de describir nos lleva a la consideración de que no es necesario que el ADN molde, en nuestro ejemplo el gen *INS*, se encuentre aislado y solitario en la muestra a amplificar. Podría hallarse inserto en una molécula más larga como, por ejemplo, el cromosoma 11 humano completo, en el que naturalmente se localiza, o incluso rodeado de otras moléculas de ADN que no tengan nada que ver con él. En resumen, para la amplificación de *INS* podríamos utilizar genomas completos extraídos de células humanas que ya los cebadores descritos arriba se encargarán de dirigir a la ADN polimerasa hacia los flancos del gen *INS* y amplificarlo ciclo tras ciclo hasta obtener un número suficiente, a gusto del experimentador.

Tampoco se nos escapa que esta técnica admite variaciones como por ejemplo amplificar secuencias de ARN, para lo que llevaríamos a cabo una reacción previa a la PCR utilizando una retrotranscriptasa, capaz de fabricar a partir de una cadena de ARN, una cadena de ADN que ya entraría en el proceso estándar de amplificación.

Esta es ni más ni menos, la técnica —a la que se denomina RT-PCR (*Retro Transcriptase PCR*)— que se utiliza para detectar en una muestra de mucosa de un presunto enfermo de COVID-19, la presencia del material genético, el ARNm, del coronavirus SARS-CoV-2.

La técnica también permite variaciones metodológicas, en el sentido de que la amplificación no solo nos dé una respuesta cualitativa de «sí o no» la secuencia en estudio está en una muestra, sino en qué cantidad se encuentra. Se trata de la ya muy extendida qPCR (q por *quantitative*, «cuantitativa») también denominada «*real time PCR*» o «PCR en tiempo real», pero entrar en ella ya sería adentrarse en aguas demasiado profundas para lo que pretendemos con este libro.

CRISPR. EL ÚLTIMO «JUGUETE» DE
LA BIOLOGÍA MOLECULAR

La complementariedad de secuencias entre cadenas de ácidos nucleicos sigue inspirando a los biólogos moleculares para la creación de herramientas con las cuales se pueda manipular el material genético *in vitro*, y en el caso que vamos a relatar, también *in vivo*. Se trata del CRISPR, denominado así por el fenómeno que el microbiólogo Francis Martínez Mojica descubrió en la arquea halófila extrema *Haloferax mediterranei*, residente en las salinas de Santa Pola, Alicante, y que describió por primera vez en 1993, el año del Nobel de Kary Mullis, vaya qué casualidad.

CRISPR (nombre acuñado por el propio Mojica) es el acrónimo de *Clustered Regularly Interspaced Short Palindromic Repeats*, en español «repeticiones palindrómicas cortas agrupadas y regularmente interespaciadas». Mojica descubrió que en el genoma de *Haloferax* existen unas regiones constituidas por repeticiones de unas secuencias de unos 30 pares de bases, separadas por unas secuencias espaciadoras de unos 38 pares de bases que son distintas entre sí. Los espaciadores resultaron ser vestigios del ADN de distintos virus (bacteriófagos) que habían infectado en un momento dado a la arquea y que esta, una vez superada la infección, mantenía como «recuerdo» de los mismos. Muy cercano a esta región de repeticiones residían unos genes a los que se denominó *cas* (*CRISPR-associated genes*, «genes asociados a CRISPR»). Resultaba que cuando un virus infectaba a una bacteria o arquea introduciendo su ADN en el interior de la misma, se desencadenaba un sofisticado proceso de ataque al invasor. Así, se activaba la expresión de la región con las repeticiones y el ARN resultante era procesado —cortado— para dar lugar a fragmentos cada uno de los cuales contenía un espaciador y una repetición: los denominados «ARNs guía» o crRNA (*CRISPR RNA*). También se activaba la expresión de los genes *cas* y se generaban las proteínas correspondientes; de ellas la Cas9, que es una nucleasa —una tijera molecular de ácidos nucleicos—, desempeña un papel fundamental en el proceso que estamos describiendo. La proteína Cas9 se asociaba a todos y cada uno de los ARNs guía y estos complejos ARN guía-Cas9 iniciaban la búsqueda de secuencias homólogas. Si el virus infectivo era reincidente y la bacteria conservaba un recuerdo de su ADN en forma de espaciador, este complejo lo encontraba, y el apareamiento espaciador-protoespaciador vírico activaba a Cas9 que, a continuación, cortaba las dos cadenas de ADN, provocando su degradación y salvando así, a la bacteria de la infección. Para cortar, Cas9 tenía otro requerimiento: que a pocos nucleótidos del sitio reconocido por el ADN guía, hubiera una secuencia PAM (*Protospacer Associated Motiv*, «secuencia asociada al protoespaciador»), comúnmente NGG, donde N es cualquier nucleótido. Se da la circunstancia de que los protoespaciadores víricos están flanqueados por secuencias PAM, pero los espaciadores bacterianos carecen de ellos, por lo que el genoma bacteriano se libra del ataque de Cas9.

Este bonito sistema de defensa resulta ser prácticamente universal en las arqueas y las bacterias, e incluso residuos del mismo persisten en el genoma de las mitocondrias, confirmando así el origen bacteriano de estos orgánulos.

En 2020, las investigadoras Emmanuelle Charpentier, ahora en el Instituto Max Planck de Berlín, y Jennifer Doudna de la Universidad de Berkeley, recibieron el premio

Nobel de Química esencialmente porque, basándose en el sistema CRISPR/Cas9 de Mojica y otros pioneros, habían desarrollado nuevas tecnologías para modificar y editar genes no solo *in vitro*, sino también *in vivo*, introduciendo las herramientas biológicas necesarias en células de todo tipo, incluso animales y vegetales, que al multiplicarse, darán lugar a células, tejidos e incluso organismos modificados genéticamente. A este proceso, se le denomina «edición genética». Como en el caso ya comentado de la PCR, el Comité Nobel se fijó en el avance tecnológico y no en el descubrimiento básico imprescindible para que este tuviera lugar.

Doudna y Charpentier, estudiando el sistema CRISPR en otra bacteria, *Streptococcus pyogenes,* encontraron que el proceso de edición era un poco más complejo de lo descrito hasta ese momento porque se necesitaban no uno, sino dos ARNs: el ya mencionado crRNA que tiene dos regiones, una correspondiente al espaciador que se va a aparear a la región del ADN donde va a cortar, y otra con la que se va a asociar (también por apareamiento de bases, cómo no) al denominado tracrRNA («transactivador del crRNA»). Así, el complejo Cas9:crRNA:tracrRNA busca y se aparea con su ADN diana y corta sus dos cadenas, lo que provocaría su destrucción. Por otro lado, este corte, provoca la alarma en la célula y se induce la actividad de los sistemas de reparación que tratan de arreglar esa agresión. En algunos casos, la continuidad del ADN se restablece pero de forma chapucera, de modo que en el sitio de corte se añaden o se eliminan nucleótidos, lo que da lugar a una mutación de deleción o de inserción de bases. Alternativamente, si en la célula existiera una secuencia homóloga a la de la región del corte, el sistema reparador podría utilizarla de modelo para la reparación. Si esta secuencia fuera ligeramente distinta a la original o llevara inserta otra distinta, el cambio o la inserción quedaría incorporado al genoma de la célula. En cualquier caso, el corte y su reparación podrían llevar a un cambio de secuencia, cuya naturaleza (mutación puntual, inserción, deleción, de pérdida o ganancia de función, etc.) puede controlarse diseñando con pericia los elementos de esta máquina de edición genética.

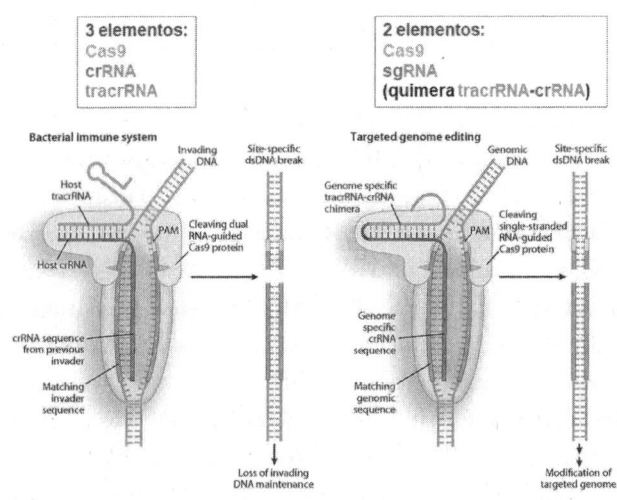

CRISPR. Comparación entre el sistema original de dos ARN al de un sgARN. (Figura modificada por la autora de Adam Steinberg, artforscience.com).

Charpentier y Doudna también contribuyeron a la extensión del uso del CRISPR-Cas9 a otros organismos, simplificando los elementos del sistema. Así, se les ocurrió que fusionando el crRNA y el tracrRNA, se generaría un ARN quimérico, el sgRNA (*single guide* RNA, «guía único») de 20 nucleótidos de longitud, que, con solo cambiarle la secuencia inicial para el reconocimiento de la región a modificar, sería capaz de dirigir Cas9 a que ejerza su función en cualquier lugar del genoma de cualquier organismo para llevar a cabo casi cualquier cambio. Actualmente, los kits comerciales para la edición genética han vuelto al modelo original de dos ARN-guía: el tracrRNA que es estándar, y el crRNA que debe ser diseñado por el investigador para que dirija la maquinaria al sitio específico que desea modificar.

Naturalmente que el avance tan rápido de esta fenomenal herramienta que está revolucionando tantos campos de las ciencias biológicas y médicas, se debe al ingenio de numerosísimos autores que no podemos mencionar aquí y, otra vez, al enamoramiento colectivo que su belleza y sencillez han provocado entre los que llegan a conocerla. Entre los autores, resultan singulares las aportaciones de Feng Zhang, del Instituto BROAD, en Boston, que fue de los primeros que usó CRISPR para modificar células humanas y de mamíferos, y que continúa aportando novedades técnicas y conceptuales al campo. Zhang ha elaborado la Cas9n (*Cas9 nikase*, «nikasa»), una Cas9 que solo corta una de las cadenas de la diana, o la dCas9 (*dead Cas9* o *nuclease deactivated Cas9*) que ha perdido la capacidad de cortar cadenas pero que se puede utilizar de la siguiente forma:

Construimos una proteína mixta formada por dCas9 y una proteína inductora o represora de la actividad de un gen determinado, por ejemplo *INS*; diseñamos un crRNA que la lleve al promotor de *INS* y los introducimos en una célula humana. Una vez allí, el complejo se dirigirá al promotor de *INS*; la dCas9 no cortará el ADN, pero su proteína asociada inducirá o reprimirá a *INS,* de modo que se producirá o no insulina a gusto del experimentador.

Mirando al pasado, no puede obviarse que CRISPR no ha sido la primera técnica para editar genomas de forma controlada. Las técnicas denominadas ZFN (*Zink-Finger Nucleases*, «nucleasas con dedos de zinc») y TALEN (*Transcription Activator-Like Effector Nuclease*, «nucleasas efectoras parecidas a un activador transcripcional») fueron pioneras y aún se utilizan en algunos casos, si bien su puesta en práctica resulte bastante más compleja y más costosa que sus nombres. Todas ellas se basan de nuevo en sistemas de reconocimiento de secuencias de ADN y/o ARN mediante homología e hibridación, y corte y edición en ese lugar.

Mirando al futuro, el reto principal de la edición genética mediante CRISPR es conseguir que el cambio sea específico y único, es decir, que solo se produzca el cambio programado y únicamente en el sitio deseado, lo que hoy por hoy constituye una cortapisa para el desarrollo de esta poderosa técnica. En esta ardua tarea, otra vez la naturaleza, sobre todo las bacterias y arqueas, nos echan una mano, porque ellas poseen una extensa variedad de sistemas de defensa contra virus y plásmidos que extienden nuestro catálogo de herramientas para editar los genomas de prácticamente cualquier organismo, incluidos los humanos.

Cuando en 1997 se estrenó la película *Gattaca*, en la que se hablaba de la posibilidad de modificar a la carta el patrimonio genético de un embrión para evitar que tuviera no solo enfermedades, sino también características que se consideraban indeseables cómo puedan ser la calvicie o la obesidad, los científicos de entonces se mostraron escépticos acerca de su verosimilitud. Hoy en día, con el desarrollo del CRISPR, nadie duda de que algo así sería posible, aunque la conciencia ética y de buena praxis en investigación (temas de los que se habla en otros capítulos de este libro, sobre todo en el capítulo de Conchi Lillo y el de Ignacio Crespo), nos deben indicar qué caminos seguir y cuáles no seguir.

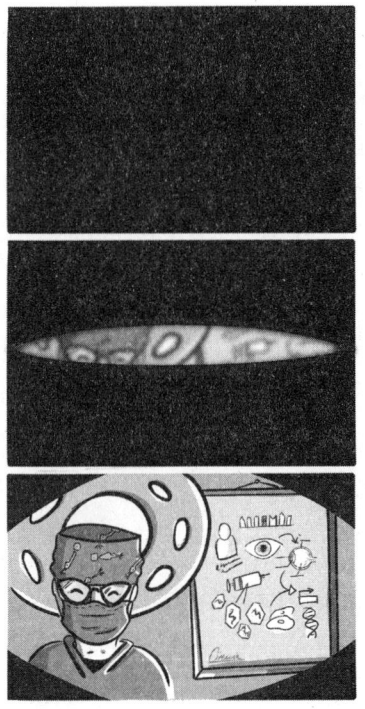

11.

¿TERAPIAS A LA CARTA? LA GENÉTICA COMO BASE DE LA MEDICINA PERSONALIZADA

CONCHI LILLO

«Si, como dice, mis ojos están perfectos,
por qué estoy ciego.
Por ahora no sé decírselo, vamos a tener que hacer
exámenes más minuciosos,
análisis, ecografía, encefalograma,
Cree que esto tiene algo que ver con el cerebro.
Es una posibilidad, pero no lo creo.
Sin embargo, doctor, dice usted que en mis ojos no
encuentra nada malo.
Así es, no veo nada.
No entiendo.
Lo que quiero decir es que si usted está de hecho
ciego, su ceguera, en este momento, resulta inexplicable».
Ensayo sobre la ceguera, JOSÉ SARAMAGO

Seguro que hay aquí algún fan de *Star Trek* que se acuerda del tricorder médico que llevaba consigo el doctor McCoy, un pequeño aparatito que podía diagnosticar a cualquier paciente con solo acercarlo a su cuerpo. O de *Elysium*, la película protagonizada por Matt Damon y ambientada en 2154 en la que los más afortunados con cierto poder adquisitivo, viven en una plataforma espacial que tiene una cápsula médica capaz de diagnosticar cualquier enfermedad, curarla y hasta operar lesiones de forma autónoma. No os voy a decir que todo esto se puede hacer hoy en día, pero sí os diré que los avances tecnológicos y médicos han conseguido que en los últimos años se hayan diseñado sistemas con inteligencia artificial avanzada que son capaces de realizar diagnósticos muy precisos de algunas enfermedades. Uno de ellos es el *DxtER*, desarrollado por una pequeña empresa (*Basil Leaf Technologies*) y que, gracias a una serie de sensores, recaba un conjunto de datos que contrasta con un sistema de inteligencia artificial acoplada a una base de datos médicos, consiguiendo realizar un diagnóstico extremadamente preciso.

Este tipo de desarrollos ha facilitado que la llamada «medicina personalizada» sea hoy en día más que un deseo, una realidad en distintos ámbitos de la clínica. Pero, para ser exactos, la medicina personalizada se lleva aplicando (y puliendo) desde siempre, porque, ¿qué es realmente la medicina personalizada y cómo se lleva a la práctica? En pocas palabras, consiste en adecuar un tratamiento médico a las características individuales de cada paciente. Esto se dice pronto, pero como podréis comprender, las condiciones tecnológicas y médicas actuales permiten obtener un diagnóstico bastante más certero que el de hace 20, 30 o 50 años. Las posibilidades actuales para conseguirlo son mayores porque, obviamente, los avances científicos y tecnológicos de los que hablaba antes han permitido conocer el perfil molecular y genético de una persona y poder predecir si es más susceptible que otra a padecer una enfermedad. Es una forma de reconocer que cada paciente es único. Los conocimientos que nos proporcionan todos estos métodos diagnósticos mejoran la capacidad de predecir qué tratamiento será más seguro y efectivo para cada paciente e incluso cuál no sería muy recomendable. Por ejemplo, conociendo las características genéticas particulares de una persona, realizando distintas pruebas diagnósticas, cotejando su historial médico y valorando si está tomando algún medicamento, se puede saber qué incompatibilidades podría tener con otro fármaco e incluso adaptar la dosis y la duración de un fármaco. Con esto se pretende, no solo que un medicamento o tratamiento sea más efectivo para ese paciente, sino que además se puedan reducir los posibles efectos secundarios o incompatibilida-des (y hasta los costes). La medicina personalizada tiene por tanto el potencial de cambiar la forma en la que analizamos, identificamos y tratamos los problemas de salud. Y se lleva haciendo toda la vida, lo que pasa es que ahora tiene más garantías de éxito por la sofisticación de las pruebas que se pueden realizar a un paciente. Estas son muchas veces test genéticos, pero no siempre, ya que pueden implicar otro tipo de biomarcadores, como detectar la presencia o ausencia de un conjunto conocido de proteínas en fluidos corporales, marcadores epigenéticos de un individuo (aspectos que ya comentó Carlos Romá en el capítulo de epigenética), entre otros. Así que lo primero que hay que tener claro es que, aunque un fármaco o tratamiento funcione en un paciente, no siempre implica que sea el adecuado para ti. De hecho, hay una rama de la farmacología denominada «farmacogenómica» que precisamente se ocupa de esto, conocer cómo el genoma particular de una persona influye en su respuesta a los medicamentos.

LA IMPORTANCIA DEL DIAGNÓSTICO GENÉTICO

Así que como podéis imaginar, en el contexto que nos atañe, el diagnóstico genético es una herramienta muy valiosa para determinar si ciertas mutaciones o alteraciones en el genoma de una persona son las responsables del origen de su enfermedad (aunque cabe la posibilidad de que esas mutaciones afecten a células o tejidos concretos, no a todas las células del cuerpo, pero de esto hablaremos más adelante). Esta información sobre la singularidad genética es importante a la hora de tomar ciertas decisiones, no solo sobre el tratamiento a seguir, sino sobre otros aspectos, como el pronóstico a largo plazo, su herencia a la progenie, etc. Por ejemplo, en relación con la evolución y el pronóstico de la patología, si esta es hereditaria, puede cursar o manifestarse de forma diferente dependiendo de la mutación que la esté causando, así que el diagnóstico genético puede ayudar a anticiparse a su aparición e incluso prevenirla de forma adecuada. De la misma manera, para evitar la transmisión, conocer si la alteración genética que causa una enfermedad se transmite de forma recesiva, dominante, dependiente del sexo, etc. permite evaluar las posibilidades de que esta anomalía pase a la descendencia y se manifieste. Con este conocimiento en la mano, finalmente se puede proponer al paciente la posibilidad de realizar un estudio familiar, ya que cuando se conocen las implicaciones de una alteración genética para el desarrollo de una patología es importante que los familiares de los afectados valoren realizarse un estudio genético para evaluar las posibles implicaciones de poseer la misma alteración genética.

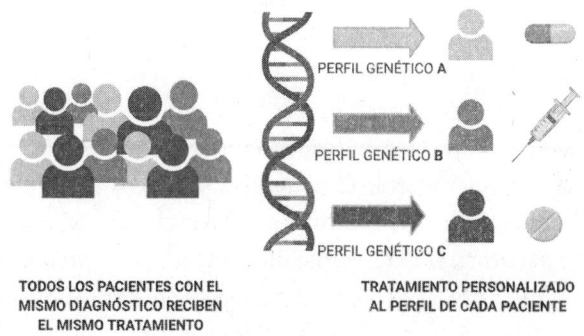

TODOS LOS PACIENTES CON EL
MISMO DIAGNÓSTICO RECIBEN
EL MISMO TRATAMIENTO

TRATAMIENTO PERSONALIZADO
AL PERFIL DE CADA PACIENTE

En la actualidad, el tratamiento que se decide administrar a un paciente depende de diversas características particulares (edad, historial médico, fármacos con los que ya esté tratado o haya sido tratado previamente). El perfil genético está teniendo cada vez más importancia a la hora de la toma de decisiones médicas para concretar un tratamiento.

ALGUNAS REALIDADES DE LA MEDICINA PERSONALIZADA

Al principio comentaba que la medicina personalizada es hoy en día una realidad en el tratamiento de algunas enfermedades. Aunque más adelante me centraré en tratar con más detalle la terapia génica como ejemplo de procedimiento para el tratamiento de patologías oculares, que es a donde os quiero llevar, quería aclarar que hay más tipos de tratamientos personalizados, que, aunque sí dependen de un diagnóstico genético adecuado, no emplean terapia génica como tratamiento, al menos de manera exclusiva. En estos casos el fin sigue siendo adecuarse a las características particulares de cada enfermedad y tipo de paciente, aunque mediante otro abordaje, que a veces puede ser en combinación con la terapia génica. Vamos con algunos ejemplos concretos:

— EN EL CÁNCER DE MAMA: uno de los ejemplos más comunes de medicina personalizada es el tratamiento con anticuerpos, y dentro de este área, uno de los primeros en utilizarse con éxito fue el *Trastuzumab* (el sufijo -mab se refiere a *monoclonal antibody*, por lo que aunque nos complica mucho la vida a la hora de pronunciar su nombre, nos ayuda a conocer su naturaleza). Un anticuerpo es un tipo de proteína soluble, que también recibe el nombre de inmunoglobulina, que sintetiza nuestros linfocitos B. Los anticuerpos son capaces de unirse específicamente a una molécula llamada antígeno para neutralizarla. Que un tipo de anticuerpo sea monoclonal significa que ha sido producido *in vitro* por un solo clon de linfocitos B, de forma que todos los que se producen son exactamente iguales y reconocen de forma precisa la misma secuencia del antígeno contra el cual han sido producidos. Sin embargo, los anticuerpos policlonales son una mezcla de inmunoglobulinas que se generan *in vivo* en contra de un antígeno, donde cada una reconoce epítopos diferentes. Los anticuerpos monoclonales generados *ad hoc* en el laboratorio contra un antígeno de un patógeno son ampliamente utilizados en experimentación en biología molecular y en la clínica. El 30% de las pacientes que sufren de cáncer de mama sobreexpresan una proteína llamada HER2, que no suele responder frente a los tratamientos convencionales. En el año 1998 se aprobó el tratamiento con *Trastuzumab*, ya que se comprobó que este anticuerpo se une específicamente a HER2 y provoca la interrupción del crecimiento anormal de las células tumorales. En 2005 se confirmó que este tratamiento reducía la recurrencia de estos tumores en un 52% al emplearlo en combinación con quimioterapia (lo que se conoce como terapia combinada).

— EN EL MELANOMA: *BRAF* es el gen humano responsable de la síntesis de una proteína con nombre BRAF que suele estar mutada en algunos tipos de melanomas y que, entre otras cosas, sabemos que se encarga de regular el envío de órdenes a una célula para que prolifere. En 2011 se desarrolló un test que identificaba una mutación concreta en esta proteína y solo a las personas positivas para este test, se les aplicó un fármaco, *Vemurafenib*, que inhibía a la proteína BRAF y que fue altamente efectivo para controlar este tipo de melanoma. A este tratamiento se le denomina monoterapia.

— EN ENFERMEDADES RARAS: el desarrollo de una enfermedad rara (este nombre se debe a que tienen una baja prevalencia, ya que afectan a menos de 1 por cada 2.000 personas) surge la mayoría de las veces por disfunciones genéticas que afectan a un tipo celular concreto, o a todo el organismo, y que en muchas ocasiones se traduce en trastornos graves. Desgraciadamente, muchas de las personas que padecen una enfermedad rara no disponen de tratamiento o si lo tienen no es el adecuado, ya que no se ajusta a sus necesidades reales. Esto en parte es debido a que son poco conocidas y su diagnóstico es complicado. Además, se destinan pocos recursos a su investigación y tratamiento, entre otras causas porque en teoría afectan a pocas personas, aunque esto no es del todo cierto, ya que según la Federación Española de Enfermedades Raras (FEDER), hay unas 7.000 enfermedades raras que afectan al 7% de la población mundial. Las enfermedades raras, que tienen consecuencias tan dispares dependiendo del tipo de paciente, enfermedad, mutación (y un largo etcétera) requieren un tratamiento absolutamente personalizado, que en la mayoría de los casos es muy costoso (en desarrollo y económicamente hablando) por la sencilla razón de ser único.

Como ejemplo exitoso de medicina personalizada utilizando terapia génica habría que destacar el tratamiento de la leucemia linfoblástica aguda. Quizás hayáis oído hablar de la terapia CAR-T, uno de los desarrollos más sonados de la medicina personalizada de los últimos años. Donde está teniendo más éxito esta tecnología es en el tratamiento de la leucemia linfoblástica aguda, el tipo de cáncer más frecuente en niños y jóvenes menores de 20 años, específico de un tipo de células sanguíneas, los linfocitos. El número de estas células aumenta desorbitadamente pero no logran hacer su función, defender nuestro organismo frente a patógenos externos. Y no solo eso, sino que impiden que el resto de nuestras células sanguíneas se desarrollen de forma normal en la médula ósea. El tratamiento más común es la quimioterapia o el trasplante de médula, pero hay casos en los que estos tratamientos tan agresivos no son efectivos. En ellos se ha empezado a probar con éxito este nuevo tratamiento totalmente personalizado, la terapia CAR-T, cuyo nombre proviene de las siglas en inglés de Receptor de Antígeno Quimérico, donde la 'T' indica que actúa contra los linfocitos T. Se basa en potenciar el sistema inmunitario del paciente para que sus propios linfocitos actúen contra las células cancerosas. Primero se extrae sangre del paciente con un método que selecciona los linfocitos T, se modifican genéticamente para que expresen el receptor CAR-T, que es capaz de reconocer células que tienen en su superficie una proteína tumoral, la CD19, que está presente en las células de este tipo de leucemia. Así, una vez los linfocitos modificados son transferidos de nuevo al paciente, estos son capaces de identificar y destruir específicamente las células cancerígenas. Ha sido todo un éxito. Esta terapia ya fue aprobada por la Agencia Europea del Medicamento en 2020 e incluida por el Ministerio de Sanidad, Consumo y Bienestar Social en su cartera de servicios en casos muy concretos, como el tratamiento para los pacientes de leucemia que han sufrido al menos una recaída tras un trasplante de médula ósea, o dos o más recaídas después de haber recibido otras terapias sin éxito. Este tipo de tratamiento, que realmente es una «inmunoterapia», se considera un tipo de terapia génica porque se modifica genéticamente y *ex vivo*, un tipo celular del propio paciente, pero ¿qué es una terapia génica? ¿En qué consiste?

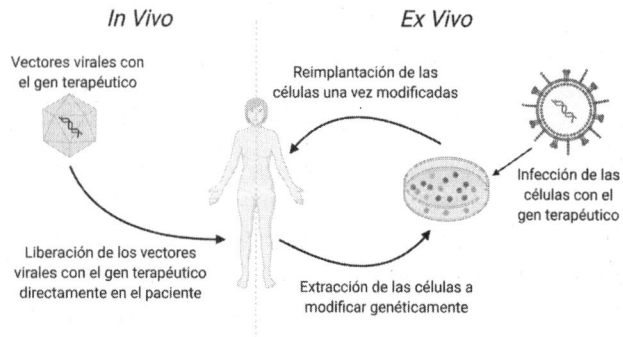

En terapia génica hay dos estrategias principales de administración del gen terapéutico que dependen principalmente del tipo de gen y células/tejido que se pretenden modificar: *in vivo*, en la que los vectores virales se liberan directamente en el paciente; *ex vivo*, cuando se extraen las células a modificar, se introduce el gen en ellas y se reimplantan en el paciente.

BASES DE LA TERAPIA GÉNICA

Y llegamos a una de las estrellas de los tratamientos personalizados, la terapia génica. Una tecnología que ha experimentado un desarrollo extraordinario en los últimos años, gracias sobre todo a los avances tecnológicos asociados a la ingeniería genética (entre ellos el famoso CRISPR-Cas, del que se habla en varios capítulos de este libro). Estos avances han ofrecido la posibilidad de realizar modificaciones en un gen «dañado», que genera una proteína que no es capaz de realizar sus funciones correctamente, provocando una patología severa. El objetivo por tanto es intentar repararlo para corregir estas anomalías funcionales. De forma resumida, se trataría de introducir secuencias de ADN conteniendo el gen terapéutico en la célula diana con el fin de que se inserten en el propio ADN de la célula y empiecen a producir de forma correcta la proteína que se generaba de forma defectuosa debido a los errores que presentaba el gen. Para introducir el gen terapéutico se suelen usar vectores virales que contienen la secuencia genética elegida. Un vector viral es precisamente eso, un virus (los hay de diferentes tipos, esto lo tratamos más adelante) que se ha modificado para eliminar su capacidad de multiplicación y patogénica, pero que sí mantiene la información que necesita para insertar el material genético que nos interesa (el gen terapéutico) para que pueda realizar su función. Una aclaración: con esta estrategia no se sustituye el gen defectuoso por uno sano que genere la proteína correcta «en vez de» la que no hacía bien su función, sino que con esta maniobra lo que se espera es que el gen terapéutico se introduzca en el ADN de la célula diana y trate de suplir el defecto.

Aquí nos encontramos con varios obstáculos a salvar y que hacen que sea complicado alcanzar cierto éxito con la terapia génica, pero también son los responsables de que esta herramienta sea muy precisa y la estrella de la medicina personalizada:

1. ¿QUÉ GEN ESTÁ DAÑADO? Es la primera pregunta que hay que hacerse para poder utilizar esta terapia, por eso es necesario haber realizado en el paciente un diagnóstico genético que nos informe con precisión de qué tipo de mutación o anomalía presenta y en qué tipo celular.

2. ¿LA PROTEÍNA QUE PRODUCE TIENE UNA FUNCIÓN IMPORTANTE EN TODAS LAS CÉLULAS DEL CUERPO?

Es más complicado de determinar en algunos casos. Por ejemplo, uno de los genes mutados en el síndrome de Usher, un tipo de sordoceguera, es el que sintetiza la miosina 7a, una proteína motora que se expresa en muchos tipos celulares de nuestro cuerpo, donde se encarga del movimiento de orgánulos dentro de las células (por ejemplo, el transporte de vesículas de un lado a otro de la célula). Pues bien, aunque sus mutaciones produzcan una proteína anómala en todo nuestro organismo, las únicas células afectadas realmente por esta disfunción son las de la cóclea y la retina, y la persona que la sufre desarrolla sordoceguera. Pero lo llamativo es que estas personas primero desarrollan la sordera y la ceguera va apareciendo paulatinamente con los años. Esto hace suponer que las funciones realizadas por miosina 7a en los diferentes tipos celulares son de distinta importancia o que son suplidas por otras proteínas motoras. Esto ocurre con miosina 7a y con muchas otras proteínas de nuestro organismo.

3. ¿CÓMO DE ACCESIBLES SON LAS CÉLULAS QUE HAY QUE MODIFICAR GENÉTICAMENTE? Otro hándicap que superar. No es lo mismo liberar los vectores virales en las células de la piel o en la sangre, por ejemplo, que en un grupo de neuronas concreto en el cerebro.

4. ¿TIENE EL VECTOR VIRAL QUE VOY A EMPLEAR SUFICIENTE CAPACIDAD INFECCIOSA COMO PARA ACCEDER A LA CÉLULA DIANA? El conocimiento de la infectividad de los diferentes vectores virales que se pueden emplear y

qué tipo celular es más susceptible de ser infectado por cada uno de ellos, es una parte importante del desarrollo científico esta tecnología.

5. ¿CUÁL ES LA EFICACIA DEL GEN INTRODUCIDO Y QUÉ RESPUESTA TENDRÁ EL ÓRGANO O TEJIDO HOSPEDADOR A ESTE NUEVO GEN? Este es uno de los mayores problemas a los que se enfrenta este tipo de terapia. La tecnología CRISPR-Cas ha resuelto una parte importante de estas cuestiones, ya que ha permitido lograr un éxito indiscutible en la eficacia de la modificación genética, pero sigue habiendo muchas incógnitas alrededor de la respuesta celular a la introducción de la modificación genética a largo plazo.

VECTORES VIRALES

Haciendo un repaso por los vectores virales que se pueden emplear, hay que saber que un buen vector, aparte de permitir la inserción de material genético, también debe:

— Reconocer y actuar sobre la célula en la que nos interesa introducir un gen
— Ser capaz de regular la expresión del gen terapéutico
— No contener elementos que puedan inducir una respuesta inmune
— Ser inocuo o que los efectos secundarios que pueda producir en un organismo sean mínimos.

Entre los tipos de vectores virales más empleados que cumplen estas características mínimas están los retrovirus, los adenovirus y los virus adenoasociados.

RETROVIRUS: Familia de virus que usan ARN como material genético y que cuando infecta una célula, provoca que se haga una copia de ADN de su genoma que es la que se inserta en el ADN de la célula huésped. Hay retrovirus que causan diferentes enfermedades humanas, como algunas formas de cáncer y el SIDA. Una de las limitaciones de los retrovirus es que solo se integran en células con capacidad de división, así que se restringe bastante su uso.

ADENOVIRUS: Son una familia muy amplia y también muy contagiosa que puede infectar a humanos y a otros animales. Son virus de ADN bicatenario (doble cadena) que pueden provocar enfermedades diversas como infecciones en las vías respiratorias, conjuntivitis y gastroenteritis, entre otras. Debido a esta alta infectividad tienen la ventaja de que se pueden emplear para transformar distintos tipos celulares y tejidos, una vez eliminada en el laboratorio su capacidad de multiplicación.

VIRUS ADENOASOCIADOS: Son virus de ADN monocatenarios (una sola cadena) que para reproducirse en la célula diana necesitan la presencia de un virus auxiliar (ya sea un adenovirus o un herpesvirus). Son seguros para su uso en terapia génica porque se emplean de forma individualizada, sin la coinfección con el virus auxiliar. Además, son de los más ampliamente utilizados porque no suelen generar respuesta inmune en el paciente (ya que no causan enfermedades conocidas) y además se pueden expresar a largo plazo en células que no se dividen. Son los que más se emplean en terapia génica para el tratamiento de patologías visuales.

LA TERAPIA GÉNICA COMO HERRAMIENTA PARA EL TRATAMIENTO DE PATOLOGÍAS OCULARES

El ojo es un órgano que se presenta como una diana terapéutica accesible para el tratamiento con terapia génica (con o sin el empleo de la tecnología CRISPR-Cas), ya que está aislado y es una de las pocas áreas de nuestro organismo que presenta privilegio inmune, es decir, que la respuesta inmune inflamatoria normal del organismo se encuentra limitada en este lugar. Se considera que este privilegio tiene como objeto proteger al ojo (y por tanto a nuestra visión) del daño que podría producirse por la inflamación y el aumento de la temperatura asociados a la respuesta inmune normal que sí ocurre en otros tejidos. Esta «ventaja» hace del ojo un lugar excelente para ciertos tipos de investigación y terapia. Por ejemplo, permite la implantación de células madre u otros tipos de células que puedan ayudar en la regeneración o reparación de tejido dañado y realizar trasplantes que en otros órganos suponen riesgo grande de rechazo, ya que este «privilegio» hace que se minimicen las probabilidades de rechazo.

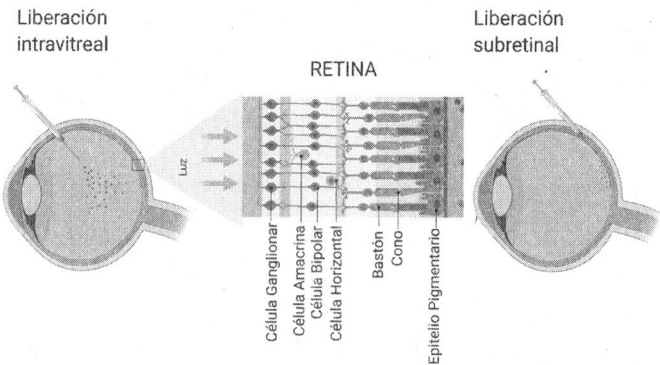

Métodos de liberación de los vectores virales en el ojo: liberación intravitreal, en el vítreo; subretinal, en el espacio entre los fotorreceptores y el epitelio pigmentario. En el esquema se muestran además las capas en las que se organizan las células de la retina. Las células fotorreceptoras de la retina humana son los conos y los bastones.

Todas estas ventajas, sumadas al hecho de que ya se hayan identificado muchos de los genes cuyas mutaciones causan problemas visuales graves, han permitido que la terapia génica sea una realidad en el tratamiento de varios tipos de patologías visuales. Para la liberación de los vectores virales conteniendo la secuencia génica se usan dos estrategias: mediante inyecciones intravitreales (en el vítreo), de forma que los vectores tienen más posibilidades de infectar las células más internas de la retina, las que llevan la información al cerebro (células ganglionares); o en la zona donde se encuentran los fotorreceptores (conos y bastones) y las células del epitelio pigmentario, lo que se denomina la zona subretinal. Ya que estas células son las que están afectadas mayoritariamente en las distrofias graves de retina como la Amaurosis Congénita de Leber o la Retinosis Pigmentaria, son las intervenciones en esta zona subretinal las que tienen más posibilidades de tener éxito.

Uno de los ejemplos más exitosos en la clínica ha sido el del tratamiento de una de las patologías raras de retina, un tipo de Amaurosis Congénita de Leber. Esta ceguera congénita se debe a mutaciones en hasta 13 genes diferentes (conocidos hasta la fecha) y que afecta aproximadamente a 1 de cada 80.000 individuos. Los bebés nacen ya con una discapacidad visual importante o comienza a ser aparente a los pocos meses de vida. Hay que recordar aquí que, para el éxito de la medicina personalizada, sobre todo en patologías causadas por mutaciones concretas, como es el caso, es importante conocer qué gen está mutado en estos bebés que nacen con problemas visuales graves. Uno de los genes afectados causantes de esta ceguera es *RPE65*, que codifica una proteína que interviene en el reciclaje de los pigmentos visuales que participan en la visión. Esta proteína solo se expresa en un tipo de célula de la retina, el epitelio pigmentario (que se llama así porque contiene granos de melanina, importantes para absorber el exceso de luz que llega a nuestra retina). El hecho de que solo se exprese en estas células se plantea como una «ventaja» a la hora de tratar de implantar el gen que sintetice la proteína RPE65 funcional, ya que es menos probable que otras células de la retina puedan resultar afectadas en el proceso de implantación.

EL CASO DE LANCELOT

Este tipo de ceguera causada por mutaciones en *RPE65* es también frecuente en perros. Esto llevó a un grupo de investigadores de la Universidad de Pensilvania allá por el año 2001 a probar la tecnología que por aquel entonces estaba en expansión, la terapia génica, en estos animales. El primero de estos perros ciegos en probarla fue *Lancelot*, que gracias a la inyección de un virus adenoasociado que contenía la secuencia génica de *RPE65*, pasó en pocas semanas de no ser capaz de intuir siquiera por dónde le venía el *frisbee*, a saltar y capturarlo al vuelo. En aquel momento fue todo un éxito.

Los buenos resultados en los numerosos experimentos llevados a cabo con perros con el mismo tipo de mutación llevaron finalmente a probar esta tecnología en ensayos clínicos en humanos. Los resultados fueron igualmente exitosos, ya que a las pocas semanas de la intervención, los pacientes eran capaces de sortear obstáculos con una destreza impensable antes de la terapia. Hay que tener en cuenta que la visión de estas personas no se recupera por completo, no puede ser de la misma calidad que alguien que tiene su retina intacta, pero sí les permite deambular libremente ya que son capaces de reconocer obstáculos cercanos y objetos que se mueven a su alrededor. Esto ha llevado al nacimiento de Luxturna, un medicamento reconocido por la FDA (Administración de Alimentos y Medicamentos de los Estados Unidos) consistente en la intervención con terapia génica del gen RPE65 para este tipo en particular de Amaurosis Congénita de Leber. En junio de 2021 se empleó esta terapia por primera vez en España en una niña de 12 años con Amaurosis Congénita de Leber a causa de una mutación en RPE65, consiguiendo frenar la degeneración de su retina e incluso consiguiendo una mejoría en su capacidad visual. Medicina personalizada pura y dura.

El privilegio inmune de la retina antes mencionado permite aventurarse a realizar ensayos terapéuticos más arriesgados en ella. Además, ocurre algo curioso, y es que cuando se produce la degeneración de los fotorre ceptores en una ceguera, las neuronas denominadas «de segundo orden», que son las que reciben la información que los fotorreceptores han elaborado, siguen funcionando durante un tiempo prolongado después de su pérdida. Esta cualidad de la retina ha permitido realizar ensayos avanzados para aprovechar la funcionalidad relativa de estas células tan resistentes a un entorno hostil y restaurar cierta capacidad visual. Una de estas tecnologías avanzadas es la optogenética.

LA OPTOGENÉTICA COMO POSIBILIDAD TERAPÉUTICA

De forma resumida, la optogenética consiste en introducir información genética en una célula para que sintetice una proteína que responde a la luz y poder activar (o inhibir) la actividad de esa célula mediante el empleo de impulsos de luz de una longitud de onda concreta. Los genes de las opsinas que se están empleando en la actualidad provienen principalmente de algas unicelulares, que usan estas proteínas para controlar su movimiento en respuesta a la luz (fototaxis). Esta técnica, desarrollada por Karl Deisseroth y Ed Boyden, revolucionó hace unos años la forma de estudiar el cerebro, ya que es un sistema ideal para manipular de forma específica la actividad de un grupo concreto de neuronas. Fue tan revolucionaria en su momento, que entre los años 2010 y 2014 acaparó todas las portadas de las revistas científicas más prestigiosas, siendo elegida el método estrella del año 2010 por *Nature Methods*. El inconveniente principal de tratar neuronas del cerebro con esta tecnología es su poca accesibilidad, ya que hay que inyectar el vector viral que contiene la secuencia de la opsina en la zona específica donde queremos que se transfiera. Además, hay que hacer llegar la luz a esa zona del cerebro, por lo que es imprescindible el uso de fibra óptica acoplada al cráneo...algo bastante incómodo y perturbador al mismo tiempo. Por eso, en este sentido, la retina es idónea, ya que la luz le llega de forma natural en condiciones normales gracias a la transparencia de la córnea y el cristalino. De esta forma no haría falta acoplar dispositivos aparatosos para hacer que la luz, de cualquier longitud de onda, llegue hasta ella. Además, la retina es más accesible que el encéfalo para realizar inyecciones precisas en una zona concreta, ya que este tipo de procedimientos se realiza de forma rutinaria en la clínica para otras intervenciones. Hablando de ventajas, la optogenética presenta una clara y sustancial frente a la terapia génica, y es que como no pretende restaurar la función de un gen concreto, no hace falta conocer qué gen tiene mutado el paciente. Entonces, ¿cómo funciona? Lo que se pretende es, mediante una inyección de vectores virales, introducir el gen para estas opsinas en las células de segundo orden remanentes pero que están inactivas, con el fin de que cuando les llegue la longitud de onda adecuada, funcionen como «fotorreceptores artificiales» obligados. Hoy en día ya se han realizado numerosos ensayos con esta técnica con resultados exitosos en modelos animales con déficit visual, sobre todo en ratones que presentan otro tipo de ceguera considerada también enfermedad rara, la Retinosis Pigmentaria. De hecho, en el momento en el que se publicó este libro, se estaban realizando varios ensayos clínicos en personas con esta patología empleando optogenética. De momento solo hemos conocido el caso de un paciente de uno de estos ensayos que, tras 40 años sin ver, recuperó parcialmente la visión, una noticia que dio la vuelta al mundo en mayo de 2021. Hay que ser cautelosos con estos resultados y cómo los interpretamos, ya que hay que tener en cuenta que estas personas, al carecer de fotorreceptores funcionales (las células que reciben en condiciones normales la información luminosa), no pueden recuperar completamente su visión. De hecho, estas personas tienen que aprender cómo descifrar la información que reciben de las células modificadas con optogenética, una vez que éstas han sido estimuladas por el tipo de luz que filtran las gafas diseñadas para ello. Como aún no hay suficientes resultados para poder evaluar su eficacia en la recuperación de la visión en humanos, creo que lo mejor será no especular demasiado y esperar a que la investigación y el desarrollo de la tecnología hablen por sí solos.

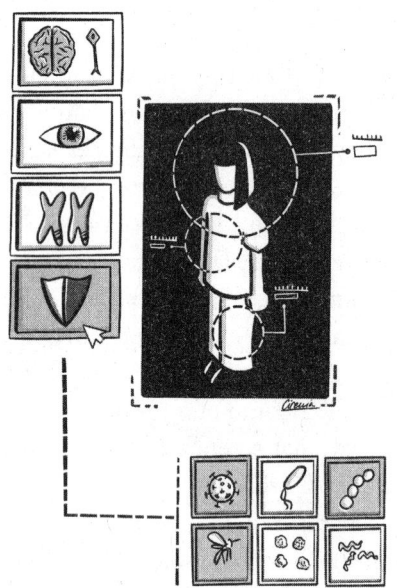

12.

CUANDO EL FUTURO NOS ALCANZÓ

IGNACIO CRESPO PITA

«El aspecto más triste de la vida actual es que la ciencia gana en conocimiento más rápidamente que la sociedad en sabiduría».

Pasado, presente y futuro, Isaac Asimov

Aquellos aplausos lo eran a regañadientes. Las palmas chocaban frenéticamente, sonaban a través del aire de la sala, lo tenían todo salvo la intención. Los asistentes estaban palmoteando con el desapasionamiento de un autómata, movidos por una mezcla de convención e incomodidad. Aplaudían en realidad al espíritu de un tiempo futuro que acababa de asomar sus premonitorias zarpas, una distopía que había irrumpido de improviso en nuestro presente y que ahora atravesaba el escenario con su maletín de cuero.

Su nombre era He Jiankui y había «creado» los dos primeros bebés editados genéticamente.

El 24 de noviembre de 2018, tan solo dos días antes, el *MIT Technology Review* había publicado una exclusiva muy difícil de creer. En ella hablaba de un científico que acababa de engendrar mediante técnicas de biotecnología a dos seres humanos resistentes al virus del SIDA. La noticia prendió las redes como si fueran hojarasca y el fuego se extendió en cuestión de minutos, fraguando información y desinformación a partes iguales. El incendio mediático se avivó todavía más cuando, el 25 de noviembre, He publicó una serie de vídeos en los que salía él mismo presentando su obra al mundo. Había pasado del anonimato a abrir los telediarios de medio planeta y, aun así, su verdadera fama todavía estaba por llegar.

He Jiankui durante la rueda de preguntas de la 2ª Cumbre Internacional sobre la Edición del Genoma Humano rodeado por Robin Lovell-Badge (izquierda) y Matthew Porteus (derecha).

Los aplausos cejaron. Era 26 de noviembre y aunque los carteles de la sala hablaban dc la 2ª Cumbre Internacional sobre Edición Genética en Humanos, He sabía que estaba a punto de someterse a un jurado popular de proporciones mundiales y que en breves minutos tendría que encajar las afiladas preguntas de la prensa. Aunque, a decir verdad, el veredicto de aquel juicio ya estaba decidido. Desde la publicación dcl MIT hasta entonces, los medios habían pasado por una metamorfosis completa. Las primeras portadas fueron casi de júbilo, sobre todo en China, pero a medida que iban tomando protagonismo los verdaderos expertos, los titulares se empezaron a oscurecer hasta volverse condenas.

Tres días después de la conferencia, las autoridades chinas suspendieron las investigaciones de He; el 21 de enero de 2019 fue despedido de la universidad donde era profesor (SUSTech) y el 30 de diciembre del mismo año fue oficialmente sentenciado a cumplir tres años de prisión y pagar una multa de 3 millones de yuanes (383.552 euros). A ojos de la humanidad, el buen doctor se había consolidado como todo un villano, pero ¿realmente lo merecía?

¿ADELANTADO A SU TIEMPO U OPORTUNISTA?

¿Es este un trato justo para los pioneros? A primera vista puede parecer una pena desproporcionada para quien solo trataba de mejorar la vida de los demás. ¿Qué crimen puede haber en hacer a dos niñas resistentes al VIH? No es la primera vez que renegamos del progreso, de hecho, conocemos como «efecto Semmelweis» a la suerte de reacción refleja por la cual los científicos rechazan las nuevas evidencias cuando contradicen el consenso. Visto así todo parece muy claro y podemos acusar tranquilamente a la comunidad científica de dogmática, reaccionaria e incluso mojigata. Pero lo cierto es que la situación es muchísimo más compleja de lo que parece y las implicaciones del trabajo de He van más allá de lo que la prensa ha expuesto.

Hace unos años, no tener una casa propia se veía como un fracaso, ahora que las propiedades son un lujo juraría que el nuevo marcador de éxito es tener una opinión y quien no la tiene es un «parguela». Tan pronto como emerge una polémica las opiniones surgen como setas en cuestión de una fracción de segundo. Por primera vez en la historia, la gente parece teclear más rápido de lo que es capaz de leer y no hay tema demasiado complejo para los avezados internautas. Aquello que a lo largo de la historia ha traído de cabeza a decenas de grandes mentes, puede ahora despacharse con la rotundidad de un solo tuit. Esta entrañable costumbre de opinar antes que decir «buenos días» ha hecho las delicias de jóvenes y ancianos, pero por desgracia, tendremos que suspender nuestra opinión durante los próximos párrafos, porque vamos a intentar algo arriesgado e innovador: analizar el problema antes de afiliarnos a una causa.

Cuando nos permitimos bucear un poco en el trabajo de He, encontramos que hay cuatro puntos especialmente conflictivos. Uno es, evidentemente, el concepto de editar genéticamente a seres humanos, pero lo cierto es que hay otros tres igual de importantes que se agotan antes de llegar a la ética. Tres puntos eminentemente metodológicos que son: la enfermedad que He quería prevenir, el gen que editó para ello y la técnica que decidió seguir.

CRÓNICA DE UNA NEGLIGENCIA ANUNCIADA

Cuando se filtró la investigación de He Jiankui el sentimiento mayoritario no fue de sorpresa, sino de indignación. Los expertos estaban al corriente de la laxísima legislación de algunos países en temas de investigación biomédica. Siendo tan baratas y sencillas las herramientas CRISPR y habiendo tantos países donde la investigación apenas se regula, la pregunta no era si alguno se atrevería a editar embriones humanos e implantarlos, sino cuándo ocurriría.

De hecho, ni siquiera fue sorprendente que el escándalo surgiera en China. La producción científica del país es muy voluminosa, lo cual, sumado a su atípica percepción de la ética investigadora y a su menor regulación legislativa, hacían de China una bomba de relojería perfecta. El tiempo parece haberles dado la razón, aunque, según indicaron los tribunales, He llegó a violar leyes chinas. Afortunadamente, el país anunció medio año después de la polémica que endurecería sus leyes sobre edición genética para evitar que estas cosas se repitieran en un futuro.

EL VIRUS MÁS MEDIÁTICO (O CASI)

Sin duda alguna el SARS-CoV-2 ha sido verdaderamente asolador y no será sencillo de olvidar. Es difícil transportarnos mentalmente al año 2060, pero hay una predicción que me atrevería a hacer, y es que las historias sobre la pandemia de la COVID-19 seguirán resonando en la sociedad. Los difuntos, la nueva normalidad o la guerra de las vacunas son narrativas con garra y si me aventuro a anticipar esto es porque, a pesar de lo que pueda parecer por la sobresaturación mediática, en la historia han existido más pandemias que la de la COVID-19 y su recuerdo no se suele esfumar como los propósitos de Año Nuevo.

En 1981 la humanidad detectó los cinco casos fundacionales de una de las pandemias más graves de la historia moderna. Desde que fue bautizado como «cáncer lila» hasta nuestros días, ha dejado a su paso millones de muertos y decenas de millones de infectados de por vida, aunque posiblemente te suene más si le llamamos por su nombre actual: síndrome de la inmunodeficiencia adquirida (SIDA). Desde nuestro cómodo etnocentrismo es probable que estemos asintiendo, recordando el pico de contagios de 1996 y creyendo que ahora los infectados son algo casi anecdótico.

Por desgracia, la realidad es bien distinta, y a decir verdad la pandemia que identificamos en 1981 todavía no ha terminado. Desde 2010 hasta 2020, Asia Central experimentó un aumento de nuevos casos del 72%. Dicho de otro modo: por cada 100 infecciones que ocurrieron allí entre 2000 y 2010, en la década siguiente hubo 172. Y hay más, porque si bien los fármacos antirretrovirales han demostrado ser increíblemente eficaces normalizando la vida de las personas infectadas, sabemos que no todos los afectados están bajo tratamiento. Entre los niños la cifra es especialmente alarmante y se estima que en Asia Meridional solo un 76% de ellos reciben cobertura farmacológica, un número que baja a tan solo el 50% en Asia Oriental.

La mayoría de estos infantes nacen con VIH (virus de la inmunodeficiencia humana), habiendo sido infectados por sus progenitores durante la gestación, el parto o la lactancia. Se calcula que todavía ocurren 160.000 casos anuales de infección congénita por VIH y, en parte, se debe a que un

15% de los embarazos del mundo no pasan por las pruebas diagnósticas pertinentes. China es un caso paradigmático del mal acceso al sistema sanitario, en gran medida debido al uso de falsas terapias de la medicina tradicional china, así como al amplio porcentaje de población rural del país (39,7% frente al 19,5% de España).

Los objetivos del milenio no se cumplieron en 2015 y lo que para algunos puede parecer una enfermedad «retro» sigue siendo, como vemos, uno de los grandes problemas sanitarios de nuestro siglo. Hace falta un cambio, y no pasa necesariamente por mejorar los antirretrovirales, porque su eficacia ya es muy alta. Tal vez, lo que necesitemos, sea algún método de prevención alternativo que llegue mejor a todo el mundo, en especial a los nonatos. Así es precisamente como defiende He Jiankui la pertinencia de su trabajo.

Su defensa se sustenta en que el VIH sigue siendo un problema de primer nivel en muchas poblaciones rurales de China, su país. Los antirretrovirales han de administrarse continuamente (modificando las pautas terapéuticas a medida que se seleccionan variantes resistentes) para evitar que los infectados sean vectores de contagio, pero ¿y si pudiéramos crear una inmunidad de por vida? No existe tal cosa como una vacuna y tampoco se la espera en un futuro próximo, por lo que había que pensar fuera de la caja, encontrar una alternativa capaz de proteger a la población y He encontró la respuesta en la edición genética. Si se conseguía editar embriones humanos para hacerlos resistentes al virus del SIDA, estos acabarían dando lugar a humanos teóricamente inmunes.

Sin embargo, ya en este punto se presenta un gran problema. ¿Acaso sería más accesible la edición genética que los antirretrovirales? Parece imposible logística y económicamente editar a toda una generación, en especial de un país tan rural en el que la simple distribución de medicamentos ya es toda una odisea. Una alternativa sería pensar que, en realidad, no es necesario editar cada embrión, sino a unos cuantos y esperar a que su mutación fuera propagándose generación tras generación. Claro que esto tiene varios problemas: en primer lugar, la lentitud del proceso, que requeriría de una cantidad obscena de siglos para consolidarse, la segunda sería que incluso así haría falta editar muchísimos embriones para tener alguna posibilidad de que la «mejora» se fuera extendiendo y, aun en las mejores condiciones, no sería prudente esperar una cobertura total.

Hay algo que, por lo tanto, se presenta de forma bastante clara, y es que habiendo otras alternativas menos ficticias, la edición genética no parece la mejor manera de abordar la pandemia de VIH, ni con urgencia ni sin ella.

UNA MUTACIÓN ENGAÑOSAMENTE LIMPIA

El siguiente punto de nuestra historia lo encontramos en 2008, cuando medio mundo conoció a Timothy Ray Brown: el «paciente de Berlín». Timothy había sido diagnosticado de infección por VIH en 1995 y tras 11 años de terapia antirretroviral, a esto se sumó un tipo de cáncer llamado leucemia mieloide aguda. Esta enfermedad se inicia en la médula ósea, la parte interna de nuestros huesos encargada de producir las células que componen nuestra sangre. Ante este panorama, sus doctores decidieron probar un tratamiento absolutamente innovador.

Era sabido que para que el virus del SIDA entre en nuestras células, estas tienen que mostrar en su superficie, además de un receptor llamado CD4, una molécula correceptora llamada CCR5. Para entenderlo, las proteínas del virus reconocen CD4 y CCR5 como si fueran una llave y una cerradura. Sin CCR5 en las células, la mayoría de los tipos del virus del SIDA simplemente no pueden entrar en ellas. A esto hemos de añadirle un segundo dato clave, y es que algunas personas parecen tener alterada la información genética necesaria para producir CCR5, lo cual modifica la estructura del receptor impidiendo que el virus lo reconozca y haciendo a su portador inmune al VIH. La mutación Delta 32, que así se llama, consiste en la pérdida (deleción si somos finos) de parte de un único gen (96 nucleótidos, que al expresarse darían lugar a 32 aminoácidos). Claro que, como ya hemos dicho en otros capítulos, nuestro ADN tiene casi todo por duplicado, por lo que para que no se exprese correctamente el CCR5, han de estar mutados ambos genes, y más allá de la teoría, parece haber humanos con esta particularidad. Los individuos con esta mutación son especialmente frecuentes en Europa, sobre todo a medida que viajamos hacia el norte, donde llegan a representar el 18% de la población.

Sabiendo todo esto, los médicos de Timothy plantearon un arriesgado abordaje terapéutico. No solo le trasplantaron células madre hematopoyéticas (productoras de «sangre»), sino que buscaron un donante que poseyera la dichosa mutación Delta 32 por duplicado. La idea era que el trasplante empezara a producir nuevas células sanguíneas en Timothy con CCR5 deformado, confiriéndole inmunidad y «expulsando» al VIH de su cuerpo. Tras dos trasplantes y habiéndole retirado la medicación antirretroviral, el paciente de Berlín se convirtió en el primer ser humano en curarse de una infección de VIH. O, al menos, consiguió mantener la carga viral indetectable hasta el mismo día de su muerte, el 30 de septiembre de 2020.

Trasplantar a toda la humanidad es una idea demencial, pero sabiendo ahora que estamos poniendo sobre la mesa la edición genética, CCR5-Delta 32 se convierte en un objetivo bastante interesante para el plan de He. Una sola deleción en ambos alelos y podríamos obtener embriones inmunes. Parece limpio y bastante garantista teniendo en cuenta que después del paciente de Berlín vino el de Londres que, por causas distintas pero tras otro trasplante de células madre hematopoyéticas con la mutación Delta 32, se convirtió en el segundo sujeto en superar una infección de VIH. Pero ¿es realmente tan buena idea? No han faltado voces críticas con esta propuesta de He, de hecho, se han dado argumentos de todo tipo. Por un lado, hay una corriente extremadamente cautelosa que sugiere que la extraña distribución geográfica de la mutación podría no ser pura casualidad.

Existen otras mutaciones, como la que da origen a la anemia falciforme, que se distribuye sobre todo entre poblaciones mediterráneas y tropicales. Quienes la poseen se vuelven resistentes a la malaria, un parásito típico de estas regiones que es incapaz de invadir los glóbulos rojos deformados por la anemia. Sin embargo, no todo es jauja y a su vez, esa misma deformación puede propiciar la muerte de tejidos óseos, la pérdida de visión, un retraso en el crecimiento e incluso otras infecciones. La mutación de la anemia falciforme, por lo tanto, es más frecuente en algunos lugares del planeta porque son los únicos donde sus pros superan a sus contras. De este modo, cabría la posibilidad de que, a diferencia de lo que ocurre en el norte de Europa, la mutación Delta 32 tuviera consecuencias especialmente dañinas en las poblaciones de Asia, explicando su atipicidad.

Pero hay mucho más que especulaciones pertinentes, porque sabemos que CCR5 está implicado en más procesos que abrirle la puerta de nuestras células al VIH. Es más, si lo producimos es para nuestro beneficio, aunque el virus decida aprovecharse de ello. Aparte de su relevancia para el correcto funcionamiento de la respuesta inmunitaria, CCR5 parece estar implicado en el neurodesarrollo, la memoria y su ausencia parece propiciar complicaciones graves en las infecciones por los virus de la influenza (causantes de las gripes). De repente, introducir una deleción en CCR5 no parece una solución tan limpia como aparentaba.

MOSAICOS Y MALA PUNTERÍA

En cualquier caso, He ya había elegido la enfermedad que trataría de erradicar y tenía claro qué debía hacer para conseguirlo. Le faltaba, no obstante, un último punto: el cómo. Por suerte para él (y para la consistencia de este libro), la edición genética con CRISPR-Cas9 llevaba años en boga y era *vox populi* que resultaba más rápida, barata y sencilla que TALEN, los dedos de cinc y el resto de las técnicas anteriores. Como ya se ha dicho en otros capítulos, CRISPR se había revelado como una suerte de santo grial de la edición genética. Gracias a esta metodología se habían conseguido resultados impresionantes editando bacterias, vegetales y otros seres vivos; de hecho, se estaba experimentando en humanos adultos e incluso en embriones que no se llegarían a implantar. El siguiente paso de la biotecnología estaba claro para He, y protagonizarlo estaba en su mano.

Es más, precisamente su precio y «velocidad» hacían de CRISPR la herramienta idónea si lo que He pretendía era terminar escalando la edición genética de embriones hasta conseguir una población inmune al VIH. Todo parece encajar a la perfección con tal finura que resulta sospechoso. Rara es la técnica que sea realmente infalible y para nuestra sorpresa, CRISPR no es una de ellas. Para comprenderla hay que delimitar tanto sus luces como sus sombras y eso supone hablar de quimeras y mosaicos.

Mosaico de una quimera en el que ninguno de los dos términos tiene que ver con su significado en genética. Tan solo se trata de un mosaico de Bellerophon matando una quimera.

La RAE define una quimera con tres acepciones diferentes: un ser mitológico, imaginar algo irrealizable o bien una contienda. No obstante, omite una cuarta definición que cae en el dominio de la genética. Como ya comentamos en el capítulo 7, una quimera puede ser aquel organismo formado por la fusión de dos cigotos diferentes. Dicho con otras palabras: imagina una pareja de óvulos fecundados cada uno por un espermatozoide y ahora arrejúntalos formando un mismo racimo de células. Ese embrión resultante padecerá quimerismo y, cuando madure, posiblemente parte de sus células tendrán un ADN y el resto otro diferente, como si fueran dos individuos fusionados en el mismo cuerpo (y en cierto modo lo son).

A poco que lo pensemos, entenderemos que el quimerismo comporta algunos problemas serios. Cada individuo, y, por lo tanto, cada población de células de un organismo quimérico tendrá genes diferentes, y entre ellos se encuentran los pertenecientes al sistema HLA, que producirán las proteínas que permitirán a nuestro sistema inmunitario reconocernos a nosotros mismos y evitar que nos ataquemos. No obstante, si algunas de las células poseen un HLA determinado y el resto expresan otro diferente, el sistema inmunitario puede acabar confundiéndose, atacándose a sí mismo y desarrollando, entre otras patologías, enfermedades autoinmunes.

Ciertamente no es esperable que ocurra un quimerismo durante el uso de técnicas CRISPR, pero, y esta es la clave: existen otras formas de obtener el mismo resultado, organismos con dos o más poblaciones de células genéticamente diferentes. Estamos hablando de mosaicismo y para entenderlo hemos de recordar que, cuando se aplica CRISPR, este actúa independientemente sobre cada célula del embrión. Como ya se ha indicado en otros capítulos, CRISPR-Cas9 corta el ADN en lugares con una secuencia de «letras» concreta que nosotros le hemos indicado antes. Sin embargo, como el ADN tiene formas de repararse a sí mismo, es posible que algunas de estas modificaciones no ocurran como esperábamos.

Cuando se edita un embrión, por pequeño que sea, tendrá más de una célula y teniendo en cuenta este factor azaroso, estas pueden presentar diferencias significativas entre sí. Cada una de las células se irá dividiendo durante el desarrollo embrionario, dando lugar a diferentes regiones del organismo adulto. El resultado es similar al del quimerismo y por lo tanto, sus consecuencias también son análogas.

El otro gran riesgo que destacar aquí son los *off-target*, mutaciones producidas por CRISPR en lugares del ADN que no queríamos editar. Acabamos de decir que tenemos que indicar la secuencia de «letras» en el ADN donde queremos que corte la famosa proteína Cas. La idea es que esta secuencia sea tan específica como podamos, para que no exista en todo el ADN otro lugar con la misma combinación que pueda verse afectado por CRISPR. Esto es una mutación *off-target* y evitarlas con total certeza no es tan fácil como puede parecer. Entre otras cosas, la complejidad se encuentra en que las proteínas Cas no son perfectas, y a veces cortan en lugares «parecidos» a los que les hemos indicado, aunque no coincidan todas las «letras». Utilizar proteínas Cas más específicas y secuencias infrecuentes son formas de evitar estos *off-target*, pero incluso en condiciones ideales es frecuente que ocurran.

En el laboratorio pueden sortearse estos problemas de formas relativamente sencillas. Tras editar un buen número de ratones o vegetales, siempre se pueden descartar aquellos que no hayan salido «bien». Otra opción consiste en ir cruzando los mutantes obtenidos para aislar en sus descendientes solo los cambios que realmente nos interesan. No obstante, ninguna de estas cosas es ética en la edición de seres humanos que pretendamos llevar a término.

Hay que entender que, en la actualidad, para analizar el genoma de una célula necesitamos «destruirla». Teniendo esto en cuenta, nunca podremos analizar todas las células de un embrión para asegurarnos de que cada una de ellas sea correcta ya que, si lo hiciéramos, no quedará ninguna célula «viva», el embrión habría muerto. Como mucho, se pueden secuenciar unas cuantas células y asumir que el resto haya sufrido cambios parecidos, pero en estos casos estamos confiando en una técnica puramente inductiva. Dicho de otro modo, solo podemos conocer el éxito de la técnica de forma probable y, por si fuera poco, se trata de una estadística poco fiable ya que no podrán ser secuenciadas demasiadas células sin comprometer al embrión.

Sabiendo que algunas de estas mutaciones *off-target* podrían ser mortales, la idea de emplear la tecnología CRISPR actual parece, como poco, temeraria. De hecho, estos cabos sueltos son parte de los motivos por los que, tras la primera Cumbre Internacional sobre Edición Genética en Humanos, en 2015, los organizadores del evento publicaron un comunicado unánime acordando que editar genéticamente bebés era una irresponsabilidad flagrante hasta que existiera una técnica suficientemente segura. No deja de ser irónico que fuera en la segunda edición de este mismo congreso donde He pretendía revelar su *magnum opus* al mundo. Una obra que, a razón de lo expuesto, parecía haber elegido malamente la enfermedad a tratar, el gen para hacerlo y la técnica empleada.

CUATRO PRINCIPIOS

A lo largo de este capítulo hemos recorrido los tres principales problemas técnicos del proyecto de He, pero como

El fiscal Ralph Gerhart Albrecht hablando al tribunal
durante los juicios de Núremberg en 1945.

dijimos al principio, a ellos se suman una serie de consideraciones éticas que nos permiten juzgar su pertinencia. A fin de cuentas, lo que hemos dicho hasta ahora es que las elecciones de He fueron arriesgadas, pero ¿es eso necesariamente malo? Para dar respuesta tendremos que entender la diferencia entre dos ramas de la ética.

La ética aplicada (concretamente la bioética) examinará desde un punto de vista moral cuestiones particulares tanto de la vida privada como de la pública, ocupándose de debates tan mediáticos como la eutanasia, el aborto o la edición genética. Para ello, la bioética se valdrá a su vez de la ética normativa, la cual trata de delinear de forma abstracta lo que las personas tendrían que considerar como bueno o malo, debido o indebido, valioso o falto de valor. Ambas se relacionan, pero no son lo mismo y su interacción hace del debate algo mucho más complejo de lo que aquí podremos abordar.

Hay quien sitúa los albores de la bioética en el siglo v a.C., señalando al Juramento Hipocrático como el elemento fundacional de la disciplina. Tal vez sea demasiado aventurado considerar como representante de la bioética un texto así, en especial en un momento en que la propia ética estaba aún empezando a definirse entre el relativismo de los sofistas y el intelectualismo moral de Sócrates. Una fecha más acertada para situar el nacimiento de la bioética sería a mediados del siglo pasado.

Dijo Adorno que después de Auschwitz ya no era posible escribir poesía, una frase más filológica que filosófica, pero cautivadora, y que nos transporta al sentir popular que había cuando la humanidad dio a luz a la bioética. Buena parte de las atrocidades nazis habían tenido lugar bajo el supuesto amparo del «progreso». Los estudios con gemelos, enfriar a los presos hasta la hipotermia para determinar cuánto tardaban en morir o la esterilización forzada se habían hecho «por el bien de la ciencia» y eso solo podía significar una cosa: la ciencia necesitaba límites.

Entre 1945 y 1946 tuvieron lugar los famosos juicios de Núremberg, los cuales pasaron por los tribunales a una parte de los altos cargos nazis y a los científicos que Estados Unidos no quiso reclutar para su operación Paperclip. A partir de estos juicios, en 1947 pudo publicarse el código de Núremberg, un decálogo que busca definir lo que es legítimo en investigación médica. Mal que nos pese, los crímenes nazis fueron solo la gota política que colmó un vaso que ya venía lleno de antes. A poco que escarbemos en los documentos anteriores a la Segunda Guerra Mundial podremos encontrar un pavoroso libertinaje en los estudios científicos de cualquier país.

RESUMEN DEL CÓDIGO DE NÚREMBERG

1. Es esencial que la persona implicada en un tratamiento o investigación preste libremente su consentimiento conociendo los riesgos y beneficios del procedimiento al que se va a someter.
2. El experimento debe justificarse en un beneficio social y sus métodos deben ser estrictamente necesarios.
3. Un experimento en humanos requerirá que se haya probado previamente en animales y que se conozca en detalle el problema a tratar.
4. Debe excluirse del diseño experimental cualquier sufrimiento físico o mental innecesario.
5. No deberá realizarse un experimento si se presenta

como teóricamente probable que el sujeto sufra daños provocados.

6. No se debe asumir un riesgo superior al beneficio potencial que pueda proporcionar el experimento.
7. La preparación y las instalaciones han de ser tan seguras como sea posible para el sujeto de estudio.
8. Los investigadores deberán ser personal con formación científica y experiencia en la realización de estos estudios.
9. El sujeto de investigación es libre de abandonar el estudio si se siente incapaz de continuarlo.
10. El científico responsable deberá estar vigilante para detener en experimento cuando crea que continuarlo puede violar alguno de los puntos previos.

Durante los años siguientes se intentaría reducir este decálogo a un compendio de principios algo más sintético. De hecho, pasamos por varias propuestas hasta que, en 1979, Tom L. Beauchamp y James F. Childress propusieron los cuatro principios fundamentales de la bioética que han sobrevivido hasta nuestro tiempo. En su libro *Principios de la ética biomédica* hablaban de: no maleficencia, beneficencia, autonomía y justicia, y tres de ellos serán quienes nos permitan juzgar el trabajo de He.

La no maleficencia es un principio heredero del *primum non nocere* de Hipócrates o, dicho de otro modo: ante todo, no hacer daño. Este principio por sí solo puede parecer de Perogrullo, pero eso se debe a que su verdadero poder solo se desata en confrontación con el segundo principio, el de beneficencia. La agridulce realidad de la medicina y la investigación científica es que apenas existen procedimientos que no supongan un daño para el organismo, aunque sea mínimo. La clave en estos casos está en poner sus riesgos y sus beneficios en una balanza para determinar si la acción está justificada o no.

Pero ¿quién puede decidir algo así? Tal vez a mí me compense asumir los riesgos de una operación de miopía a cambio de lo que mi calidad de vida se puede beneficiar, sin embargo, tal vez haya otras personas que ponderen esta disyuntiva de un modo muy diferente. Precisamente por eso se establece un tercer principio: el de autonomía. Poca gente sabe que el consentimiento informado no es el folio que nos dan a firmar antes de una operación, sino el acto mediante el cual un sanitario ha de asegurarse de que su paciente entiende los riesgos y beneficios de un procedimiento concreto. El consentimiento informado puede estar por escrito o ser puramente verbal, pero para preservar la autonomía ha de estar presente de algún modo en toda práctica que comporte cierto riesgo, tanto en medicina como en investigación.

Finalmente está el principio de justicia, el cual reza que todas las personas son igual de dignas por el simple hecho de ser personas y que, por lo tanto, merecen la misma consideración y respeto. Esto no solo aboga contra la no discriminación, sino que también nos habla sobre la accesibilidad a determinados tratamientos, la cual (en condiciones ideales) debería estar garantizada.

LA CONFRONTACIÓN

Ahora que tenemos presentes los cuatro principios, podemos preguntarnos cómo interaccionan con el trabajo de He Jiankui. Como hemos visto, CRISPR implica riesgos tan poco desdeñables que requirieron establecer la moratoria que He transgredió. Si comparamos estos riesgos con los beneficios que puede aportar la edición del gen de CCR5 para inmunizar humanos contra el VIH, veremos que no parecen superar los beneficios que aportan terapias ya existentes muchísimo menos peligrosas.

El propio He se escuda en que, gracias a su técnica, las niñas han nacido libres del VIH que su padre (infectado) podría haberles transmitido. Sin embargo, antes de la fecundación *in vitro* los espermatozoides fueron lavados, eliminando el virus antes de que tuviera lugar cualquier proceso de edición genética. Para que los riesgos de CRISPR pudieran ser aceptados, tendrían que poder aportar una mejora significativa al problema. De cualquier otro modo, no hay forma de compatibilizar el principio de beneficencia con el de no maleficencia.

Es más, porque aquí viene el escándalo. Después de todo esto, la edición de las gemelas fue un fracaso. La técnica CRISPR no consiguió inhabilitar los dos alelos de su gen para CCR5. Sus células son susceptibles a la infección. El beneficio *de facto* es inexistente y por lo que los expertos han podido confirmar, presentan una serie de mutaciones *off-target* cuyas consecuencias negativas no podemos ni siquiera prever.

Si avanzamos hasta el tercer principio de la bioética, veremos que los problemas se incrementan. Un consentimiento informado de este calibre ha de ser realizado por personal especialmente cualificado. Hablamos de una técnica altamente experimental y cargada de connotaciones ajenas a la realidad popular, por lo que conseguir que un paciente comprenda los pormenores de un proceso así es realmente complejo. Habiendo analizado el consentimiento informado presentado por He Jiankui, los expertos se reafirman en sus sospechas: no se preservó el principio de autonomía. Las ocho parejas implicadas no conocían los riesgos reales y los beneficios habían sido retorcidos para que parecieran más vistosos.

Hay que entender que los varones de estas ocho parejas estaban infectados y el miedo a poder contagiar a sus hijos es un poderoso argumento. El riesgo real de contagiar a otra persona es prácticamente nulo si se cumple el tratamiento con antirretrovirales por lo que se hace extraño que los padres aceptaran.

¿Qué es preferible? ¿Editar a tus hijos sin su consentimiento y a riesgo de causarles una seria enfermedad de por vida, o administrarte regularmente unas pastillas que, además, te mantendrán sano y vivo para verlos crecer? Claro que, el hecho de que He se ofreciera a pagar todo el proceso (incluida la limpieza de esperma y la fecundación *in vitro*), pudo sesgar su toma de decisiones.

Por último, no podemos desdeñar el factor «justicia». Por mucho que se nos llene la boca con discursos acerca de la dignidad humana, sabemos que no todos nosotros tenemos las mismas oportunidades. El principio de justicia se viola con más frecuencia de la que nos gustaría reconocer, y la tecnología mal orientada es, posiblemente, uno de los factores que más está ensanchando la brecha socioeconómica. La fecundación *in vitro* no está al alcance de todos y mucho menos lo está la edición genética. Los experimentos de He no contaban con el diseño necesario para recabar información que permitiera mejorar y democratizar la técnica.

En unos pocos párrafos hemos reunido una buena cantidad de argumentos que presentan el trabajo de He como bioética y técnicamente reprobable, y lo cierto es que tan solo estamos rascando la superficie.

UN INTERÉS

¿Cómo es posible entonces que una persona instruida como He haya presentado orgulloso una desfachatez de este calibre? Si repasamos su carrera, veremos que realizó su doctorado con el departamento de física y astronomía, lo cual puede sonar algo extraño teniendo en cuenta que sus investigaciones han terminado en el campo de la biomedicina. No obstante, el tutor de su doctorado fue Michael W. Deem, un ingeniero químico especializado en bioquímica y genética. Durante sus años con él He se familiarizó con las técnicas de edición genética y, posteriormente, durante su postdoc, pudo estudiar con Stephen Quake los secretos de CRISPR.

Sin duda alguna, He conocía los riesgos y, para entender por qué decidió correrlos hemos de conocer otro detalle acerca de su vida. En 2012 volvió a China gracias a un programa de recuperación de talentos, el cual le concedía, entre otras cosas, una beca de 1 millón de yuanes (129.000 euros). Siguiendo la experiencia empresarial de su tutor de doctorado, He fundó una serie de empresas biotecnológicas y de inversión, una de las cuales recibió un subsidio de 40 millones de yuanes (5 millones de euros) de la subprovincia China de Shenzhen. Sus negocios ganaron cientos de millones de yuanes en unos pocos años, dinero (y visión empresarial) que es clave para entender esta historia.

Por un lado, el científico-empresario decidió llevar a cabo sus experimentos de edición de embriones al margen de su universidad, del gobierno e incluso de algunos de los profesionales implicados en el proyecto. Requirió de una enorme liquidez económica que debió poner de su propio bolsillo.

La otra pieza clave para construir esta hipótesis se retrotrae a agosto de 2018, momento en que He le planteó al médico John Zhang la posibilidad de fundar una empresa basada en el turismo genético. Podría ser tan solo una coincidencia, pero tal vez convenga subrayar que Zhang es un experto mundial en técnicas de fecundación *in vitro*. Los planes de construir una clínica de edición genética en la provincia insular china de Hainan eran reales y, desde luego, no encajan con el discurso democratizador y entregado al pueblo que solía blandir He.

Solo el mismo He sabe cuáles fueron sus motivaciones para hacer lo que hizo. El secretismo con el que procedió deja claro que era conocedor de la controversia que podía levantar. Claro que, conocerla no significa entenderla. Podemos pensar que la crítica es caprichosa y se basa en la subjetividad de unos pocos expertos que han convenido unas reglas cualesquiera. Un pensamiento así justificaría algunas de las declaraciones de He, donde se presenta como ese pionero del que hablábamos al principio, comparándose con otros investigadores cuyos avances también despertaron polémica.

Concretamente, tiende a equipararse a Robert G. Edwards y Patrick Steptoe, responsables del nacimiento de Loiuse Brown, el primer bebé probeta. Aquello sucedió en 1978, cuando las leyes que regularizaban estas prácticas eran algo más laxas y los cuatro principios que conocemos ahora todavía no existían. Sin embargo, Edwards y Steptoe habían experimentado lo suficiente con animales antes de saltar a humanos (cosa muy discutible en el caso de He). Asimismo, como no había una alternativa para que las personas estériles concibieran un hijo, la fecundación *in vitro* aportaba un beneficio para el que no había precedentes. Los reparos que produjo el trabajo de Edwards y Steptoe se deben a críticas muy distintas a las que hemos enumerado hasta ahora contra He.

La fecundación *in vitro* fue un paso de gigante en el avance de la medicina, pero lo que ha hecho He no constituye un hito tecnológico. Ya se conocía el virus, su relación con CCR5 y las técnicas CRISPR empleadas por He. Si no se habían aplicado todavía para editar a un ser humano no era porque hubiera limitaciones tecnológicas, sino barreras éticas que He no ha resuelto. Su mérito recae en la imprudencia, no en la innovación y compararlo con la fecundación *in vitro*, simplemente no procede. Si nadie lo había hecho antes no era por incapacidad, sino por principios.

No obstante, que pasaran 23 años entre el nacimiento de Louise y que a Edward le concedieran el premio Nobel (Steptoe ya había fallecido) no fue un remilgo puritano. Porque tras la justificada bilis de estas páginas, todavía queda un último giro de guion, la cuestión ética que sí podemos reprochar tanto a He como a los creadores de la fecundación *in vitro*.

ABOLIR, MEJORAR O CONFORMARNOS

Entramos al fin en los terrenos más pantanosos y atractivos de este debate. Tan magnéticos son que acaban atrayendo la polémica a ellos como si fueran más relevantes que todos los anteriores cuando, como hemos visto, podemos calificar el trabajo de He como negligente sin tener que embarrarnos demasiado. El concepto que reinará a lo largo de los siguientes párrafos es el de «transhumanismo».

Bajo este nombre tan rimbombante se acogen una serie de movimientos que defienden el uso de la tecnología para mejorar a nuestra especie.

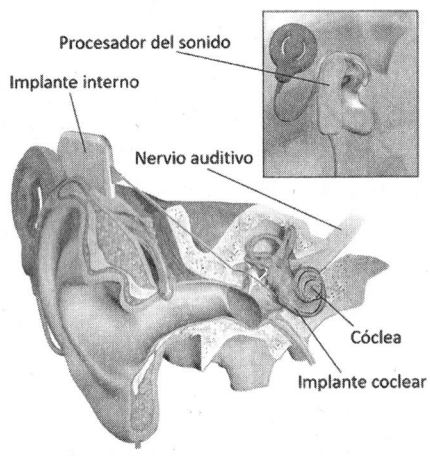

Implante coclear capaz de devolver la audición en algunos pacientes.

Dejando a un lado los problemas filosóficos que implica una definición tan ambigua y el hecho de que hasta una grapadora supone una mejora tecnológica para un ser humano, podemos decir que normalmente los transhumanistas buscan que esta tecnología pase a formar una parte integral de nosotros, lo cual popularmente se ha parodiado con la imagen de cíborgs o mutantes. Puede que la grapadora ahora se quede corta, pero ya existen marcapasos, prótesis e implantes para recuperar la audición. En cualquier caso, obviemos por ahora esta problemática demarcación entre lo que es posthumano y lo que no. El punto clave es entender la diferencia entre dos de las principales ramas de este movimiento.

Cuando hablamos de «mejorar» podemos entenderlo de dos formas diferentes. Los partidarios del transhumanismo abolicionista plantean que el objetivo de la tecnología debería ser liberar al ser humano de sus males, aboliendo la enfermedad. En realidad, esta idea no está tan alejada de lo que es en sí mismo la medicina. Hay enfermedades que hemos erradicado directamente del planeta, como la viruela, y hemos creado gafas para que la miopía y la hipermetropía dejen de ser limitantes. Tal vez, por este motivo, el abolicionismo suele sonar amable y familiar frente al extropianismo.

Los extropianistas defienden que el abolicionismo solo es el primer paso de una meta más ambiciosa: que la tecnología lleve al ser humano más allá, no a igualarse en la salud, sino a convertirse en algo sobrehumano. Los bebés a la carta son tan solo un ejemplo de lo que el extropianismo puede defender. En estos casos el criterio puede ser funcional (visión mejorada) o estético (color de ojos) y cualquiera de los dos casos clama al debate ético.

Ahora bien: ¿la edición genética que buscaba He era abolicionista o extropianista? Aquí llega otro aspecto importante del debate, porque no estamos hablando de curar una enfermedad, sino de prevenir la infección por VIH. Según la perspectiva que tomemos, la frontera se difumina. De hecho, no solemos pararnos a pensar demasiado en lo que supone el poder analizar el ADN de los embriones de una fecundación *in vitro* para excluir algunos antes de implantarlos.

En la fecundación *in vitro* se suelen inseminar varios óvulos y se elige implantar solo a los embriones más sanos. Entre los criterios de exclusión está que el embrión no presente tres cromosomas 21, o dicho en lenguaje llano, los embriones con un ADN típico del síndrome de Down son eliminados. Es fácil asumir que estamos ante una decisión abolicionista, pero todo se complica al recordar que el síndrome de Down no está considerado como una enfermedad. Es un síndrome, una constelación de síntomas y signos variables y que entre individuos diferentes se presentan en muy distinto grado, pero no una enfermedad propiamente dicha. Algunos de quienes lo padecen pueden realizar una vida perfectamente funcional, por lo tanto, el criterio de exclusión de la trisomía del par 21, que así se llama, cae en una inquietante penumbra entre el abolicionismo y el extropianismo. Algo parecido a lo que ocurre tratando de prevenir una enfermedad que todavía no se ha dado.

Y el debate no termina con esto, porque hay otra pregunta sobre la mesa: ¿tenemos nosotros derecho a tomar tales decisiones sobre la vida de otros? A diferencia de la discusión del aborto, donde el embrión no llegará jamás a desarrollarse, la edición genética persigue crear individuos adultos que no habrán podido decidir sobre su propio cuerpo. ¿Hasta qué punto tienen potestad los padres para realizar algo así? ¿Qué tendrán que decir de todo esto las gemelas de He dentro de unos años? Tal vez convendría dejar de ver a los niños como propiedades sobre las que se tiene derechos y más como individuos con derechos propios que hemos de salvaguardar.

Sea como fuere, es palpable que no existe una respuesta clara y unívoca desde la ética. Precisamente por eso hay muchos expertos que abogan por aproximarse a estos problemas desde lo que se conoce como una ética situacional. Esta perspectiva propone analizar cada caso particular de forma relativamente independiente y abstenerse de trazar normas generales (lo cual no debe confundirse con que no se legisle).

Como vemos, estos campos tienen fronteras muy difusas y aún nos quedan muchas más preguntas que respuestas. Señal de que, por prudencia, deberíamos acogernos a la moratoria, al menos hasta que la bioética consiga ponerse al día con la desbocada carrera en la que está inmersa la biotecnología. Porque, aunque a veces nos olvidemos, lo cierto es que ya vivimos en un mundo donde los humanos editados genéticamente existen y más nos vale que el siguiente paso que demos no sea en falso.

13.

BIOHACKING Y GENÉTICA DIY

ANA J. CÁCERES

«La ciencia y la vida cotidiana no se
pueden y no se deben separar».

ROSALIND FRANKLIN

En numerosas ocasiones, los seres humanos hemos soñado con el aspecto que tendría nuestro futuro gracias a la ciencia ficción. Algunas de las obras más populares de este género supieron imaginar muchos años antes de su invención real conceptos como el del submarino (*Veinte mil leguas de viaje submarino*, Julio Verne, 1869), el uso de energía solar para producir electricidad (*Ralph 124C 41+*, Hugo Gernsback, 1911), y, cómo no, la modificación genética (*Un mundo feliz*, Aldous Huxley, 1931).

Desde entonces, numerosas obras de ficción también en el cine y los videojuegos han revisado este concepto, desde *Blade Runner* (Ridley Scott, 1982) hasta *Deus Ex* (Eidos

Interactive, 2000), cuyas historias transcurren en 2019 y 2052 respectivamente. Sabemos que aún estamos lejos de muchos de los avances que veíamos en el 2019 de *Blade Runner*, pero ¿estamos a tiempo de ver «aumentados», personas con grandes modificaciones genéticas como en *Deus Ex*?

En la actualidad, modificamos seres vivos tanto unicelulares como pluricelulares para satisfacer nuestras necesidades, como ya vimos en el capítulo 3: hemos creado bacterias que producen insulina, maíz resistente a plagas y mosquitos que no dejan descendencia viable para reducir las plagas de estos vectores de enfermedades. Pero la experiencia en el caso de los humanos sigue siendo limitada y el sentimiento general tanto entre la gente de a pie como en las altas esferas de la genética y la genómica es de cautela, según se expuso en el capítulo anterior. Sin embargo, para todo hay una excepción, y se extienden las prácticas de *biohacking*, en las que, en teoría, cualquiera desde su casa podría (intentar) modificar su ADN para adquirir una serie de características deseadas.

Algunos ejemplos serían el de Josiah Zayner, quien se aplicó a sí mismo una supuesta terapia génica en directo a través de *streaming* en 2017; o el de Aaron Traywick, CEO de Ascendance Biomedical, un conocido *biohacker* que probó una vacuna en fase experimental con animales en sí mismo (aunque después murió ahogado tras consumir drogas); y una comunidad que cada vez aumenta más su importancia a través de internet y gracias al acceso fácil y barato a los kits comerciales que pueden adquirirse por la red. Aunque los propios *biohackers* admiten el peligro al que se someten con sus experimentos en sí mismos, esto en absoluto parece detenerles. Cabe destacar que no todos ellos poseen formación académica en genética, ni siquiera han leído libros divulgativos (similares a este) y que muy frecuentemente aprenden los unos de los otros a través de conferencias y foros virtuales.

Estos «experimentos» desde luego distan mucho de las circunstancias ideales en las que la comunidad científica habitualmente estudia cualquier cosa, y es que hay motivos por los que las vacunas tienen sus correspondientes fases de desarrollo o cualquier tratamiento puede tardar años en perfeccionarse. Precisamente no es que veamos a los equipos científicos que participan en esos estudios probar los tratamientos en sí mismos. Entre las comunidades de *biohackers* se extiende la idea de que cada persona debe ser libre de hacer lo que quiera con su cuerpo, pero por otro lado cabe reflexionar si de verdad alguien que no tiene toda la información necesaria para tomar una buena decisión está siendo realmente libre.

Para entender el calibre de este asunto, podríamos irnos al ejemplo de Tristan Roberts, quien intentó probar un tratamiento desarrollado por la compañía del ya mencionado Aaron Traywick para reducir la carga viral de VIH en su sangre. Tristan se sometió al tratamiento y dejó de tomar la medicación que mantenía el virus a raya, esperando que la inyección diera todo el resultado que necesitaba, pero no fue así: en las semanas posteriores y como consecuencia del abandono de la medicación, la carga viral aumentó. Actualmente disponemos de tratamientos que permiten que los pacientes con VIH vivan con normalidad, sin la posibilidad siquiera de transmitir el virus, y aunque sería fantástico encontrar una cura o una vacuna definitiva, todos estos saltos en el procedimiento difícilmente darían un resultado científicamente válido.

Pero ¿y cuando sí funcione? ¿Qué pasará con una creciente comunidad de personas que está deseando modificar su cuerpo cuando tenga herramientas para provocar efectos reales? De la misma forma que automedicarse está desaconsejado, practicar la edición genética en uno mismo tampoco parece la más brillante de las ideas, y si no logramos transmitir la complejidad de este asunto a la población general, podríamos estar a punto de presenciar una crisis sanitaria sin precedentes. Además, no solo se trataría de un asunto de seguridad a nivel de salud o de las consecuencias que pudiera tener un abuso de estos tratamientos, sino de cómo es más que probable que cuando la burbuja estalle, la compra de los kits de modificación genética quede reservada a las clases más pudientes. Esta clase de actividades pasarían a ser un privilegio por completo.

La herramienta de edición genética que más se ha popularizado en este ámbito, las «tijeras moleculares» CRISPR-Cas9 (mencionadas en el capítulo 10), son un descubrimiento relativamente reciente realizado por Francis Mojica en 1993 y cuyas aplicaciones en ingeniería genética fueron desarrolladas por Emmanuelle Charpentier y Jennifer Doudna, lo que les mereció el Premio Nobel de Química en 2020. Si bien es cierto que su potencial utilidad en biotecnología es asombrosa, aún no debería venderse la idea de que cualquiera puede ponerse una inyección en su casa para desarrollar músculos dignos del Capitán América. La legislación actual es escasa y, en general, conservadora con el fin de garantizar la seguridad de la población, pero es difícil controlar lo que cada persona hace en la privacidad de su propio hogar, y más aún cuando el dinero no le supone un factor limitante.

Vimos en el capítulo 12 que podríamos tratar de imaginar que el uso de estas tijeras moleculares podría solucionar problemas como algunos tipos de diabetes o condiciones genéticas de todo tipo, problemas que afectan negativamente a la salud de las personas, pero si este progreso no llega a todas partes, solo se convertirá en otra forma de crear desigualdad. Incluso podría convertirse en una vía que diera lugar a trabajos en los que podrían exigirse estas modificaciones para aumentar la eficiencia, como sucede con el protagonista de *Deus Ex*, que trabaja como agente de las Naciones Unidas. ¿Accederíamos a firmar un contrato que nos obligara a someternos a un tratamiento para poder tener empleo y sueldo? Desde una posición en la que no nos falta de nada, quizá pensemos que no, pero en el presente no escasean ejemplos de personas que, debido a la pobreza, se ven obligadas a aceptar condiciones inhumanas para poder comer.

En internet, lo que se viraliza se convierte en religión. Cuando la población general no comprende conceptos básicos sobre cómo la ciencia abarca la creación de nuevos tratamientos, en este caso genéticos, es peligroso glorificar a figuras que se colocan a sí mismas en la posición de una rata de laboratorio. Sobre todo cuando estas figuras lo hacen sin entender que esa clase de «experimentos» no tiene ninguna validez científica y que, en el mejor de los casos, el efecto será completamente inocuo. Es muy complicado que un procedimiento que no ha sido probado siga el camino que queremos cuando ni siquiera está en manos de profesionales. En los últimos años, hemos visto cómo las pseudoterapias de todo tipo también han logrado campar a su antojo por la red gracias a los casos anecdóticos (y muy frecuentemente, sin contrastar) de pacientes que se han curado de una enfermedad grave supuestamente gracias a una terapia pseudocientífica, y estamos lejos de resolver el problema.

Si no realizamos un trabajo constante de divulgación científica y a fin de cuentas, en la enseñanza de la ciencia en el sistema educativo obligatorio, pronto esos anuncios de internet con la foto de una señora que dice tener sesenta años pero la piel de una joven de veinte, pasarán a intentar llamar la atención de la gente usando terapias génicas sin probar adecuadamente. Ya sucedió en su día con los productos que promocionaban todo tipo de milagros gracias a las células madre (a pesar de que su utilidad real continúa siendo limitada, ya que, como hemos dicho, es necesario investigar mucho aún). Ya existe todo un mercado negro en torno a la medicina y a la cirugía estética y si los precios y las promesas logran que existan personas que aceptan inyectarse cemento en la cara porque creen que así tendrán las facciones de sus sueños, ¿a qué no accederán cuando se les hable de una terapia génica?

Es muy posible que si los *biohackers* realmente conocieran la escasísima probabilidad de que sus «experimentos» caseros salieran como ellos quieren, no se dedicaran a hacer tal cosa, y mucho menos a retransmitirlo en directo por internet. También resulta curioso que la población en general tenga grupos que se resisten al uso y consumo de transgénicos que han sido probados bajo criterios incluso más estrictos que productos no transgénicos mientras crece la moda del *biohacking* en internet entre otros colectivos, por si quedaba alguna duda acerca de cómo la desinformación puede circular en todos los sentidos posibles. Esto nos deja claro un punto muy importante, y no solo en el ámbito de la modificación genética: de poco nos va a servir legislar de forma muy restrictiva, si la población verdaderamente no está educada acerca del tema, siempre existirá el peligro de que esa desinformación produzca daños a nivel personal o individual pero también social; tan malo es que haya gente en su casa jugando con herramientas moleculares que no conoce bien como que se rechace el uso de transgénicos que mejoran la salud del medioambiente y de las personas. El «término medio», por llamarlo de alguna manera, está muy lejos de ser alcanzado debido a la falta de cultura científica que reina en la inmensa mayoría de las sociedades del mundo, y la falta de interés por solucionar esto último tampoco permite ver la luz al final del túnel, al menos por el momento.

La ciencia suele tomar posiciones conservadoras por un principio de precaución que nos ha servido todo lo bien que se puede hasta el momento; si tenemos prisa por tener resultados o un beneficio económico sustancial, nos dejamos atrás la seguridad sanitaria y la garantía de que nuestro plan vaya a funcionar. No hay ninguna duda de que algún día, no sabemos si en 2052 o más tarde, acabaremos modificando los genes de seres humanos ya nacidos, y no solo de zigotos a los que teóricamente podemos librar de alelos defectuosos que causarían terribles enfermedades, pero dar cada paso a su debido tiempo también es importante para ahorrar el mayor sufrimiento posible.

En este sentido, la ciencia tampoco puede separarse de la política, la filosofía o la sociología, puesto que, como hemos dicho, es más que evidente que cuando se vuelvan accesibles tratamientos verdaderamente funcionales. Podrían servir a fines menos éticos de los que consideramos en un principio, como modificar el cuerpo de trabajadores para adaptarlo a las necesidades de una empresa o por supuesto fines eugenésicos y xenófobos; después de todo, ya se ha caído en esa clase de problemas con tecnología menos puntera disponible. Incluso hoy en día desde la medicina estética se promueve el uso de productos químicos para fines como aclarar la piel. Desarrollar tratamientos con el fin de paliar o erradicar enfermedades no puede acabar desembocando en su uso al servicio de ideologías de odio, y es por eso que no podemos permitirnos decir que la ciencia existe al margen del resto de la sociedad.

Es posible que, entre historias de *streamers* que se autodenominan *biohackers*, muertes por sobredosis y abandonos de tratamientos cruciales para la supervivencia, aún consideremos a estas personas «lunáticos de internet». Sin embargo, la tendencia está clara y si no queremos acabar en un problema que «nadie se vio venir», conviene prestarles la atención que merecen en un sentido muy concreto: hay que informar adecuadamente de lo que ellos no informan y facilitar el entendimiento de los riesgos potenciales de la modificación genética, tanto en un sentido estrictamente individual como a nivel de sociedades enteras. Por muy novedosa que sea la técnica, siempre podremos compararla con algo que ya tengamos en nuestro presente y descubrir todos los malos usos que se le puede dar a una herramienta que, *a priori,* nos parece una absoluta maravilla que nos hará más libres.

BIOLOGÍA «*DO IT YOURSELF*» («HAZLO TÚ MISMO»)

Cuando llega la Navidad, comienzan a aparecer en televisión los clásicos anuncios de juguetes cuyas canciones nos saturan la cabeza cada año. Entre esos juguetes encontramos algunos de carácter educativo, como pequeños laboratorios para que los niños experimenten sin riesgo o puedan observar un hormiguero, quizá. Poca cosa puede haber tan bienintencionada como acercar a los críos a la ciencia, y sin embargo, las primeras versiones de este tipo de «juguetes» tal y como los conocemos hoy, no eran para nada inocuos: en 1950, se vendía el *Atomic Energy Lab* («Laboratorio de Energía Atómica»), y sí, incluía materiales radiactivos reales con los que «realizar más de 150 experimentos emocionantes».

Uno de los motivos por los que el kit de edición genética bacteriana que están comprando los *biohackers* a través de internet en ningún momento se plantea como un juguete para menores, es ese principio de precaución que les faltó a quienes diseñaron el *Atomic Energy Lab*. Ellos al menos tenían la excusa de vivir en una época en la que a los materiales radiactivos se les atribuían propiedades poco menos que mágicas sin ninguna evidencia científica detrás (lo que ocasionó que se vendieran incluso bebidas y alimentos radiactivos como algo bueno para la salud). Si bien es cierto que el kit de edición genética dista de poder generar un peligro similar (simplemente es poco probable que funcione, ya que está diseñado para actuar sobre bacterias), quién sabe qué otras cosas podrían estar disponibles en el mercado en la próxima década; y teniendo en cuenta que, en muchos casos, no es necesario identificarse como un centro de investigación o similares para poder comprar productos por el estilo.

Josiah Zayner intentó volverse musculoso usando CRISPR con la excusa de que supuestamente ya había funcionado una vez con perros en China. Aunque parece que pasó por alto que en el experimento emplearon más de 60 embriones y solo tuvieron éxito con dos. De hecho, uno de ellos aún expresaba en parte la proteína que querían reprimir para lograr esa musculatura exagerada. Esto debería darnos una idea de lo mucho que nos falta por aprender aún acerca del uso de estas tijeras moleculares en vertebrados superiores, y ya no hablemos de la comparación entre un laboratorio de profesionales plenamente equipado y lo que un aficionado sin formación específica puede hacer en la cocina de su casa.

Cabe destacar que actualmente la tecnología de edición genética está mucho más enfocada a modificar plantas y animales para la industria alimentaria y farmacéutica; es seguro que a medida que avancemos acabará teniendo fines estéticos, pero antes tendrá que pasar por los sanitarios, que son los más urgentes. En 2019, un médico chino saltó a los titulares por modificar embriones humanos (como se explicó en el capítulo 12), supuestamente con la intención de conferirles resistencia al VIH, pero este acto fue realizado sin el conocimiento de los progenitores ni del resto del equipo médico; por supuesto no existe ninguna técnica probada actualmente que pueda garantizar que se confiera esta inmunidad, por lo que esos embriones que darían lugar a bebés fueron utilizados como ratas de laboratorio sin el consentimiento de las personas implicadas. Por temas de privacidad, no se conoce mucho acerca del estado de las criaturas, y de nuevo cabe desear que el efecto haya sido inocuo, pero si no controlamos esta fiebre del *biohacking*, tarde o temprano alguien acabará mal.

Llama la atención que el propio Josiah Zayner parecía no esperarse que su retransmisión a través de internet animara a mucha gente a imitar su comportamiento e intentar comprar kits de edición genética por internet (lo que, por cierto, podría causar un grave desabastecimiento a laboratorios que trabajen en campos importantes si se desmadra); y es extraño porque no hay que remontarse mucho para dar con alguna de las modas sin sentido que la gente ha imitado hasta la saciedad por la red. En muchas ocasiones, como en el caso del *Tide Pod Challenge*, el peligro no era nada despreciable, ya que consistía en comer cápsulas de detergente para lavadoras con las consecuentes quemaduras en boca y tracto digestivo. Este «desafío» podía incluso llevar a la muerte. Si plataformas como YouTube optaron por borrar los vídeos del «desafío» como medida para prevenir que más gente lo emulara, quizás deberíamos comenzar a plantearnos lo mismo para los comportamientos de los *biohackers*; California ya ha prohibido a nivel legal el uso de estos kits en humanos y a nivel casero, así que técnicamente es posible denunciar estos vídeos por filmar actividades ilegales. El resto de Estados Unidos y de los países del mundo siguen con una laxa legislación que, en todo caso, puede acogerse a principios como el de no emplear ningún producto no testado adecuadamente para humanos, pero bien sabemos que sin prohibiciones explícitas, siempre habrá quien encuentre la laguna legal para aprovecharse de las circunstancias, ya sea por intereses económicos o por desinformación.

Volviendo al problema educativo y a la lejanía de la ciencia con la población general, legislar acerca de este tema es vital, y cuanto antes, mejor; de poco servirá cuando tengamos el problema encima, pero de nuevo el mayor riesgo de la genética DIY es que es muy difícil controlar lo que cada uno hace en el sótano de su casa. Si ya es algo que se da con diversas sustancias y actividades ilegales, desde luego esto no va a ser la excepción, y está más que comprobado que, en ámbitos como el de las drogas, los programas que informan acerca de su consumo tanto de cara a los adolescentes (que, en este ámbito concreto, son una de las mayores víctimas potenciales) como a la población general, reducen enormemente su uso (de la mano con una cierta calidad de vida a nivel físico y social, por supuesto). No podemos descartar que en los foros en los que se organizan los *biohackers* también se hayan formado comunidades debido a la soledad que experimentan estas personas en su día a día, como ya sucede con otro tipo de foros que tampoco promueven conductas demasiado saludables.

14.

UN DNI GENÓMICO

SARA ROBISCO CAVITE

«El comercio no trata sobre mercancías, trata sobre información. Las mercancías se sientan en el almacén hasta que la información las mueve».

C. J. CHERRYH

Supongo que, con lo que has leído en los capítulos anteriores, ahora conoces más sobre la genética y su importancia en la medicina. Poder tener los datos genéticos de las personas en grandes bases de datos sería de gran utilidad para dar un diagnóstico más certero en sanidad, para desarrollar una medicina más personalizada y para obtener información sobre qué problemas genéticos tiene una determinada población y realizar estudios para prevenir patologías.

Pero todo esto no es de color de rosa: estos datos no son únicamente interesantes para la medicina y la investigación, muchas empresas desearían poseerlos para ofrecerte sus servicios. Imaginad una empresa privada de salud, si conociese de antemano las enfermedades que una persona tiene más probabilidad de desarrollar, podrían aumentar o disminuir la cuota de esa persona, llegando incluso a quitarle coberturas si determinan que tener con ellos a ese «cliente» les va a proporcionar más costes que beneficios.

Es posible que pienses que esto no va a ocurrir o que es algo muy lejano en el tiempo, pero actualmente existen empresas cuyo objetivo es recopilar información genética de las personas. ¿Qué ofrecen a cambio para que las personas les proporcionen estos datos? Promesas de que van a decirte las enfermedades que eres propenso a padecer, datos de tus ancestros, qué alimentos son mejores para tu salud, etc. Te suenan ¿verdad? Para poder tener la capacidad de proporcionarte información fiable sobre tus familiares, enfermedades que puedas llegar a padecer y el resto de las cosas que prometen, estas empresas necesitan tener un espacio muestral representativo de la población mundial. Esto es debido a que para poder tomar decisiones y sacar conclusiones de los datos, necesitamos un conjunto de datos significativo, capaz de albergar toda la variabilidad posible y evitar sesgos en nuestras conclusiones. Esto no lo tiene, pero tratan de conseguirlo con este tipo de publicidad basado en promesas. Fijaos en lo curioso del asunto, si nosotros les damos nuestros datos genéticos, convencemos a más amigos de que lo hagan y estos a su vez lo hacen… Acabarán teniendo un volumen de información grande, pero ¿quién se beneficiaría realmente de esto? Los dueños de la empresa, quienes pueden usar dichos datos para investigación, venderlos a investigadores o a otras empresas. Una cosa como la de la siguiente figura:

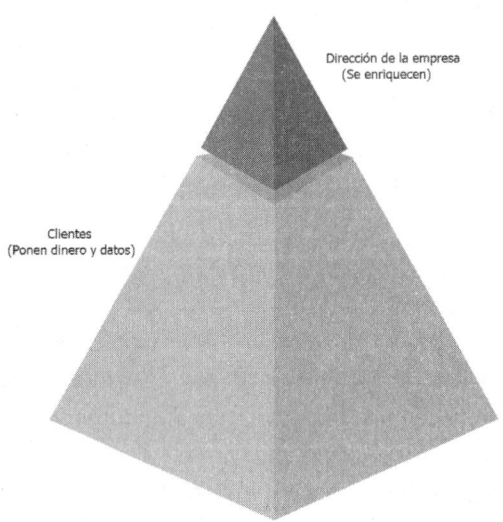

Pirámide que muestra la estructura de las empresas de test genéticos.

¡Uy! Esto nos recuerda a otro tipo de empresas... Sobre todo si se añade el hecho de que el «cliente» no solo proporciona su información genética, sino que además paga por ello.

Pero no solo te ofrecen conocer las enfermedades que somos propensos a padecer. Actualmente existen aplicaciones de citas cuya premisa es evitar que aquellas personas que tengan alguna variante en su ADN que pueda originar una enfermedad hereditaria se junten y puedan dar lugar a descendencia con este tipo de patologías. Hoy en día este «Tinder genómico» es capaz de identificar las enfermedades hereditarias más frecuentes y graves a partir de los resultados que te ha proporcionado el test genético que has hecho en cualquiera de las empresas descritas anteriormente, cotejar con los datos de otras personas y darte una lista de aquellas personas con las que puedes tener una descendencia libre de patologías hereditarias. Esta forma frívola de tratar nuestro genoma puede parecer algo «inocuo», pero apartaría a personas simplemente por tener un problema genético ¿Acaso no tienen el mismo derecho a emparejarse? Como ves siempre hay alguien dispuesto a hacer negocio con tu genoma. No debemos olvidar que muchas enfermedades genéticas vienen producidas por mutaciones en el ADN del descendiente, ni que en el caso de ambos padres portadores se puede hacer selección embrionaria para evitar hijos con problemas graves.

Esto último puede recordarnos a aplicaciones ya existentes en países como Islandia, las cuales cotejan tu genealogía con la de la otra persona con la que quieres establecer una relación. Estas últimas son necesarias en territorios muy aislados en los cuales las relaciones de parentesco son habituales en la población y tienen tasas muy elevadas de endogamia. Aun así se debe tener cuidado con quién comparten esa información de parentesco y con la seguridad de los datos que se les proporcionan, no sea que la empresa esté obteniendo grandes beneficios vendiendo información de parentesco a cambio de que no nos salgan los hijos como si pertenecieran a una casa real.

¿CUÁNTO VALE MI INFORMACIÓN GENÉTICA? ¿QUÉ SE PUEDE HACER CON ELLA?

Hay que tener una cosa muy clara: la información genética de una persona vale mucho dinero y una buena base con los datos de millones de personas vale mucho más. Cuanto más grande sea esta última mejor para poder realizar análisis de sus datos y predicciones sobre ellos, lo que se conoce como *Ciencia de datos*. La ciencia de datos se ha hecho muy relevante en la última década gracias a una mejora de la tecnología que nos ha proporcionado redes de comunicaciones de alta velocidad, sistemas de almacenamiento muy eficientes y una gran potencia de cálculo. Gracias a estos tres pilares se han podido aplicar algoritmos matemáticos para desarrollar sistemas inteligentes que nos proporcionan conclusiones en base a enormes volúmenes de datos, encontrando relaciones y haciendo predicciones bastante fiables, lo que hoy conocemos como *machine learning*. ¿Te preguntabas para qué servía la estadística que diste en matemáticas? Aquí tienes un buen ejemplo.

Pero ¿qué tiene que ver el *machine learning* con tus genes? Imagina que tuviésemos almacenados los datos genéticos de toda la población de un país. Y ahora imagina que quieres tener un hijo con otra persona y usas la aplicación que hemos descrito anteriormente: con la información genética de ambos progenitores y sus familiares se podría conocer si ese hijo tiene grandes probabilidades de nacer con un problema genético y se podría evitar aplicando las herramientas de edición genética explicadas en los capítulos anteriores o seleccionando embriones sanos. Si esto se pudiera hacer bien, con datos genéticos muy completos, habría patologías que podrían evitarse, mejorando la calidad de vida de las personas y evitando gastos médicos.

En efecto, tener los datos genéticos de la población puede ser muy positivo, pero se debe evitar que se haga mal uso de ellos. Por esto es muy importante redactar leyes que los protejan y eviten abusos. Estas leyes deben crearse ya, porque si se sigue esperando pueden caer en malas manos y la legislación puede resultar inútil.

Imaginemos que las empresas encargadas de almacenar y procesar nuestra información genética lo hicieran bien, con grandes sistemas de seguridad que impidiesen que nadie pudiera atacarlas y robar datos, que no vendieran su información a terceros, etc. En ese caso estaríamos tranquilos, pero ¿y si esas empresas desaparecen, cambian sus «condiciones de uso» o son adquiridas por empresas más grandes? ¿Qué ocurre con nuestros datos? Esto no es algo de ciencia ficción, ha ocurrido en agosto de 2020 cuando Blackstone, un «fondo buitre» encargado de adquirir empresas y activos en quiebra y revenderlos, compró la compañía Ancestry. Esta empresa tenía veintisiete mil millones de registros genéticos y cien millones de árboles genealógicos, todo esto provenía de los test de ADN realizados a unos dieciocho millones de personas. La empresa Blackstone asegura no haber accedido a los datos de Ancestry, pero esa información almacenada vale mucho dinero y no sabemos qué sucederá si alguien les ofrece una suma elevada por ella. Ante esto, los usuarios de Ancestry han perdido el poco control que tenían de su información genética.

Pero no solo han sido las personas que se hicieron los test genéticos los que han quedado con los datos de su genoma en un limbo, sus familiares también están afectados porque parte de su información genética está almacenada ahí. Puede parecer una afirmación exagerada pero no es así; en 2018 un asesino en serie fue detenido debido a que un pariente suyo se había hecho un test genético y decidió que sus datos se almacenasen en una base de datos genética de tipo *open-source* (libre acceso), que la policía empleó para cotejar unas muestras. Esto que puede parecer positivo a la hora de esclarecer crímenes también nos sitúa en una especie de «Gran Hermano genético» del que no podemos escapar. Por eso es importante concienciar a las personas sobre los peligros que existen cuando cedemos nuestra información genética y sobre cómo esto afecta también a las personas con las que compartimos dicho material genético. También es vital legislar sobre el uso de estos datos para evitar un mal uso de los mismos. Todo esto urge hacerlo porque hay empresas que ya llevan años negociando con esto.

LEGISLACIONES SOBRE GENÉTICA

Pese a lo comentado anteriormente, en tema de legislación no se llega tan tarde como se cree, pues desde hace unos años se han ido creando leyes para proteger nuestros datos genéticos:

— El 11 de noviembre de 1997 la UNESCO redactó la Declaración Universal sobre el Genoma Humano y los Derechos Humanos. Esta ley es muy interesante porque adelantó los temas de los que hablamos en este capítulo y los recoge en sus artículos. Declara, entre otras cosas, que el genoma humano es patrimonio de la humanidad, que no puede dar lugar a beneficios económicos y habla de la confidencialidad de nuestros datos genéticos. Es un documento muy completo.

— El 3 de julio de 2007 nace la Ley Española sobre Investigación Biomédica. Esta ley permite al individuo decidir qué información desea obtener de sí mismo, qué destino se va a dar a dicha información y qué parte de esta será conocida por terceros.

- El 26 noviembre de 2007 se publicó en el BOE la Ley Reguladora del Consejo Genético, de protección de los derechos de las personas que se sometan a análisis genéticos y de los bancos de ADN humano en Andalucía. En ella se protegen los derechos de las personas que se someten a análisis genético en Andalucía, además de establecer el régimen jurídico de los bancos de ADN.
- El 22 de mayo de 2008, el presidente de Estados Unidos George W. Bush firmó la Ley de no discriminación por información genética. Esta ley declara ilegal la discriminación contra las personas basándose en su información genética para efectos de empleo y seguros médicos.
- En octubre de 2016 el Consejo de Europa propuso a los gobiernos de sus estados miembros garantizar la privacidad de sus ciudadanos y la no discriminación basándose en sus características genéticas.
- En Estados Unidos, el estado de Florida prohibió en julio de 2020 a las compañías aseguradoras el uso de la información genética de sus clientes para aumentarles el coste de sus pólizas.

Como se puede observar, estas leyes nos protegen, pero no lo hacen de forma global. Se necesita que los datos genéticos estén protegidos del mismo modo en todo el mundo para evitar «trampas» que permitan a las empresas compartirlos, como por ejemplo afincar su sede en países con normativas más laxas.

Antes se ha mencionado de pasada el tema de la seguridad de los datos, pero es tan importante que no debe dejarse sin tratar. Como sabrás, los ataques a empresas y los robos de datos de sus clientes están a la orden del día, y seguramente hayas leído noticias de «tras un ataque los datos de los clientes de la empresa X han quedado expuestos». La ciberseguridad es cada vez más importante debido a que día a día tenemos más datos nuestros en los servidores de empresas de las que somos clientes. No solo compartimos información bancaria, también nuestra ubicación y movimientos, los datos de nuestra vivienda, llegando a compartir hasta sus planos si tenemos robots aspiradores o cuándo estamos en casa si tenemos controladores de climatización inteligentes. Esto hace que, si se accede a las bases de datos de estas empresas de forma ilícita por un atacante o porque tenga agujeros de seguridad en sus aplicaciones web, nuestros datos van a caer en manos de gente que puede usarlos, por ejemplo para vaciarnos la cuenta bancaria, saber cuándo robar en nuestra casa y cómo hacerlo.

Lo mismo ocurre con las empresas a las que damos nuestra información genética: si son atacadas o tienen el más mínimo hueco en sus webs por donde colarse y obtener dichos datos, estos pueden acabar en manos de cualquiera. Por todas estas razones, la ciberseguridad es de vital importancia, pero además es muy importante que las aplicaciones y webs garanticen ser seguras. Esto implica que las empresas deben invertir en profesionales que garanticen la seguridad de sus sistemas a todos los niveles y además invertir en personal cualificado a la hora de realizar su *software*. Aparece la necesidad de personas con la capacidad de firmar los proyectos de *software* e infraestructura para que, en caso de fallo, se responsabilicen de ello. Esto que ya se hace en otro tipo de proyectos, en los que la figura del ingeniero que firma es algo habitual, empieza a ser necesario en los proyectos *software* y *hardware*. Existen ingenierías dedicadas a este tipo de proyectos, lo malo es que aún no se les han asignado atribuciones y competencias oficiales. Se trata de un tema urgente porque hoy en día si tus datos han quedado expuestos por un fallo de diseño en la web de una empresa, dicha empresa es muy posible que no se haga responsable, aludiendo a que ha usado librerías de terceros o cualquier resquicio al que pueda agarrarse, y esto hace que estés totalmente indefenso.

RECOMENDACIONES

Después de dar un repaso a todos estos riesgos al compartir nuestra información genética puede que te haya quedado una sensación de desasosiego al no saber qué hacer. Por tanto, es la hora de proponer una serie de buenas prácticas para que los datos de tu «DNI genómico» te ayuden sin que corran peligro de acabar en manos inadecuadas.

— Huye de las empresas que prometen grandes ventajas a cambio de poco dinero: en este caso el producto eres tú, no sus servicios. Suelen disfrazar de ciencia sus resultados cuando muchas veces no lo son. Además, tienen los riesgos de compartición y pérdida de datos expuestos anteriormente.

— Comparte tu información genética solo con centros oficiales: organismos de investigación como el CSIC o el Instituto de Salud Carlos III, biobancos asociados a universidades y hospitales, centros de salud públicos y similares. Al ser organismos públicos suelen ser más seguros y no van a traficar con tus datos, además tu información genética puede ayudar en sus investigaciones científicas y repercutir en mejores medicamentos o diagnósticos para todos.

— Si para ayudar a la investigación de una enfermedad de un familiar, o una patología propia, el hospital (público) te solicita un test genético, no tengas problema en dárselo. Tiene las ventajas del punto anterior.

— Si tienes un seguro médico privado y te pide un análisis genético sin unos argumentos de peso, como el tratamiento de una enfermedad hereditaria, no se lo facilites. Mejor consúltalo con tu médico de la sanidad pública antes por si están intentando obtener tus datos genéticos. Al ser una empresa privada te encuentras ante los problemas expuestos en los párrafos anteriores y no sabemos si los usarán para quitarte coberturas o aumentar el precio de los servicios que te ofrecen.

— Si en un reconocimiento médico de empresa te piden un análisis genético, niégate, recuerda que hay leyes que no permiten que se discrimine a un trabajador basándose en su información genética.

— Pregunta siempre: infórmate sobre el destino de tus datos genéticos, su protección, los usos que se van a dar, etc.

— Valora en cada ocasión si te compensa correr el riesgo de compartir tus datos con los beneficios que vas a obtener.

PROTEGE TU INFORMACIÓN GENÉTICA

HUYE DE GRANDES PROMESAS POR POCO DINERO

El producto puedes ser tú

Desconfía de resultados disfrazados de ciencia que te prometan una gran información. Lee con atención la letra pequeña de sus contratos

COMPARTE TU INFORMACIÓN GENÉTICA CON ORGANIZACIONES DE CONFIANZA

Fíate sólo de centros públicos gestionados por el estado

Al ser organismos públicos no van a traficar con tus datos, tu información genética puede ayudar en sus investigaciones científicas y repercutir en mejores medicamentos o diagnósticos para todos. Las empresas privadas tratarán de obtener beneficios, no dudando en vender tus datos.

DESCONFÍA DE LOS SEGUROS PRIVADOS Y RECONOCIMIENTOS DE EMPRESA

Si te piden datos genéticos niégate

Pueden querer tu información genética para quitarte coberturas médicas o para despedirte en el trabajo, esto no es legal.

PREGUNTA

Intenta obtener la máxima información

Infórmate sobre el destino de tus datos genéticos, su protección, los usos que se van a dar, etc.

ANALIZA EL BENEFICIO

Pregúntate si merece la pena

Valora siempre si te compensa correr el riesgo de compartir tus datos con los beneficios que vas a obtener.

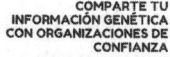

Consejos a la hora de tomar la decisión de hacer un test genético (elaboración propia).

OTRAS UTILIDADES DEL ALMACENAMIENTO
DE INFORMACIÓN GENÓMICA

Este DNI genómico no se aplica únicamente a humanos, ya que almacenar la información genética de nuestras mascotas es algo que hoy en día se está llevando a cabo. Los fines de esto van desde identificar a animales a los que han arrancado el chip hasta conocer de qué animal son las molestas heces que encontramos en la acera. Actualmente hay empresas como Vetgenomics, participada por la Universidad Autónoma de Barcelona, que se dedican al diagnóstico genético veterinario y que además tienen un sistema llamado CAN-ID de identificación canina a través de sus heces. Este sistema, lanzado en 2019, se ha implantado en algunos ayuntamientos con el objetivo de localizar a los vecinos incívicos que no recogen las heces de sus perros. Ayuntamientos como el de La Seu d'Urgell ya están multando con este sistema a vecinos que no recogían los excrementos de sus mascotas. En este sentido, registrar los datos genéticos de las mascotas es muy útil porque ayuda a tener las calles limpias. Disponer de los datos genéticos de las mascotas puede servir también para detectar problemas genéticos derivados de malas prácticas en criaderos y tomar acciones legales contra ellos.

Más allá de las mascotas, las bases de datos genéticas de nuestra fauna son de gran ayuda para conocer mejor el estado de las poblaciones de especies en peligro de extinción. El 27 de enero de 2021 terminaron los trabajos de campo para la realización del primer censo genético de oso pardo cantábrico a nivel nacional. Con las muestras obtenidas, la Universidad Autónoma de Barcelona llevará a cabo trabajos de individualización genética empleando técnicas genómicas basadas en polimorfismos genéticos (SNPs). A continuación, con los datos obtenidos, el Instituto de Biología Evolutiva-CSIC realizará estudios de conectividad y parentesco. Gracias a dicho trabajo se podrá conocer el nivel de endogamia y el estado de conservación de este animal para así elaborar el nuevo plan de recuperación del oso pardo cantábrico en Castilla y León. Por su parte, la Estación Biológica de Doñana ha desarrollado herramientas moleculares para poder medir la biodiversidad en áreas protegidas en base a una serie de marcadores que monitorizan la diversidad genética en comunidades de pequeños mamíferos. Para ello emplean técnicas de secuenciación masiva y han recogido las muestras tanto a pie de campo como de las colecciones científicas de la propia estación de Doñana. Esta información es de gran valor para obtener estudios poblacionales, de distribución geográfica, de filogenia... en resumen, para conocer la situación de conservación de estos animales y cómo se distribuyen en el territorio.

Tras leer todo esto puedes ver que la recopilación de información genética tiene luces y sombras. No todo es bueno o malo, sino que depende del uso que le demos. Estamos ante el nacimiento de herramientas muy potentes que, bien empleadas, nos pueden proporcionar información muy útil trabajando con grandes bases de datos de información genética. Todo esto unido a la enorme evolución que está teniendo lugar en el campo de la inteligencia artificial y en los sistemas de almacenamiento de datos va a hacer que surjan grandes descubrimientos no solo sobre los humanos, sino también sobre la biodiversidad que nos rodea. Al igual que ocurrió con la llegada de los ordenadores personales e internet, esto va a cambiar nuestras vidas, pero debemos ser cautelosos y no bajar la guardia para evitar riesgos.

15.

EN BUSCA DEL ADN: UN VIAJE EN EL TIEMPO Y EL ESPACIO

CARLOS BRIONES

«Tu jungla interior
es arcaica,
ramificada, balda,
húmeda y caliente.
La sopa originaria
cría parásitos.
Un pulular caprichoso
prolifera, se muda
y muere de nuevo».
Bajo la piel, HANS MAGNUS ENZENSBERGER

A lo largo de este libro hemos visto que el ADN es una molécula esencial para la vida en la Tierra. Todos los seres vivos mantenemos la información genética codificada en la secuencia de nucleótidos de este biopolímero, y su replicación con mutaciones está en la base de la evolución.

Pero ¿puede el ADN permitirnos «rebobinar la cinta de la vida» y llegar hasta sus orígenes, hace unos 3.800 millones de años (Ma), cuando la química de nuestro planeta dio lugar a la biología? En este capítulo hablaremos sobre ello y buscaremos al antepasado común de los organismos que alguna vez han habitado en la Tierra.

También veremos cómo la investigación sobre el origen de la vida nos ha mostrado que muy probablemente el ADN no fue el primer polímero genético, y que inicialmente pudieron existir otras moléculas informativas. Entre ellas, se cree que el ácido ribonucleico (ARN) pudo ser anterior al ADN ya que además de funcionar como archivo de información heredable realizaría funciones bioquímicas, algunas de las cuales se han mantenido hasta la actualidad. En esto se basa el modelo denominado «Mundo ARN», que vais a conocer en las próximas páginas. De hecho, consideramos que los primeros virus (sean auténticos seres vivos o no, ya lo discutiremos) con genoma de ARN pudieron originarse en aquel lejano Mundo ARN, mientras que los virus de ADN comenzarían a parasitar los sistemas celulares una vez que el flujo de información genética se estableció en el sentido ADN→ARN→proteínas.

Todo esto nos llevará a plantearnos otra pregunta de gran calado, en la que todos habéis pensado alguna vez: ¿puede haber vida fuera de la Tierra? En el caso de que se haya desarrollado en otros planetas o satélites, ¿esos seres vivos tendrán también ADN? ¿Podemos imaginar cómo será su genética y su bioquímica? Abrochémonos los cinturones, que el viaje está a punto de comenzar.

¿QUÉ NOS DICE EL ADN SOBRE
EL ORIGEN DE LA VIDA?

En alguna ocasión ha escrito Richard Dawkins que, aunque desaparecieran todos los museos de ciencia y se perdieran los fósiles descubiertos hasta ahora, seguiríamos teniendo pruebas irrefutables sobre la evolución biológica: los genomas de los seres vivos actuales. En efecto, nosotros y cada uno de los organismos que nos rodean guardamos en nuestro ADN el reflejo de toda la historia evolutiva que nos ha traído hasta aquí.

Hasta mediados del siglo xx, las comparaciones entre organismos vivos, o entre estos y las especies fósiles relacionadas, se realizaban utilizando criterios morfológicos (es decir, *fenotípicos*) que habían ido refinándose a lo largo del tiempo. Pero la llegada de la biología molecular en la década de 1950 acabaría suponiendo una revolución en el ámbito de la taxonomía y la filogenia, ya que abría la puerta al uso de datos *genotípicos* para comparar los organismos.

Así, en 1962, Emile Zuckerkandl y Linus Pauling plantearon la hipótesis del «reloj molecular», según la cual determinados genes muestran una tasa de mutación prácticamente constante a lo largo del tiempo. Este modelo (matizado de varias formas desde entonces) implicaba algo revolucionario: cuantificando el número de mutaciones que presenta un mismo gen en dos o más especies diferentes, y aplicando ciertos sistemas de corrección, podemos estimar el tiempo transcurrido desde la divergencia de dichas especies a partir de un ancestro común.

Esta es la base de la «filogenia molecular», que desde entonces ha unificado los estudios de taxonomía y evolución. Así, como vimos en el capítulo de Paula Ruiz, los árboles filogenéticos construidos por comparación de un mismo gen (o un conjunto de ellos, y posteriormente genomas completos) para un grupo de especies permite plantear una hipótesis de las relaciones evolutivas existentes entre ellas.

Sin entrar en detalles técnicos, las dos características principales que debe tener un gen para poder funcionar como un reloj evolutivo es que no haya evidencias sobre su transferencia horizontal (un concepto que ya trató Alex Richter-Boix en su capítulo) entre especies diferentes, y que su tasa de mutación sea compatible con la distancia genética de los organismos comparados. Por tanto, cuando a partir de la década de 1970 Carl Woese y George E. Fox se propusieron realizar «filogenias universales», decidieron utilizar un gen conservado en todas las especies celulares conocidas y cuya tasa de mutación es muy baja: el del ARN presente en la subunidad ribosomal menor, que tiene aproximadamente 1.500 nucleótidos.

El uso de este gen para viajar hacia el pasado más remoto de la vida permitió dos grandes hallazgos, que posteriormente han sido confirmados utilizando otros genes e incluso genomas completos. El primero fue que los seres vivos se clasifican en tres grandes dominios filogenéticos: Bacteria, Archaea y Eucarya. Bacterias y arqueas son microorganismos con organización procariótica (sin núcleo definido ni orgánulos, que en la clasificación fenotípica tradicional de los «cinco reinos» corresponderían a las moneras), mientras que los eucariotas poseen núcleo, orgánulos y una compleja organización interna, pudiendo ser tanto unicelulares (el reino de los protistas) como pluricelulares (plantas, hongos y animales, que en conjunto solo suponen el 15% del total de especies conocidas).

LUCA: EL ANTEPASADO COMÚN
DE TODA LA BIODIVERSIDAD

El segundo resultado trascendental que mostraban los árboles filogenéticos universales es que existió un ancestro común de toda la biodiversidad, ya que las ramas de los tres dominios surgían desde un único punto. Pero, lógicamente, parecía más probable que en vez de una trifurcación de linajes se hubieran producido dos procesos sucesivos de bifurcación. Por tanto, era necesario disponer de algún método bioinformático que permitiera «enraizar» el árbol filogenético, es decir, transformar su topología para que tuviera una raíz y un tronco común, del que surgirían dos ramas… y posteriormente otras dos a partir de una de ellas.

Representación de la topología de un árbol filogenético universal sin raíz (izquierda) y otro con raíz y tronco común (centro), mostrando la posición de LUCA (L) y de los dominios filogenéticos Bacteria (B), Archaea (A) y Eucarya (E). En el tercero (derecha, basado en un esquema de William F. Doolittle y colaboradores), LUCA se identifica con una comunidad de especies que comparten genes, y se muestran numerosos procesos de transferencia génica horizontal. Figura elaborada por el autor.

Para esto fueron claves las aportaciones de Peter Gogarten y Naoyuki Iwabe en 1989, quienes trazaron filogenias universales utilizando respectivamente dos tipos de genes parálogos (genes homólogos que habían sufrido procesos de duplicación antes de la separación de los linajes): los de la subunidad catalítica y regulatoria de la H⁺-ATPasa (una enzima insertada en la membrana que sintetiza el ATP requerido en el metabolismo celular) y los de los factores de elongación EF-Tu y EF-G (proteínas clave en la traducción del mensaje genético por los ribosomas).

La especie hipotética que ocupaba el lugar más alto del tronco común del árbol de la vida, antes de que este comenzara a ramificarse, fue denominada LUCA (acrónimo de *Last Universal Common Ancestor* o «último ancestro común universal»). Dicho nombre fue propuesto por Christos A. Ouzounis durante un congreso celebrado en Francia en 1996, y comenzó a popularizarse dos años después con la publicación por Carl Woese del artículo titulado «*The universal ancestor*».

Por tanto, los genes estaban mostrando que realmente existió aquel antepasado de todas las formas de vida presentes y pasadas postulado por Charles R. Darwin en la frase final de su obra más famosa, *El origen de las especies*. En la primera edición, publicada el 24 de noviembre de 1859, esa frase decía: «Hay grandeza en esta concepción de que la vida, con sus diferentes fuerzas, ha sido alentada inicialmente en un corto número de formas o en una sola, y que, mientras este planeta ha ido girando según la constante ley de la gravitación, se han desarrollado, y se siguen desarrollando, a partir de un principio tan sencillo, una infinidad de las más bellas y portentosas formas».

Tras el descubrimiento de LUCA gracias a las técnicas de filogenia molecular, algunos autores han propuesto que en realidad no se trataría de una especie única sino de una comunidad de ellas, que en conjunto contendrían el repertorio de genes ancestrales de los que deriva toda la vida en nuestro planeta. En cualquier caso, la comparación de los genomas de seres vivos actuales pertenecientes a los tres dominios permite determinar qué genes (y, por tanto, qué proteínas codificadas por ellos) estarían ya presentes en LUCA, lo que se ha podido complementar con estudios de bioquímica y metabolismo comparados.

Así, se ha determinado que LUCA era una especie (o varias, íntimamente relacionadas) unicelular y sin núcleo, con una membrana plasmática de naturaleza lipídica. Su genoma era de ADN y el flujo de información genética ya estaba fijado en el sentido ADN→ARN→proteínas, por lo que tenía disponibles las maquinarias moleculares de la replicación (ADN polimerasa), la transcripción (ARN polimerasas) y la traducción (ribosomas). Además, quizá en LUCA ya operaba algún mecanismo primitivo de regulación génica. Se considera que podría tener un número de genes de en torno a 600, aunque sobre esta cifra existe una notable discrepancia. Su sistema de obtención de energía estaría basado en el uso de una ATPasa transmembrana, y su metabolismo central sería similar al que presentan hoy todas las especies celulares. Asumimos que LUCA vivió hace entre 3.900 y 3.700 Ma, en la infancia de un planeta que se había formado hace unos 4.500 Ma.

A partir de LUCA se produjo la progresiva diversificación de la vida que podemos trazar utilizando técnicas filogenéticas. La mayor parte de los genes utilizados en esa labor detectivesca indican que en primer lugar se bifurcaron las ramas de las bacterias y las arqueas. Mucho después, hace entre 2.000 y 1.500 Ma, se originaron los primeros eucariotas mediante eventos sucesivos de endosimbiosis entre bacterias y arqueas (una línea de investigación en la que destaca el trabajo realizado por Lynn Margulis) que acabaron originando el núcleo, las mitocondrias y (en la rama del árbol que acabaría originando los eucariotas fotosintéticos) los cloroplastos. Los primeros estromatolitos (formas fosilizadas de tapetes microbianos) y microfósiles de bacterias conocidos tienen una antigüedad de unos 3.430 Ma, los de arqueas aproximadamente 2.800 Ma, y los de eucariotas en torno a 1.650 Ma. Lógicamente, dada su antigüedad, de ninguno de ellos se puede extraer ADN (ni proteínas) y en el mejor de los casos, las únicas biomoléculas detectables son lípidos de membrana modificados por los procesos geológicos ocurridos desde entonces. De hecho, como se comentó en el capítulo de Víctor García Tagua, estimamos que en fósiles de más de 7 Ma el ADN queda ya totalmente degradado a nucleótidos, y el genoma más antiguo que recientemente se ha podido secuenciar corresponde a un mamut fosilizado que vivió hace «solamente» 1,2 Ma.

ANTES DE LUCA… Y DEL ADN: EL MUNDO DEL ARN

Con LUCA hemos llegado al ancestro más antiguo de la vida que podemos reconocer utilizando las comparaciones de genes y metabolismos actuales. Pero ese antepasado común de toda la biodiversidad ya era muy complejo, por lo que es lógico pensar que fue precedido por otros seres vivos más simples. Al avanzar en esa dirección surge una primera pregunta: ¿cuándo comenzó a ser «habitable» nuestro planeta? Hoy en día consideramos que hace unos 4.400 Ma la Tierra ya se había enfriado lo suficiente como para que el magma fundido de su superficie hubiera dado lugar a una corteza sólida. A partir de esa época, la ingente cantidad de vapor de agua que contenía la atmósfera comenzó a condensarse y a precipitar en forma de lluvias torrenciales sobre la superficie, hasta formar un gran océano global.

En él se irían disolviendo progresivamente parte de los compuestos que existían en los fragmentos rocosos (llamados «planetesimales»), que por acreción habían originado la Tierra, y también los que habían sido aportados hasta entonces por el intenso bombardeo de meteoritos y núcleos de cometas. Algunas de las moléculas de la «sopa primitiva» que se estaba preparando tenían carbono, en ocasiones unido a otros de los cinco elementos fundamentales para la vida: hidrógeno, oxígeno, nitrógeno, fósforo y azufre. Así, en los diferentes entornos geológicos que se iban formando en la Tierra, la química (tanto en medios acuosos como en la interfase entre agua y rocas) podría comenzar a explorar todo su potencial para ir formando moléculas orgánicas progresivamente más grandes y complejas. Con ello se estaban dando los primeros pasos hacia el origen de los seres vivos, entendidos (siguiendo una definición operativa acuñada por Gerald F. Joyce y muy aceptada en este campo) como sistemas químicos autorreplicativos capaces de evolucionar por selección natural.

Las reacciones de química prebiótica, algunas de las cuales podemos realizar en los laboratorios actuales, irían permitiendo la formación más o menos simultánea de los tres componentes o subsistemas fundamentales de todo ser vivo: i) un compartimento que lo diferencie funcionalmente de su entorno; ii) un metabolismo que permita captar materia y energía del exterior, y transformar las moléculas mediante procesos catalíticos acoplados entre sí; y iii) una molécula genética que contenga la información heredable, con la que se garantice la continuidad evolutiva del sistema.

En el campo del origen de la vida (o «los orígenes», pues nada impide que el proceso se intentara en más de una ocasión) se ha priorizado tradicionalmente uno u otro subsistema, con hipótesis como las del «metabolismo primordial» o la «replicación temprana». Sin embargo, durante los últimos años favorecemos una visión alternativa e integradora, denominada «química de sistemas prebiótica». En ella se considera que en el camino hacia la vida existieron mezclas heterogéneas de componentes (incluyendo diferentes monómeros, oligómeros, membranas e interfases heterogéneas), así como procesos autocatalíticos operando entre ellos.

Consideramos que los primeros seres vivos en los que ya estaban acoplados compartimento, metabolismo y genoma fueron 200 o 300 Ma anteriores a la aparición de LUCA. Una pregunta interesante en el contexto que estamos tratando es: ¿su molécula genética era ADN? Pues bien, probablemente no lo fuera. Según el modelo del Mundo ARN (planteado por Walter Gilbert en 1986 y que se ha ido completando desde entonces), este ácido nucleico pudo ser anterior al ADN y a las proteínas, ya que habría funcionado simultáneamente como genotipo (con la información mantenida en su secuencia de nucleótidos) y como fenotipo (gracias a la estructura tridimensional que adopta en disolución y a las funciones bioquímicas que puede realizar, entre ellas la catálisis de ciertas reacciones por las enzimas de ARN llamadas genéricamente «ribozimas»).

Por tanto, tal vez los primeros seres vivos fueron sistemas celulares, que se han denominado «ribocitos» por Jack W. Szostak, en los que su membrana estaría formada por ácidos grasos y su genoma (inicialmente mucho más simple que el de LUCA) sería de ARN. Algunas ribozimas (ayudadas por péptidos formados abióticamente, ciertas moléculas orgánicas y también cofactores inorgánicos) habrían realizado las funciones catalíticas necesarias para mantener un metabolismo progresivamente más complejo. Quizá, por tanto, nuestros genes estaban escritos en ARN hace unos 4.000 Ma.

VIRUS Y VIROIDES: REPLICANTES EN LAS FRONTERAS DE LA VIDA

Como hemos visto, una de las evidencias que apoyan el Mundo ARN anterior a la aparición y diversificación de LUCA es la capacidad que tiene este ácido nucleico para mantener y transmitir información genética. En la biosfera actual existen dos tipos de entidades replicativas que lo demuestran: los virus con genoma de ARN y los viroides.

Los virus comenzaron a descubrirse a finales del siglo XIX y principios del XX como patógenos de plantas, animales (incluida nuestra especie) y bacterias (los llamados genéricamente bacteriófagos o «fagos»). Son partículas muy pequeñas, típicamente entre 2 y 50 veces menores que las bacterias o arqueas, y están compuestos por un genoma (que puede ser de ADN o de ARN, en ambos casos de cadena doble o sencilla), una cubierta o cápsida proteica y, en ocasiones, una membrana lipídica proveniente de la última célula infectada. Son, por tanto, sistemas compartimentados y con material genético... pero carecen de metabolismo y por ello tienen que parasitar a un hospedador celular para poder replicarse. Así, aunque este es un tema controvertido, la mayor parte de los investigadores considera que los virus no son auténticos seres vivos porque carecen de autonomía metabólica.

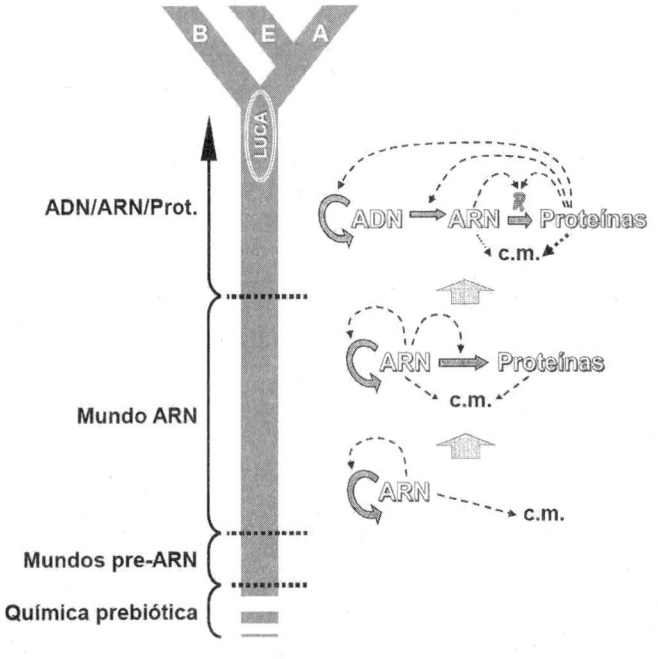

Representación esquemática del tronco común del árbol de la vida (equivalente al panel central de la figura anterior), que culmina en LUCA y posteriormente se diversifica en los dominios filogenéticos Bacteria (B), Archaea (A) y Eucarya (E). Se indican las fases propuestas para el Mundo ARN y su transición a la etapa en la que el flujo de información genética en las células ya se había establecido como ADN→ARN→Proteínas. La abreviatura «c.m.» indica la realización de actividades catalíticas del metabolismo. Figura elaborada por el autor.

Sin embargo, resultan agentes fundamentales en la evolución biológica desde los orígenes de la vida: probablemente los primeros virus ARN surgieron a la vez que los ribocitos de los que hablábamos, y los virus ADN pioneros fueron contemporáneos a la aparición de las primeras células con ADN como material genético. Desde entonces, unos y otros han desempeñado un papel fundamental en la transferencia horizontal de genes entre especies celulares, en ocasiones pertenecientes a linajes o incluso dominios filogenéticos diferentes. Con ello, multitud de «ramas horizontales» se han ido añadiendo al árbol de la vida, por lo que en realidad lo más adecuado sería representarlo como un arbusto o una enredadera (según se muestra en el panel derecho de la primera figura). Gracias a esa coevolución entre células y virus hemos llegado hasta aquí.

Actualmente se conocen más de 6.000 especies de virus pertenecientes a más de 170 familias que infectan a eucariotas, bacterias y arqueas. Sin embargo, asumimos que estas cifras son insignificantes frente a las de la «virosfera» que rodea toda vida celular: en nuestro planeta podrían existir unas 10 veces más de especies virales que celulares, con lo que estaríamos hablando de centenares o miles de millones de ellas. En el caso de los virus que infectan a *Homo sapiens*, la inmensa mayoría de ellos son inocuos o incluso beneficiosos, y solo un número muy limitado nos producen enfermedades. Esto conviene recordarlo durante la pandemia de COVID-19 producida por el coronavirus (una de las familias de virus ARN) SARS-CoV-2, y a pesar de la mala fama de los virus en las películas de ciencia ficción… que suelen acabar destruyendo la humanidad o convirtiéndonos en zombis.

El genoma de los virus es mucho más corto y compacto que el de las células: tiene típicamente entre 2.000 y 400.000 nucleótidos, aunque el de algunas familias de «virus gigantes» llega a superar los 2 millones. Sus genes codifican la o las proteínas de la cápsida, la polimerasa (de ADN o de ARN, o bien la transcriptasa reversa con la que los retrovirus realizan el proceso ARN→ADN) y las proteínas reguladoras que sean necesarias para su replicación dentro de su célula hospedadora. Los virus con genoma de ARN carecen (por lo general) de actividades correctoras de errores en sus polimerasas, por lo que su genoma se copia con una tasa de mutación mucho mayor que la de los virus ADN y forman dentro de cada hospedador distribuciones complejas de mutantes llamadas «cuasiespecies virales». Esto les confiere una gran capacidad de adaptación frente las presiones selectivas impuestas por el ambiente (produciendo, por ejemplo, mutantes resistentes a fármacos antivirales o variantes de escape a vacunas). Además, las cuasiespecies de virus ARN constituyen sistemas modelo muy interesantes para estudiar cómo podría haber sido la dinámica replicativa en aquel lejano Mundo ARN.

 El segundo tipo de entidades replicativas basadas en ARN son los viroides, parásitos que hasta el momento solo se han encontrado en plantas ya que en ellas producen diferentes enfermedades. Son aún más simples que los virus, pues no tienen membrana ni cápsida: están constituidos únicamente por una molécula de ARN corta (entre aproximadamente 250 y 400 nucleótidos), circular y fuertemente estructurada. Algo muy interesante en el contexto de todo lo que habéis ido leyendo en este libro es que el ARN viroidal no codifica ninguna proteína, es decir, no posee genes. Así, el propio ARN estructurado (en el que genotipo y fenotipo son totalmente indistinguibles) se encarga de «secuestrar» una de las ARN polimerasas celulares y dedicarla a su propia replicación, con tasas de mutación aún mayores que las de los virus ARN. Por todo ello los viroides son muy interesantes en fitopatología, y también como modelos para las primeras etapas de un Mundo ARN en el que aún no existía la traducción del mensaje genético a proteínas.

¿PODRÍA HABER MOLÉCULAS GENÉTICAS DIFERENTES DEL ADN Y EL ARN?

Hasta este punto nos hemos centrado en los primeros pasos de la vida, mostrando cómo el ARN pudo ser anterior al ADN. Pero ¿quiere esto decir que el ARN fue *el primer* material genético? No tendría por qué.

Desde los trabajos pioneros de Albert Eschenmoser, en diferentes laboratorios se han logrado sintetizar polímeros análogos a los ácidos nucleicos naturales. Algunos de ellos están basados en nucleótidos que incorporan modificaciones en su azúcar (ribosa en el ARN y desoxirribosa en el ADN) o bien contienen bases nitrogenadas diferentes de las presentes en el ARN (A, C, G, U) o el ADN (A, C, G, T). La posibilidad de que los ácidos nucleicos contaran inicialmente con un repertorio mayor de nucleótidos está apoyada por la detección en varios meteoritos de tipo condrita carbonácea (ricos en materia orgánica) de decenas de nucleobases diferentes. Desde la química, el grupo de Steven A. Benner demostró en 2019 que era posible sintetizar *in vitro* ADN y ARN con un «alfabeto expandido» formado por cuatro letras adicionales a las cuatro típicas, sin que esto alterara la estructura en disolución de los ácidos nucleicos.

En el ámbito de la biología, un sorprendente descubrimiento de 1977 que se ha podido confirmar y ampliar en 2021 es que algunos virus bacteriófagos no contienen en su ADN genómico la base nucleotídica A, sino su variante 2-aminoadenina, abreviada como «Z» y que a diferencia de la A forma tres enlaces por puentes de hidrógeno con la T. Se ha demostrado que esos fagos con alfabeto «ZTCG» codifican en su genoma dos proteínas que no van a encontrar en las bacterias a las que parasiten: una de las enzimas implicadas en la biosíntesis del nucleótido dZTP, y una ADN polimerasa capaz de incorporarlo durante la replicación del ADN viral. Este hallazgo tiene importantes repercusiones evolutivas y también en el campo de la biotecnología, que están explorándose en la actualidad.

En los laboratorios se han sintetizado otros análogos de ácidos nucleicos sustituyendo el esqueleto natural de (desoxi)ribosa-fosfato por distintas variantes, como por ejemplo polímeros de glicerol-fosfato (en la molécula conocida como GNA), treosa-fosfato (TNA), ribosa en una conformación cerrada unida a fosfato (LNA), o unidades similares a aminoácidos polimerizadas mediante enlaces peptídicos (PNA).

GNA   **TNA**   **LNA**   **PNA**

Ejemplos de análogos de ácidos nucleicos sintetizados en distintos laboratorios, en los que «b» indica la posición de las bases nitrogenadas. Figura elaborada por el autor.

En todos ellos, una de las características buscadas es que la separación entre bases nitrogenadas y su orientación sean las correctas para que puedan hibridarse por complementariedad de bases con el ARN y el ADN. Así, dada su versatilidad y su resistencia a las enzimas que degradan los ácidos nucleicos naturales, varios de estos análogos se están utilizando en diferentes campos de la biotecnología y la biomedicina. Desde el punto de vista evolutivo se investiga si los monómeros que los forman podrían haber existido en condiciones prebióticas, y si por tanto, sería posible plantear eventuales «Mundos pre-ARN» protagonizados por ellos.

Dando un paso más, ¿los primeros materiales genéticos tuvieron que ser necesariamente polímeros similares a los ácidos nucleicos? Se ha propuesto que determinados minerales cristalinos de la familia de los silicatos (que forman rocas como las arcillas) podrían haber proporcionado un sistema bi- o tridimensional para mantener información, en forma de impurezas o irregularidades dentro de su estructura. Según sus partidarios (entre los que destacó Graham Cairns-Smith) los procesos de crecimiento y división de estos posibles «sistemas proto-genéticos minerales» podrían incluso permitir la transmisión de dicha información. Sin embargo, no se ha podido demostrar qué «variabilidad genética» sería alcanzable con ellos, si tal información pudiera heredarse entre generaciones sucesivas, y tampoco cómo se garantizaría una continuidad evolutiva entre estos sistemas minerales y algún tipo de polímero con información genética similar a la del ARN y ADN. A pesar de ello, desde la ciencia ficción las «vidas minerales» basadas principalmente en el silicio y sus compuestos siempre han dado mucho juego, como en el mítico capítulo *El diablo en la oscuridad* de *Star Trek*, o en la novela y película *La amenaza de Andrómeda*.

Volviendo a la ciencia del origen de la vida, recordemos que lo realmente importante para que exista la evolución es la *transferencia de información* entre generaciones sucesivas, independientemente del soporte material (mineral o bioquímico) que la acogiera en cada momento. De hecho, con la reproducción de los seres vivos la información genética sobrevive a la molécula que la porta e incluso al propio organismo que se originó a partir de ella. Cada animal, hongo, planta o microorganismo que nos rodea es el resultado de uno de los caminos seguidos por aquella información primordial que comenzó a heredarse durante la infancia de nuestro planeta.

BUSCANDO VIDA FUERA DE LA TIERRA

Todo lo que hemos aprendido sobre la transición entre la química y la biología nos lleva a plantearnos si también podrían existir seres vivos fuera de este punto azul pálido. Considerando que los requerimientos mínimos para la vida son agua en estado líquido, moléculas orgánicas y una fuente de energía, es muy probable que exista una ingente cantidad de lugares donde puede haber surgido… o quizá surja en el futuro. La astrobiología tiene como objetivo investigar sobre el origen, evolución y posible distribución de la vida en el Universo: grandes preguntas que requieren un enfoque interdisciplinar, mucho trabajo… y grandes dosis de imaginación.

Dentro del Sistema Solar, dos de los cuerpos en los que se busca vida extraterrestre son los planetas rocosos Marte (principal destino de nuestras misiones robóticas) y Venus, ya que hace entre 4.000 y 3.000 Ma ambos eran muy parecidos a la Tierra, geológicamente activos y con mucha agua en su superficie. Dado que su historia ha sido muy diferente desde entonces, quizá si los seres vivos surgieron en esos planetas, acabaron extinguiéndose y solo podríamos encontrar las «biofirmas» morfológicas y moleculares que hayan dejado. Pero en *Parque Jurásico* aprendimos que la vida se abre camino: ¿tal vez algún tipo de microorganismo aún siga viviendo actualmente en el subsuelo de Marte o en las nubes de Venus?

La astrobiología propone una aproximación interdisciplinar al estudio del origen, evolución y distribución de la vida en el Universo. Crédito: NASA.

También son prometedores para la biología algunos de los satélites de los gigantes de gas, principalmente Europa y Ganímedes en el sistema de Júpiter, o Encélado y Titán en el de Saturno. Se conocen como «mundos oceánicos» porque, bajo su superficie de hielo y otros compuestos, poseen grandes océanos de agua líquida en cuyo lecho puede haber (al menos, en Europa y Encélado) volcanes submarinos. Esas aguas reúnen todas las condiciones para que, ahora mismo, existan seres vivos. El reto para las misiones robóticas futuras es encontrar allí compuestos «biomarcadores» que provengan de su metabolismo y no hayan podido originarse por procesos geoquímicos.

¿Y las misiones tripuladas? Se estima que en dos décadas podrían llegar astronautas a Marte... y más tarde quizá también a otros cuerpos de nuestro vecindario cósmico. Entonces resultarán aún más importantes que ahora las medidas de «protección planetaria», para no contaminar los lugares visitados con microorganismos o biomoléculas terrestres. Sin duda, iría contra las normas de la bioética (y además supondría un falso positivo) detectar una supuesta vida alienígena que finalmente resultara ser un representante del microbioma humano, o amplificar y secuenciar allí genes que en realidad fueran terrícolas.

MÁS ALLÁ DEL SISTEMA SOLAR

También se está empezando a buscar señales de vida fuera del Sistema Solar, en los planetas que orbitan otras estrellas y de los cuales ya se han descubierto más de 4.500. Este número crece día a día, pero resulta insignificante si tenemos en cuenta que prácticamente todas las estrellas albergan planetas a su alrededor en algún momento de su evolución... y el número de estrellas en el Universo observable se estima en unos 30.000 trillones (3×10^{22}). Además, lo que sabemos de nuestro propio vecindario cósmico nos indica que el número total de satélites podría ser uno o dos órdenes de magnitud mayor que el de planetas. Ante números tan astronómicamente grandes (nunca mejor dicho) como estos, y parafraseando a Carl Sagan, si estamos solos en el Universo sin duda sería un terrible desperdicio de espacio.

Entre los exoplanetas que se van detectando y caracterizando, los más interesantes para la astrobiología son los rocosos, con masas y volúmenes similares a los de la Tierra, con atmósferas apreciables y que ocupan la llamada «zona de habitabilidad» en torno a su estrella: el rango de distancias a las cuales la temperatura del planeta es compatible con la existencia de agua líquida en su superficie. Con tales restricciones, hasta ahora no llegan a 100 los exoplanetas conocidos que se consideran potencialmente habitables por algún tipo de vida, y este número se reduce a menos de 30 si utilizamos criterios estrictos.

En cualquier caso, dada la enorme distancia que nos separa de todos los planetas situados fuera del Sistema Solar (desde 4,2 hasta miles de años luz), las misiones robóticas no pueden llegar a ellos y parece que tampoco podrán hacerlo durante los próximos siglos. Por tanto, han de investigarse utilizando diferentes técnicas espectroscópicas desde telescopios terrestres o espaciales. Con ellas, pronto se podrá disponer de datos sobre la composición de sus superficies y, en caso de tenerlas, de sus atmósferas. Quizá, con mucha suerte, alguna vez se encuentren señales que nos hablen de la existencia de moléculas biomarcadoras.

Existe otra opción, mucho menos probable pero siempre más apetecible para la ciencia ficción, como entre otras novelas y películas nos mostró la maravillosa *Contact*: que los programas de búsqueda de inteligencias extraterrestres (englobados en la estrategia SETI) detectaran alguna vez una señal en ondas de radio (o bien algún otro tipo de «tecnofirma») que no pueda ser atribuible a la física del Cosmos. En ese caso los humanos no estaríamos solos como especie inteligente y tecnológica... y tal vez incluso podríamos llegar a comunicarnos con esa otra civilización contactada.

¿Y SI ENCONTRAMOS ADN EXTRATERRESTRE?

Si alguna vez encontramos vida extraterrestre, la química nos dice que muy probablemente estará basada en el agua y el carbono. Pero a partir de esos ingredientes podrá haberse desarrollado una bioquímica similar o diferente de la que nos rodea. En el caso de que sus biomoléculas sean muy distintas de las nuestras, detectar esa otra vida supondrá un auténtico reto científico y tecnológico. Por el contrario, si son parecidas a las terrícolas buscaremos entre ellas ADN, ARN o algún otro polímero genético similar a los que hemos comentado.

Si fuera así, al leer ese mensaje genético podría ocurrir que no se pareciera a ninguna de las secuencias que forman el árbol evolutivo derivado de LUCA, con lo que quizá habríamos detectado (por ejemplo, en las oscuras aguas subsuperficiales de Europa) a los descendientes de un origen de la vida independiente del nuestro. Pero si la secuencia de esos genes alienígenas (una vez descartada la posible contaminación de origen terrestre, claro está) fuera similar a la de alguno de los seres vivos que nos rodean, podríamos plantearnos que el origen de ambas vidas (por ejemplo, marciana y terrícola) fue único... y los microorganismos viajaron de un planeta a otro a bordo de meteoritos, tal como sostiene la provocativa hipótesis de la panspermia. En cualquiera de los dos casos, como decía Arthur C. Clarke, la conclusión sería asombrosa.

Por el momento, todas las opciones están abiertas. Recordemos que E.T. tenía ADN.

Cartel promocional del reestreno en marzo de 2002 (20 aniversario) de la película *E.T., el extraterrestre*, dirigida por Steven Spielberg y producida por Kathleen Kennedy y el propio Spielberg [Universal Pictures].

LECTURAS RECOMENDADAS

CAPÍTULO 1

Martínez Pulido, Carolina (2017). Martha Chase: éxito y ocaso de una científica singular. https://mujeresconciencia. com/2017/06/13/martha-chase-exito-ocaso-una-cientifica-singular/

Tomé López, César (2014). De la doble hélice. https:// culturacientifica.com/2014/01/21/de-la-doble-helice/

Martínez Pulido, Carolina (2017). Daisy Roulland-Dussoix: científica a incluir en la génesis de la ingeniería genética. https://mujeresconciencia.com/2017/07/18/daisy-roulland-dussoix-cientifica-incluir-la-genesis-la-ingenieria-genetica/

CAPÍTULO 2

Johnson, Steven (2020). *El mapa fantasma*. Ed. Capitán Swing, Madrid.

López-Goñi, Ignacio (2020) *Virus y Pandemias*. Ed. Guadalmazán, Córdoba.

Spinney, Laura (2018). *El jinete pálido*. Ed. Critica, Barcelona.

CAPÍTULO 3

Cubero, J. I. (2018). *Historia General de la Agricultura*. Editorial Guadalmazán.

Porcel, R (2013). Van Montagu, en la antesala del Nobel. *La Ciencia de Amara*.

http://lacienciadeamara.blogspot.com/2013/06/van-montagu-en-la-antesala-del-nobel.html

Porcel, R (2014). El trigo apto para celíacos sigue su curso. Fase ensayos clínicos. *La Ciencia de Amara.*

http://lacienciadeamara.blogspot.com/2014/09/el-trigo-apto-para-celiacos-sigue-su.html

Porcel, R (2015). Olores genéticamente modificados. *La Ciencia de Amara.*

http://lacienciadeamara.blogspot.com/2015/04/olores-geneticamente-modificados.html

Porcel, R (2018). La seguridad del glifosato no depende de lo que diga un tribunal. *The Conversation.*

https://theconversation.com/la-seguridad-del-glifosato-no-depende-de-lo-que-diga-un-tribunal-101472

Montoliu, L (2020). Los salmones transgénicos llegarán por fin a la mesa… en EE. UU. Naukas.

https://montoliu.naukas.com/2020/07/05/los-salmones-transgenicos-llegaran-por-fin-a-la-mesa-en-eeuu/

Serrano, J (2017). La verdad sobre el mito: así aguantarían las cucarachas durante una bomba nuclear.

https://es.gizmodo.com/la-verdad-sobre-el-mito-asi-aguantarian-las-cucarachas-1794085630

CAPÍTULO 4

Morey, Darcy (2010). *Dogs: Domestication and the development of the Social Bond.* Doi: https://doi.org/10.1017/CBO9780511778360

Nuwer, Rachel (2021). *Dog Domestication May Have Begun because Paleo Humans Couldn't Stomach the Original Paleo Diet.* Scientific American. https://www.scientificamerican.com/article/dog-domestication-may-have-begun-becausepaleo-humans-couldnt-stomach-the-original-paleo-diet/

Pierrotti, Raymond y Fogg, Brandy (2017). *The First Domestication: How Wolves and Humans Coevolved.* Yale University Press. Doi: https://doi.org/10.2307/j.ctt1wc7rbm

Dugatkin, Lee Alan y Trut, Lyuddmila (2017). *How to Tame a Fox (and Build a Dog).* University of Chicago Press

Hobgood-Oster, Laura (2014). *A Dog's History of the World. Canines and the Domestication of Humans.* Baylor University Press.

Morell, Virginia (2015). Del lobo al perro. Cómo un carnívoro temible acabó convirtiéndose en el mejor amigo del hombre. Investigación y Ciencia. https://www.investigacionyciencia.es/revistas/investigacion-y-ciencia/la-cara-oculta-del-cosmos-647/del-lobo-al-perro-13460

Hare, Brian y Woods, Vanessa (2020). La supervivencia del más amable. Investigación y Ciencia. https://www.investigacionyciencia.es/revistas/investigacion-y-ciencia/los-reyes-del-bosque-809/la-supervivencia-del-ms-amable-19055

Leonard, Jennifer y Vilà, Carles (2004). Origen de los perros del Nuevo Mundo. Proceden de los euroasiáticos. Investigación y Ciencia. https://www.investigacionyciencia.es/revistas/investigacion-y-ciencia/el-episodio-de-impacto-de-chicxulub-366/origen-de-los-perros-del-nuevo-mundo-proceden-de-los-euroasiticos-3682

CAPÍTULO 5

Gibbons, Ann (2020). The Neanderthal DNA you carry may have surprisingly little impact on your looks, moods. Science doi: 10.1126/science.abc3998

Hayes, Eleanor (2012). Svante Pääbo: un arqueólogo del genoma. Science in School, the European journal for science teachers.

https://www.scienceinschool.org/es/2011/issue20/paabo

Investigación Y Ciencia. (2016). Crecen las pruebas sobre la repetida hibridación entre especies humanas antiguas.

https://www.investigacionyciencia.es/noticias/crecen-las-pruebas-sobre-la-repetida-hibridacin-entre-especies-humanas-antiguas-13961

National Geographic. 2020. *X neandertal, Y sapiens: la hibridación de dos especies humanas.*

https://www.nationalgeographic.com.es/ciencia/x-neandertal-y-sapiens-hibridacion-dos-especies-humanas_15933

Martinón-Torres, María. (2018). *Antropología: que hemos aprendido en la última década. ¿Hacia una nueva ilustración? Una década trascendente.* Madrid, BBVA.

https://www.bbvaopenmind.com/articulos/antropologia-que-hemos-aprendido-en-la-ultima-decada/

Martínez Pulido, Carolina. (2020). Fructíferos encuentros entre homininos cuestionan el relato convencional. Mujeres Con Ciencia.

https://mujeresconciencia.com/2020/03/03/fructiferos-encuentros-entre-homininos-cuestionan-el-relato-convencional/

Saez Roberto. 2020. Por fin, el cromosoma Y de los neandertales, pero con más preguntas que respuestas. Nutcracker Man.

https://nutcrackerman.com/tag/adn-neandertal/

CAPÍTULO 6

Lalueza-Fox, Carles (2017) *Des-Extinciones. Una inmersión rápida.* Tibidabo Ediciones.

Crichton, Michael (1990) *Parque Jurásico.* Random House.

Grosso, Halle (2019, 2020) *Desextinción 1 y 2*. Multiverso Editorial.

Horner, Jack; Gorman, James (2009). *How to build a dinosaur: extinction doesn't have to be forever*. New York: Dutton.

Saphiro, Beth (2015) *How to Clone a Mammoth: The Science of De-Extinction*. Princeton University Press.

O'Connor, Maura R (2015) *Resurrection Science: Conservation, De-Extinction and the Precarious Future of Wild Things*. New York: St. Martin's Press.

Mezrich, Ben (2017) *Woolly: The True Story of the Quest to Revive One of History's Most Iconic Extinct Creatures*. Simon & Schuster USA.

CAPÍTULO 7

Hablemos de quimeras. Entrada escrita por Lluís Montoliu en su blog GenÉtica: https://montoliu.naukas.com/2019/09/09/hablemos-de-quimeras/

El sorprendente caso de Quimera. Entrada escrita por José Ramón Alonso en JotDown: https://www.jotdown.es/2016/03/sorprendente-caso-quimera/

Mosaicismo y quimerismo. Entrada escrita por Sofía M. Álvarez Ríos en el blog Genotipia: https://genotipia.com/mosaicismo-y-quimerismo/

Quimeras biológicas. Entrada escrita por Manuel Alfonseca Moreno en el blog de la AECC (Asociación Española de Comunicación Científica): https://www.aecomunicacioncientifica.org/quimeras-biologicas/

En el manga *FullMetal Alchemist* aparecen personajes definidos como quimeras biológicas.

CAPÍTULO 8

Carlos Romá Mateo. *La epigenética*. Colección ¿Qué sabemos de? Editorial: CSIC y Catarata.

Raul Delgado-Morales y Carlos Romá-Mateo. *La epigenética: cómo el entorno modifica nuestros genes*. Colección Desafíos de la ciencia National Geographic. RBA editores.

José Ramón Alonso (2015). Epigenetics of ant size. https://mappingignorance.org/2015/05/04/epigenetics-of-ant-size/

Fco. Javier Carmona (2015). Dog's DNA methylome uncovers hints on human cancer metastasis. https://mappingignorance.org/2015/01/16/dogs-dna-methylome-uncovers-hints-human-cancer-metastasis/

Agencia SINC (2017). Descubren la maquinaria genética que utiliza el pez payaso al cambiar de sexo.

CAPÍTULO 9

Peris Ripollés, Guillermo (2018). De koalas, drogas y virus fósiles. https://naukas.com/2018/12/17/de-koalas-drogas-y-virus-fosiles/

Peris Ripollés, Guillermo (2019). El circo grotesco de las células tumorales: trapecistas y escapistas. https://naukas.com/2019/01/03/el-circo-grotesco-de-las-celulas-tumorales-trapecistas-y-escapistas/

Peris Ripollés, Guillermo (2020). El circo grotesco de las células tumorales: enanos contra trapecistas. https://naukas.com/2020/11/13/el-circo-grotesco-de-las-celulas-tumorales-enanos-contra-trapecistas/

Villatoro, Francis (2019). La inhibición del retrotransposón LINE-1 podría reducir los efectos del envejecimiento celular. https://francis.naukas.com/2019/02/07/la-inhibicion-del-retrotransposon-line-1-podria-reducir-los-efectos-delenvejecimiento-celular/

Montoliu, Lluís (2020). ¿Qué hay entre los genes, en el ADN intergénico, mal llamado basura? https://www.youtube.com/watch?v=HUxz2N1lt7o

Marfany, Gemma (2020). Huéspedes vinieron. https://www.elnacional.cat/es/opinion/gemma-marfany-hostes-vinieron_552039_102.html

Peris Ripollés, Guillermo (2014). IRGM: el gen que volvió de entre los muertos. https://medium.com/el-blog-de-melquiades/irgm-el-gen-que-volvio-de-entre-los-muertos-5606b0783ad9

CAPÍTULO 10

La web de CRISPR en el Centro Nacional de Biotecnología (CNB, por Lluís Montoliu): http://wwwuser.cnb.csic.es/~montoliu/CRISPR/

Video gamberro pero imprescindible sobre CRISPR: CRISPR-Cas9 («Mr. Sandman» Parody) | A Capella Science

https://www.youtube.com/watch?v=k99bMtg4zRk

Noticia del premio Nobel a Doudna y Charpentier en Science News: 7 de Octubre de 2020.

CAPÍTULO 11

Trastuzumab: https://www.cochrane.org/es/CD006242/BREASTCA_eficacia-y-seguridad-del-trastuzumab-en-el-cancer-de-mama-metastasico

Terapia CAR-T: https://www.rafer.es/innovacion-laboratorio-clinico/terapia-car-t/

Enfermedad rara: https://enfermedades-raras.org/index.php/enfermedades-raras

Terapia génica para RPE65 en perros: https://news.cornell.edu/stories/2001/04/gene-therapy-restores-vision-dogs-blinded-inherited-disease-bringing-new-hope

Luxturna: https://luxturna.com/about-luxturna/

Optogenética: https://www.scientificamerican.com/espanol/noticias/la-optogenetica-ilumina-la-neurociencia-terapeutica/

Optogenética: https://elpais.com/ciencia/2021-05-24/la-optogenetica-devuelve-parcialmente-la-vista-a-una-persona-ciega-desde-hacia-40-anos.html

Montoliu, Lluís (2021; 3ª ed.) *Editando genes: recorta pega y colorea.* Next Door Publishers S.L.

Luxturna en España: https://www.jano.es/noticia-tratada-por-primera-vez-espana-31303

CAPÍTULO 12

Beauchamp, T. and Childress, J., 2002. *Principios de ética biomédica.* Barcelona: Masson.

Gen-Ética. 2021. Nuevos datos sobre las gemelas chinas editadas genéticamente confirman que el experimento fue tan irresponsable como parecía desde el primer día

https://montoliu.naukas.com/2019/12/08/nuevos-datos-sobre-las-gemelas-chinas-editadas-geneticamente-confirman-que-el-experimento-fue-tan-irresponsable-como-parecia-desde-el-primer-dia/

Kelland, K., 2021. Lucha contra sida flaquea y arriesga retraso de 10 años por epidemia de COVID-19: ONU.

https://www.reuters.com/article/salud-sida-idLTAKBN2471X2

La Voz de Galicia. 2021. China estudia endurecer la regulación para los ensayos con genes y embriones humanos.

https://www.lavozdegalicia.es/noticia/sociedad/2019/04/22/china-endurecer-regulacion-ensayos-geneticos-embriones-he-jiankui/00031555930051031880853.htm

MIT Technology Review. 2021. El mundo necesita saber qué pasó exactamente con las gemelas CRISPR.

https://www.technologyreview.es/s/11680/el-mundo-necesita-saber-que-paso-exactamente-con-las-gemelas-crispr

MIT Technology Review. 2021. EXCLUSIVA: la investigación inédita de las gemelas CRISPR de China.

https://www.technologyreview.es/s/11678/exclusiva-la-investigacion-inedita-de-las-gemelas-crispr-de-china

MIT Technology Review. 2021. Todos los detalles sobre la condena a He Jiankui por editar bebés humanos.

https://www.technologyreview.es/s/11763/todos-los-detalles-sobre-la-condena-he-jiankui-por-editar-bebes-humanos

Ramos Pozón, S., 2018. *Bioética*. 1st ed. Plataforma editorial.

UNESCO. 2021. Grupo de expertos de la UNESCO pide la prohibición de «edición» del ADN humano para evitar inmoral manipulación de los rasgos hereditarios.

https://es.unesco.org/news/grupo-expertos-unesco-pide-prohibicion-edicion-del-adn-humano-evitar-inmoral-manipulacion

Youtube.com. 2021. 28 Nov 2018 - International Summit on Human Genome Editing - He Jiankui presentation and Q&A.

https://www.youtube.com/watch?v=tLZufCrjrN0

CAPÍTULO 13

Diéguez, Antonio (2017). *Transhumanismo: La búsqueda tecnológica del mejoramiento humano*. Herder.

CAPÍTULO 14

Adams, J. U. (2015, 18 noviembre). *Genetics: Big hopes for big data*. Nature. https://www.nature.com/articles/527S108a?error=cookies_not_supported&code=2557de83-45fc-4c34-bebb-f46020702c80

gnomAD. (2021, 12 agosto). Gnomad. https://gnomad.broadinstitute.org/

Koepsell, D., & Gonzalez Covarrubias, V. (2016, 1 julio). *The rise of big data and genetic privacy*. ScienceDirect. https://linkinghub.elsevier.com/retrieve/pii/S2352552516300718

O'Driscoll, A., Daugelaite, J., & Sleator, R. R. (2013, 1 octubre). *«Big data», Hadoop and cloud computing in genomics*. ScienceDirect. https://www.sciencedirect.com/science/article/pii/S1532046413001007

CAPÍTULO 15

Becerra, Arturo; Delaye, Luis (2015). El ancestro universal: Una reconstrucción inacabada. https://metode.es/revistas-metode/monograficos/el-ancestro-universal.html

Briones, Carlos (2015). Origen de la vida: cuando la química se convirtió en biología. https://blogs.20minutos.es/ciencia-para-llevar-csic/2015/12/09/el-origen-de-la-vida-cuando-la-quimica-se-convirtio-en-biologia/

Briones, Carlos (2020). El ARN está de moda… desde hace 3.800 millones de años. https://theconversation.com/el-arnesta-de-moda-desde-hace-3-800-millones-de-anos-151520

Brown, Dwayne; Landau, Elizabeth (2019). NASA-funded research creates DNA-like molecule to aid search for alien life. https://www.nasa.gov/press-release/nasa-funded-research-creates-dna-like-molecule-to-aid-search-for-alien-life

Cleland, Carold (2002). Life's working definition: Does it work? https://www.nasa.gov/vision/universe/starsgalaxies/life%27s_working_definition.html

Longrich, Nicholas R. (2019). La evolución nos dice que es probable que seamos la única vida inteligente del universo. https://theconversation.com/la-evolucion-nos-dice-que-es-probable-que-seamos-la-unica-vida-inteligente-del-universo-125643

Marfany, Gemma (2021), De la A a la Z https://www.elnacional.cat/es/opinion/gemma-marfany-a-z-dna_605699_102.html

Mullen, Leslie (2013). Forming a definition for Life: Interview with Gerald Joyce. https://astrobiology.nasa.gov/news/forming-a-definition-for-life/

Rodríguez, Eva (2021). EL ADN más antiguo jamás secuenciado revela un nuevo linaje de mamuts. https://www.madrimasd.org/notiweb/noticias/adn-mas-antiguo-jamas-secuenciado-revela-un-nuevo-linaje-mamuts

Skibba, Ramin (2017). To find aliens, we must think of life as we don't know it. https://aeon.co/ideas/to-find-aliens-we-must-think-of-life-as-we-dont-know-it

BIBLIOGRAFÍA

CAPÍTULO 1

Dobell Horace (1863). *Contribution to the Natural History of Hereditary Transmission.* Med. Chir. Trans. 46:25-28. https://www.ncbi.nlm.nih.gov/pmc/articles/PMC2147788/

Avery, Oswald T.; MacLeod, Colin M.; McCarty, Maclyn (1944). *Studies on the Chemical Nature of the Substance Inducing Transformation of Pneumococcal Types: Induction of Transformation by a Desoxyribonucleic Acid Fraction Isolated from Pneumococcus Type III.* Journal of Experimental Medicine 79 (1): 137-58. https://pubmed.ncbi.nlm.nih.gov/19871359/.

Williams, Gareth (2019). *Unravelling the Double Helix.* New York: Pegasus Books. pp. 159-162. ISBN 978-1-64313-215-0.

Hall, Kersten (2017). *Florence Bell: The Other 'Dark Lady of DNA'?.* The British Society for the History of Science (BSHS). https://www.bshs.org.uk/florence-bell-the-other-dark-lady-of-dna

Bell, Florence (1939). *X-ray and related studies of the structure of the proteins and nucleic acids.* University of Leeds. https://explore.library.leeds.ac.uk/special-collections-explore/650413

Hall, Kersten (2011). *William Astbury and the biological significance of nucleic acids,* 1938–1951. Studies in History and Philosophy of Science Part C: Studies in History and Philosophy of Biological and Biomedical Sciences 42 (2): 119-128. https://pubmed.ncbi.nlm.nih.gov/21486649/

Wainwright, Martin (2010). *Sidelined scientist who came close to discovering DNA is celebrated at last.* The

Guardian, Tue 23 Nov 2010. https://www.theguardian.com/science/2010/nov/23/william-astbury-dna-scientist

Hershey, Alfred; Chase, Martha. (1952), *Independent functions of viral protein and nucleic acid in growth of bacteriophage.* J Gen Physiol. 36:39-56. https://pubmed.ncbi.nlm.nih.gov/12981234/

Watson, James D; Crick, Francis H. D. (1953). *Molecular Structure of Nucleic Acids - A Structure for Deoxyribose Nucleic Acid.* Nature. 171, 737-738. https://www.nature.com/articles/171737a0

Wilkins, Maurice H. F.; Stokes, Alexander R.; Wilson, Herbert R. (1953). *Molecular Structure of Deoxypentose Nucleic Acids.* Nature. 171, 738-740. https://www.nature.com/articles/171738a0

Crick, Francis H. D. (1958). *On Protein Synthesis.* Symp. Soc. Exp. Biol. XII, 139-163. https://pubmed.ncbi.nlm.nih.gov/13580867/

Grunberg-Manago, Marianne; Ortiz, Priscilla J.; Ochoa, Severo (1955). *Enzymatic synthesis of nucleic acidlike polynucleotides.* Science. Vol. 122, No. 3176. 907-910 https://www.science.org/doi/abs/10.1126/science.122.3176.907

Franklin, Rosalind E; Gosling, Ryan G. (1953), *Molecular Configuration in Sodium Thymonucleate.* Nature, 171, 740-741. https://www.nature.com/articles/171740a0

CAPÍTULO 2

¿Qué es la bioinformática y qué aplicaciones tiene en biomedicina? (2020) https://www.isciii.es/InformacionCiudadanos/DivulgacionCulturaCientifica/DivulgacionISCIII/Paginas/Divulgacion/Bioinformatica.aspx

Cerda L, Jaime; Valdivia C, Gonzalo (2007). *John Snow, la epidemia de cólera y el nacimiento de la epidemiología moderna.* Revista chilena de infectología, 24(4), 331-334.

https://dx.doi.org/10.4067/S0716-10182007000400014

Consorcio SeqCOVID, epidemiología genómica del SARS-CoV-2 en España http://seqcovid.csic.es/es/

Coscollá, Mireia; Fenollar, José; Escribano, Isabel; González-Candelas, Fernando (2009) *Legionellosis Outbreak Associated with Asphalt Paving Machine, Spain, 2009.* Emerg Infect Dis. 16(9):1381-1387. https://dx.doi.org/10.3201/eid1609.100248

Fernández, Esteve (2015) *¿Para qué sirve la epidemiología?* Ed. Fundació Dr. Antoni Esteve, Barcelona.

Hodcroft, Emma B.; Zuber, Moira; Nadeau, Sarah; Vaughan, Timothy G.; Crawford, Katharine H. D.; Althaus, Christian L.; Reichmuth, Martina L.; Bowen, John E.; Walls, Alexandra C.; Corti, Davide; Bloom, Jesse D.; Veesler, David; Mateo, David; Hernando, Alberto; Comas, Iñaki; González-Candelas, Fernando; SeqCOVID-SPAIN consortium; Stadler, Tanja; Neher, Richard A. (2021) *Spread of a SARS-CoV-2 variant through Europe in the summer of 2020.* Nature 595, 707–712 https://doi.org/10.1038/s41586-021-03677-y

Johnson, Steven (2020). *El mapa fantasma.* Ed. Capitán Swing, Madrid.

Parcell, B.J.; Oravcova, K.; Pinheiro, M.; Holden, M.T.G.; Phillips, G.; Turton, J.F.; Gillespie, S.H. (2018) *Pseudomonas aeruginosa intensive care unit outbreak: winnowing of transmissions with molecular and genomic typing.* Journal of Hospital Infection 98 (3): 282-288 https://doi.org/10.1016/j.jhin.2017.12.005

CAPÍTULO 3

Brookes, G. (2019). *Twenty-one years of using insect resistant (GM) maize in Spain and Portugal: farm-level economic and environmental contributions.* GM Crops Food 10(2):90-101. doi: 10.1080/21645698.2019.1614393

Gil-Humanes, J., Pistón, F., Altamirano-Fortoul, R., Real, A., Comino, I., Sousa, C., Rosell, C. M., Barro, F. (2014). *Reduced-Gliadin Wheat Bread: An Alternative to the Gluten-Free Diet for Consumers Suffering Gluten-Related Pathologies.* Plos One. https://doi.org/10.1371/journal.pone.0090898

Horie, M., Honda, T., Suzuki, Y. et al. (2010). *Endogenous non-retroviral RNA virus elements in mammalian genomes.* Nature 463: 84—87   https://doi.org/10.1038/nature08695

Krogh, P.H., Kostov, K. & Damgaard, C.F. (2020). *The effect of Bt crops on soil invertebrates: a systematic review and quantitative meta-analysis.* Transgenic Res 29, 487—498 https://doi.org/10.1007/s11248-020-00213-y

Kyndt, T., Quispe, D., Zhai, H., Jarret, R., Ghislain, M., Liu, Q., Gheysen, G., Kreuze, P. F. (2015). *The genome of cultivated sweet potato contains Agrobacterium T-DNAs with expressed genes: An example of a naturally transgenic food crop.* Proceedings of the National Academy of Sciences. https://doi.org/10.1073/pnas.1419685112

McDougall Phillips (2011). The cost and time involved in the discovery, development and authorisation of a new plant biotechnology derived trait. A Consultancy Study for Crop Life International. https://croplife.org/wp-content/uploads/pdf_files/Getting-a-Biotech-Crop-to-Market-Phillips-McDougall-Study.pdf

Mulet, J. M. (2017). *Transgénicos sin miedo: Todo lo que necesitas saber sobre ellos de la mano de la ciencia.* Ediciones Destino.

Naqvi, S., Zhu, C., Farre, G., Ramessar, K., Bassie, L., Breitenbach, J., Perez-Conesa, D., Ros, G., Sandmann, G., Capell T., Christou, P. (2009). *Transgenic multivitamin corn through biofortification of endosperm with three vitamins representing three distinct metabolic pathways.* Proceedings of the National Academy of Sciences 106 (19): 7762-7767.

Paine, J., Shipton, C., Chaggar, S. et al. (2005). *Improving the nutritional value of Golden Rice through increased pro-*

vitamin A content. Nat Biotechnol 23: 482—487 https://doi.org/10.1038/nbt1082

Ramkumar T.R., Lenka S.K., Arya S.S., Bansal K.C. (2020) *A Short History and Perspectives on Plant Genetic Transformation.* In: Rustgi S., Luo H. (eds) Biolistic DNA Delivery in Plants. Methods in Molecular Biology, vol 2124. Humana, New York, NY. https://doi.org/10.1007/978-1-0716-0356-7_3

Schwartz, J. A., Curtis, N. E., Pierce; S. K. (2014). *FISH Labeling Reveals a Horizontally Transferred Algal (Vaucheria litorea) Nuclear Gene on a Sea Slug (Elysia chlorotica) Chromosome.* The Biological Bulletin. Volume 227, Number 3.

Tschofen, M., Knopp, D., Hood, E., Stöger, E. (2016) *Plant Molecular Farming: Much More than Medicines* Annu. Rev. Anal. Chem., vol. 9, no. 1, pp. 271—294.

Xia, J., Guo, Z., Yang, Z., Han, H., Wang, S., Xu, H., Yang, X., Yang, F., Wu, Q., Xie, W., Zhou, X., Dermauw, W., Turlings, T. C. J., Zhang, Y. (2021). *Whitefly hijacks a plant detoxification gene that neutralizes plant toxins.* Cell 184, Issue 7: 1693-1705 DOI: https://doi.org/10.1016/j.cell.2021.02.014

CAPÍTULO 4

Bergström, Anders. et al. (2020). *Origins and genetic legacy of prehistoric dogs.* Science, 370(6516), 557–564. https://doi.org/10.1126/science.aba9572

Irving-Pease, Evan K. et al. (2018). Paleogenomics of Animal Domestication (pp. 225–272). https://doi.org/10.1007/13836_2018_55

Frantz, Lawrence A. F. et al. (2019). *Ancient pigs reveal a near-complete genomic turnover following their introduction to Europe.* Proceedings of the National Academy of Sciences of the United States of America, 116(35), 17231–17238. https://doi.org/10.1073/pnas.1901169116

Driscoll, Carlos A., Clutton-Brock, Juliet, Kitchener, Andrew C., & O'Brien, Stephen J. (2009). *The taming of the cat: Genetic and archaeological findings hint that wildcat became house cats earlier-and in a different place-than previously thought*. Scientific American, 300(6), 68–75. https://doi.org/10.1038/scientificamerican0609-68

Alberto, Florian J. et al. (2018). *Convergent genomic signatures of domestication in sheep and goats*. Nature Communications, 9(1). https://doi.org/10.1038/s41467-018-03206-y

Leathlobhair, Máire N. et al. (2018). *The evolutionary history of dogs in the Americas. Science*, 361(6397), 81–85. https://doi.org/10.1126/science.aao4776

Loog, Liisa et al. (2020). *Ancient DNA suggests modern wolves trace their origin to a Late Pleistocene expansion from Beringia*. Molecular Ecology, 29(9), 1596–1610. https://doi.org/10.1111/mec.15329

Pitt, Daniel, (2019). *Domestication of cattle: Two or three events?* Evolutionary Applications, 12(1), 123–136. https://doi.org/10.1111/eva.12674

Zeder, Melinda A. (2017). Out of the fertile crescent: The dispersal of domestic livestock through Europe and Africa. *In Human Dispersal and Species Movement: From Prehistory to the Present* (p. 261). Cambridge University Press. https://doi.org/10.1017/9781316686942.012

Freedman, Adam H. et al. (2014). *Genome Sequencing Highlights the Dynamic Early History of Dogs*. PLoS Genetics, 10(1), e1004016. https://doi.org/10.1371/journal.pgen.1004016

Speller, Camilla F., et al. (2010). *Ancient mitochondrial DNA analysis reveals complexity of indigenous North American turkey domestication*. Proceedings of the National Academy of Sciences of the United States of America, 107(7), 2807–2812. https://doi.org/10.1073/pnas.0909724107

Dannemann M, Racimo F. (2018). *Something old, something borrowed: admixture and adaptation in human evolution.* Current Opinion in Genetics & Development 53: 1-8.

Gittelman RM, Schraiber JG, Vernot B, Mikaceninc C, Wurfel MM, Akey JM. (2016). *Archaic hominin admixture facilitated adaptation to out-of-Africa environments.* Current Biology 26: 3375-3382.

Huerta-Sánchez E, Jin X, Bianba Z, et al. (2014*). Altitude adaptation in Tibetans caused by introgression of Denisovan-like DNA.* Nature 512:194-197.

Llamas B, Willerslev E, Orlando L. 2016. *Human evolution: a tale from ancient genomes.* Philosophical Transactions Royal Society B 372: 20150484.

Pääbo S. (2015). *The diverse origins of the human gene pool.* Nature Reviews Genetics 16: 313-314.

Rees JS, Castellano S, Andrés AM. (2020). *The genomics of human local adaptation.* Trends in Genetics 36: 415-428.

Reich D, Green RE, et al. (2010). *Genetic history of an archaic hominin group from Denisova cave in Siberia.* Nature 468: 1053-1060

Rogers AR, Harris NS, Achenbach AA. (2020). *Neanderthal-Denisovan ancestor interbred with a distantly related hominin.* Science Advances 6: eaay5483

Sankararaman S, Mallick S, Dannemann M, Prüfer K, Kelso J, Pääbo S, Patterson N, Reich D. (2014). *The genomic landscape of Neanderthal ancestry in present-day humans.* Nature 507: 354-357

Slon V, Mafessoni F, et al. (2018). *The genome of the offspring of a Neanderthal mother and a Denisovan father.* Nature 561: 111-116

Teixeira JC, Cooper A. (2019). *Using hominin introgression to trace moderns' human dispersal.* PNAS 116: 15327-15332

Villanea FA, Schraiber JG. (2019). *Multiple episodes of interbreeding between Neanderthal and modern humans.* Nature Ecology & Evolution 3: 39-44

CAPÍTULO 6

Lalueza-Fox, C. (2017) *Des-Extinciones. Una inmersión rápida.* Tibidabo Ediciones.

Novak, B.J. (2018) *De-extinction.* Genes, 9(11): 548.

Richmond, D.J., *et al.* (2016) *The potential and pitfalls of de-extinction.* Zoologica Scripta, 45: 22-36.

Shapiro, B. (2017) *Pathways to de-extinction: How close can we get to resurrection of an extinct species?* Functional Ecology, 31(5): 996-1002.

Campbell, D.I. & Whittle, P.M. (2017) *Resurrecting Extinct Species. Ethics and Authenticity.* Editorial Palgrave Macmillan.

Bailleul, A.M., *et al.* (2020) *Evidence of proteins, chromosomes and chemical markers of DNA in exceptionally preserved dinosaur cartilage.* National Science Review, 0: 1-8.

Folch, J., et al. (2009) *First birth of an animal from an extinct subspecies (*Capra pyrenaica pyrenaica*) by cloning.* Theriogenology, 71: 1026-1034.

Phelps, M.P., *et al.* (2020) *Transforming ecology and conservation biology through genome editing.* Conserv Biol, 34(1): 54-65.

Lynch, V. J., *et al.* (2015) *Elephantid Genomes Reveal the Molecular Bases of Woolly Mammoth Adaptations to the Arctic.* Cell Rep, 12(2): 217-28.

Horner JR, Gorman J (2009). *How to build a dinosaur: extinction doesn't have to be forever.* New York: Dutton.

CAPÍTULO 7

Bayraktar, Zeki. (2018). *Potential autofertility in true hermaphrodites.* Journal of Maternal-Fetal and Neonatal Medicine, 31(4): 542—547. https://doi.org/10.1080/1476 7058.2017.1291619

Gabr, Hala et al (2017). *Chimerism in pediatric hematopoietic stem cell transplantation and its correlation with the clinical outcome.* Transplant Immunology, 45: 53—58. https://doi. org/10.1016/j.trim.2017.09.004

Kinder, Jeremy M. et al (2017). *Immunological implications of pregnancy-induced microchimerism.* Nature Reviews Immunology, 17(8): 483—494. https://doi.org/10.1038/ nri.2017.38

Martin, Aryn. (2015). *Ray Owen and the history of naturally acquired chimerism.* Chimerism, 6: 2—7. https://doi.org/10 .1080/19381956.2016.1168561

Oldani, Graziano. et al (2017). *Xenogeneic chimera— Generated by blastocyst complementation—As a potential unlimited source of recipient-tailord organs.* Xenotransplantation, 24(4): 1—6. https://doi.org/10.1111/ xen.12327

Ross, Corinna. et al (2007). *Germ-line chimerism and paternal care in marmosets (Callithrix kuhlii).* Proceedings of the National Academy of Sciences of the United States of America, 104(15), 6278—6282. https://doi.org/10.1073/ pnas.0607426104370

Schoenle, Eugen. et al (1983). *46,XX/46,XY chimerism in a phenotypically normal man.* Human Genetics, 64(1), 86—89. https://doi.org/10.1007/BF00289485

Suchy, Fabian. et al (2017). *Lessons from interspecies*

mammalian chimeras. Annual Review of Cell and Developmental Biology, 33, 203—217. https://doi org/10.1146/annurev-cellbio-100616-060654

Suzuki, Takuma. et al (2019). *Twin anemia-polycythemia sequence with blood chimerism in monochorionic dizygotic opposite-sex twins.* Journal of Obstetrics and Gynaecology Research, 45(6), 1201—1204. https://doi.org/10.1111/jog.13949

Tachibana, Masahito. et al (2012). *Generation of chimeric rhesus monkeys.* Cell, 148(1—2), 285—295. https://doi.org/10.1016/j.cell.2011.12.007

Wu, Jun. et al (2016). *Stem cells and interspecies chimaeras.* Nature, 540(7631), 51—59. https://doi.org/10.1038/nature20573

Ye, Yi. et al (2010). *Microchimerism: Covert genetics?* International Journal of Molecular Epidemiology and Genetics, 1(4), 50—357.

CAPÍTULO 8

Waddington, C. H. (1957). *The strategy of the genes.* London: Allen & Unwin.

Soubry, A. (2015). *Epigenetic inheritance and evolution: A paternal perspective on dietary influences.* Progress in Biophysics and Molecular Biology, 118, Issues 1–2, 79-85. Doi: 10.1016/j.pbiomolbio.2015.02.008.

García Giménez, J. L., Seco Cervera, M., Tollefsbol, T. O., Romá-Mateo, C., Peiró-Chova, L., Lapunzina, P., & Pallardó, F. V. (2017). *Epigenetic biomarkers: Current strategies and future challenges for their use in the clinical laboratory.* Critical reviews in clinical laboratory sciences, 54(7-8), 529–550. Doi: 10.1080/10408363.2017.1410520

Berger, S.L., Kouzarides, T., Shiekhattar, R., Shilatifard, A. (2009*). An operational definition of epigenetics.* Genes &

development, 23, 781-783. Doi: 10.1101/gad.1787609

Meaney, M.J. (2001). *Maternal care, gene expression, and the transmission of individual differences in stress reactivity across generations*. Annu. Rev. Neurosci. 24: 1161–92. Doi: 10.1146/annurev.neuro.24.1.1161

Sha, K. and Boyer, L. A. *The chromatin signature of pluripotent cells* (2009), StemBook, ed. The Stem Cell Research Community, StemBook,. Doi: 10.3824/stembook.1.45.1

Kalani, A., Kamat, P.K., Tyagi, S.C. et al. *Synergy of Homocysteine, MicroRNA, and Epigenetics: A Novel Therapeutic Approach for Stroke*. Mol Neurobiol 48, 157–168 (2013). Doi: 10.1007/s12035-013-8421-y

Moran, S., et al. *Epigenetic profiling to classify cancer of unknown primary: a multicentre, retrospective analysis*. The Lancet Oncology. 2016. Doi: 10.1016/S1470-2045(16)30297-2

CAPÍTULO 9

Pray, Leslie; Zhaurova, Kira (2008). *Barbara McClintock and the discovery of jumping genes (transposons)*. Nature Education 1(1):169. https://www.nature.com/scitable/topicpage/barbara-mcclintock-and-the-discovery-of-jumping-34083/

Ravindran, Sandeep (2012). *Barbara McClintock and the discovery of jumping genes.* PNAS 109 (50) 20198-20199. https://doi.org/10.1073/pnas.1219372109

Kazazian, H. Haig; Moran, John V (2017). *Mobile DNA in Health and Disease*. New England Journal of Medicine, 377(4), 361–370. http://doi.org/10.1056/NEJMra1510092

Bourque, Guillaume; Burns, Kathleen H.; Gehring, Mary et al (2018). *Ten things you should know about transposable elements*, Genome Biology 19, 199. http://doi.org/10.1186/s13059-018-1577-z

Kazazian, H. Haig (2004). *Mobile Elements: Drivers of Genome Evolution*. Science, 303, 1626. http://doi.org/10.1126/science.1089670

Burns, Kathleen H. (2017). *Transposable elements in cancer*. Nature Reviews Cancer, *17*(7), 415–424. https://doi.org/10.1038/nrc.2017.35

Faulkner, Geoffrey J.; Billon, Victor (2018). *L1 retrotransposition in the soma: a field jumping ahead. Mobile DNA* 9:22 https://doi.org/10.1186/s13100-018-0128-1

Schumann, Gerald G.; Fuchs, Nina V.; Tristán-Ramos, Pablo *et al.* (2019). *The impact of transposable element activity on therapeutically relevant human stem cells*. Mobile DNA 10, 9. https://doi.org/10.1186/s13100-019-0151-x

Tristán-Ramos, Pablo; Sánchez-Luque, Francisco J. (2020). *Elementos genéticos móviles. El genoma indómito*. Editorial Aula Magna, Universidad de Córdoba.

CAPÍTULO 10

Montoliu, Lluís (2021; 3ª ed.) *Editando genes: recorta pega y colorea*. Next Door Publishers S.L. (7 abril 2021).

Monográfico sobre CRISPR, revista Investigación y Ciencia (2017). https://www.investigacionyciencia.es/revistas/especial/edicin-gentica-crispr-717

Real García, M. Dolores, Rausell Segarra, Carolina y Latorre Castillo, Amparo (2017) *Técnicas de ingeniería genética* :3. Ed. Síntesis.

CAPÍTULO 11

Acland, Gregory M.; Aguirre, Gustavo D.; Ray, Jharna *et al.* (2001). *Gene therapy restores vision in a canine model of childhood blindness*. Nat Genet. 28(1):92-5. doi: 10.1038/

ng0501-92.

McClements, Michelle E.; Staurenghi, Federica; MacLaren, Robert E.; Cehajic-Kapetanovic, Jasmina (2020). *Optogenetic Gene Therapy for the Degenerate Retina: Recent Advances.* Front Neurosci. 14:570909. doi: 10.3389/fnins.2020.570909. eCollection 2020.

Pierce, Eric A.; Bennett, Jean (2015). *The Status of RPE65 Gene Therapy Trials: Safety and Efficacy.* Cold Spring Harb Perspect Med. 5(9):a017285. doi: 10.1101/cshperspect. a017285.

Prado, Dominic A.; Acosta-Acero, Marcy; Maldonado, Ramiro S. (2020). *Gene therapy beyond luxturna: a new horizon of the treatment for inherited retinal disease.* Curr Opin Ophthalmol. 31(3):147-154. doi: 10.1097/ ICU.0000000000000660.

Sahel, José-Alain; Boulanger-Scemama, Elise; Pagot, Chloé *et al.* (2020). *Partial recovery of visual function in a blind patient after optogenetic therapy.* Nat Med 27(7):1223-1229. doi: 10.1038/s41591-021-01351-4.

Simunovic, Matthew P.; Shen, Weiyong; Lin, John Y *et al.* (2019). *Optogenetic approaches to vision restoration.* Exp Eye Res. 178:15-26. doi: 10.1016/j.exer.2018.09.003.

CAPÍTULO 12

Alkhatib, G., 2009. *The biology of CCR5 and CXCR4.* Current Opinion in HIV and AIDS, 4(2), pp.96-103.

Bostrom, N., 2005. *A HISTORY OF TRANSHUMANIST THOUGHT.* Journal of Evolution and Technology, [online] 14.

https://www.nickbostrom.com/papers/history.pdf

Falcon, A., et al., 2015. *CCR5 deficiency predisposes to fatal outcome in influenza virus infection.* Journal of General

Virology, 96(8), pp.2074-2078.

Frank, T., et al., 2019. *Global, regional, and national incidence, prevalence, and mortality of HIV, 1980—2017, and forecasts to 2030, for 195 countries and territories: a systematic analysis for the Global Burden of Diseases, Injuries, and Risk Factors Study 2017*. The Lancet HIV, 6(12), pp.e831-e859.

Greely, H., 2019. *CRISPR'd babies: human germline genome editing in the 'He Jiankui affair'**. Journal of Law and the Biosciences, 6(1), pp.111-183.

Hütter, G., et al., 2009. *Long-Term Control of HIV byCCR5Delta32/Delta32 Stem-Cell Transplantation*. New England Journal of Medicine, 360(7), pp.692-698.

Johnson, M., 2011. *Robert Edwards: the path to IVF*. Reproductive BioMedicine Online, 23(2), pp.245-262.

Mehravar, M., Shirazi, A., Nazari, M. and Banan, M., 2019. *Mosaicism in CRISPR/Cas9-mediated genome editing*. Developmental Biology, 445(2), pp.156-162.

Novembre, J., Galvani, A. and Slatkin, M., 2005. *The Geographic Spread of the CCR5 Δ32 HIV-Resistance Allele*. PLoS Biology, 3(11), p.e339.

Raitskin, O., Schudoma, C., West, A. and Patron, N., 2019. *Comparison of efficiency and specificity of CRISPR-associated (Cas) nucleases in plants: An expanded toolkit for precision genome engineering*. PLOS ONE, 14(2), p.e0211598.

Singer, P. and Viens, A., 2014. *The Cambridge textbook of bioethics*. Cambridge: Cambridge University Press.

Wu, Z., Chen, J., Scott, S. and McGoogan, J., 2019. *History of the HIV Epidemic in China*. Current HIV/AIDS Reports, 16(6), pp.458-466.

Zhou, M., et al., 2016. *CCR5 is a suppressor for cortical plasticity and hippocampal learning and memory*. eLife, 5.

CAPÍTULO 13

Quirks & Quarks (2017; editado en 2019). *Meet the human guinea pig who hacked his own DNA,* CBC. https://www.cbc.ca/radio/quirks/diy-dna-hacks-wounds-take-longer-to-heal-at-night-why-daydreams-are-good-quirks-bombs-and-more-1.4395576/meet-the-human-guinea-pig-who-hacked-his-own-dna-1.4395589

Beth Mole (2019). *Genetic self-experimenting "biohacker" under investigation by health officials,* Ars Technica.

https://arstechnica.com/science/2019/05/biohacker-who-tried-to-alter-his-dna-probed-for-illegally-practicing-medicine/

Sarah Zhang (2018). *A Biohacker Regrets Publicly Injecting Himself With CRISPR,* The Atlantic.

https://www.theatlantic.com/science/archive/2018/02/biohacking-stunts-crispr/553511/

Emily Mullin, traducción de Mariana Díaz (2018). *El polémico biohacker fallecido planeaba probar CRISPR en personas,* MIT Technology Reviews.

https://www.technologyreview.es/s/10223/el-polemico-biohacker-fallecido-planeaba-probar-crispr-en-personas

Atomic Energy Lab, ORAU Museum of Radiation and Radioactivity .

https://www.orau.org/health-physics-museum/collection/toys/atomic-energy-lab.html

CAPÍTULO 14

A. (2020, 22 noviembre). *Florida decide prohibir la discriminación genética que podrían hacer los seguros de vida.* infobae. https://www.infobae.com/america/tendencias-america/2020/11/21/florida-decide-prohibir-ladiscriminacion-genetica-que-podrian-hacer-los-seguros-de-vida/

A Private Equity Firm Bought Ancestry, and Its Trove of DNA, for $4.7B - VICE. (2020, 7 agosto). Vice. https://www. vice.com/amp/en/article/akzyq5/private-equity-firm-blackstone-bought-ancestry-dna-company-for-billions

BOE.es - BOE-A-2007-12945 Ley 14/2007, de 3 de julio, de Investigación biomédica. (2007, 3 julio). BOE. https://www. boe.es/buscar/doc.php?id=BOE-A-2007-12945

BOE. (2007, noviembre). Ley 11/2007, de 26 de noviembre, Reguladora del Consejo Genético, de protección de los derechos de las personas que se sometan a análisis genéticos y de los bancos de ADN humano en Andalucía. https://www. boe.es/buscar/pdf/2008/BOE-A-2008-2491-consolidado. pdf

Consejería de Fomento y Medio Ambiente. (2021, 27 enero). Finalizan los trabajos de campo del primer censo genético nacional de oso pardo cantábrico. Comunicación. https://comunicacion.jcyl.es/web/jcyl/ Comunicacion/es/Plantilla100Detalle/1284877983892/ NotaPrensa/1285021373346/Comunicacion

Declaración Universal sobre el Genoma Humano y los Derechos Humanos: UNESCO. (1997, 11 noviembre). Unesco. http://portal.unesco.org/es/ev.php-URL_ID=13177&URL_DO=DO_TOPIC&URL_SECTION=201.html

Europa Press. (2019, 14 mayo). La Seu d'Urgell identifica en un mes a cinc propietaris de gossos que no han recollit les seves femtes de. . . aldia.cat. https://www.aldia.cat/ catalunya/territori/noticia-seu-durgell-identifica-mes-cinc-propietaris-gossos-no-recollit-les-seves-femtes-lespai-public-20190514062442.html

Forcina, G. et al. (2021, 2 enero). Markers for genetic change. PubMed. https://pubmed.ncbi.nlm.nih.gov/33437884/

Ley de no discriminación por información genética | NHGRI. (2008, 22 mayo). Genome.gov. https://www.genome.gov/

es/genetics-glossary/Ley-de-no-discriminacion-por-informacion-genetica

CAPÍTULO 15

Briones, Carlos; Fernández Soto, Alberto; Bermúdez de Castro, José María (2015). *Orígenes. El universo, la vida, los humanos.* Ed. Crítica, Barcelona.

Briones, Carlos (2020). *¿Estamos solos? En busca de otras vidas en el Cosmos.* Ed. Crítica, Barcelona.

Cairns-Smith, Graham (1990). *Siete pistas sobre el origen de la vida: Una historia científica en clave detectivesca.* Alianza Editorial, Madrid.

Coyne, Jerry (2009). *Por qué la teoría de la evolución es verdadera.* Ed. Crítica, Barcelona.

Giménez Cañete, Álvaro; Gómez-Elvira, Javier; Martín Mayorga, Daniel (2011). *Astrobiología. Sobre el origen y evolución de la vida en el Universo.* Ed. CSIC-Catarata, Madrid.

Grome, Michael W.; Isaacs, Farren J. (2021). ZTCG: *Viruses expand the genetic alphabet.* Science 372: 460-461. https://science.sciencemag.org/content/372/6541/460

Hoshika, Shuichi *et al.* (2019). *Hachimoji DNA and RNA: A genetic system with eight building blocks.* Science 363: 884–887. https://science.sciencemag.org/content/363/6429/884

Ruiz-Mirazo, Kepa; Briones, Carlos; de La Escosura, Andrés (2014). *Prebiotic systems chemistry: new perspectives for the origins of life.* Chem. Rev. 114: 285-366. https://pubs.acs.org/doi/10.1021/cr2004844

Sagan, Carl (1982). *Cosmos.* Ed. Planeta, Barcelona.

Woese, Carl (1998). *The universal ancestor.* Proc. Natl. Acad. Sci. USA 95: 6854-6859. https://www.pnas.org/content/95/12/6854

GLOSARIO

ADN: Siglas de ácido desoxirribonucleico. Molécula que contiene la información genética utilizada en el desarrollo y funcionamiento de células y organismos. Su estructura es una doble hélice, y cada una de las dos hebras (complementarias entre sí) está formada por un polímero de azúcar (desoxirribosa) y fosfato, del que se proyectan las bases nitrogenadas hacia el interior de dicha doble hélice.

ADN ANTIGUO: Usar muestras modernas para intentar inferir eventos del pasado lejano tiene sus limitaciones, ya que estas poblaciones han padecido recurrentes cuellos de botella, fuertes eventos selectivos y rápidas expansiones. Todos estos eventos extremos, además de otros, como las hibridaciones, pueden dejar «rastros» similares en el ADN moderno de una población, y por lo tanto se pueden enmascarar unos a otros. Esto hace que usar muestras antiguas sea especialmente interesante. Sin embargo, el ADN es una molécula muy inestable, que se fragmenta con facilidad con la temperatura y la actividad enzimática de la célula al morir el organismo, además de la actividad de las bacterias que descomponen el cadáver. Esto hace que trabajar con ADN antiguo sea extremadamente difícil. Para empezar, a menos que estemos hablando de algún cadáver congelado en el permafrost, solo vamos a poder encontrar ADN en el interior de algunos huesos densos (especialmente en los dientes y en el hueso petroso del temporal, en la parte interna del oído).

ADN MITOCONDRIAL: ADN que se halla únicamente en la mitocondria y no en el núcleo de la célula eucariota.

ADN NUCLEAR: ADN que se encuentra únicamente en el núcleo celular eucariótico.

ADN RECOMBINANTE: Molécula de ADN obtenida en el laboratorio de forma artificial, a partir de la recombinación de secuencias de ADN alejadas dentro del genoma, o incluso de organismos distintos.

Alelo: Cada una de las secuencias alternativas que puede adquirir un mismo gen.

Árbol filogenético: Diagrama que representa las relaciones evolutivas entre organismos, obtenido a partir de la diferencia de secuencia de un mismo gen en todos ellos, o bien de sus genomas completos. El patrón de ramificación en un árbol filogenético refleja cómo las especies o grupos han evolucionado a partir de una serie de ancestros comunes. Cuanto más reciente sea el ancestro compartido por dos ramas, más cortas serán estas.

Árbol filogenético universal: Árbol que incluye especies pertenecientes a los tres dominios filogenéticos de seres vivos: Bacteria, Archaea y Eucarya.

ARN: Siglas de ácido ribonucleico. Molécula intermedia en la síntesis de proteínas a partir de ADN y que realiza funciones reguladoras de la expresión de los genes. Su estructura es habitualmente de cadena sencilla, formada por un polímero de azúcar (ribosa) y fosfato, del que se proyectan las bases nitrogenadas. El apareamiento entre bases complementarias condiciona la estructura plegada del ARN en disolución.

ARNm: ARN mensajero.

ARNr: ARN ribosomal.

ARNt: ARN de transferencia.

Astrobiología: Disciplina científica que estudia el origen y evolución de la vida en la Tierra, así como su posible distribución fuera de nuestro planeta.

ATPasa: Enzima insertada en las membranas celulares que, a partir de la diferencia de concentración de cationes a uno y otro lado, cataliza la síntesis de la molécula usada como «moneda energética» en el metabolismo: el trifosfato de adenosina (ATP).

Base nitrogenada: Compuesto orgánico cíclico que forma

parte de los ácidos nucleicos (ADN y ARN). Por convención, las bases nitrogenadas se denominan con una letra: adenina (A), guanina (G), citosina (C), timina (T) y uracilo (U). El ADN contiene A, G, C y T, mientras que el ARN está formado por A, G, C y U.

BIG DATA: Conjunto de datos que poseen un volumen tan elevado que su estudio requiere la utilización de herramientas informáticas para analizarlos.

BIOÉTICA: Disciplina de la ética que estudia la conducta humana en el ámbito de las actividades biológicas y de la salud.

BIOHACKING: Conjunto de prácticas que pretenden utilizar las herramientas biotecnológicas en seres vivos al margen del consenso científico y legislativo.

BIOINFORMÁTICA: También conocida como biología computacional. Es una técnica que se basa en el desarrollo de métodos computacionales para el análisis de datos biológicos.

BIOLOGÍA MOLECULAR: Disciplina de la biología que estudia los procesos que suceden en sistemas vivos desde el punto de vista molecular.

BLASTOCISTO: Estadio temprano del embrión pre-implantacional en el que se pueden determinar las estructuras que formarán al futuro individuo y las que desarrollarán el tejido extraembrionario como la placenta.

CEBADOR/PRIMER/OLIGONUCLEÓTIDO: Molécula corta de ADN o de ARN que se une a una cadena más larga de ADN para permitir su replicación.

CENTRÓMERO: Región estrecha de los cromosomas que separa sus dos brazos.

CLONACIÓN: Técnica de ingeniería genética que consigue la reproducción asexual de un individuo de forma idéntica.

CÓDIGO GENÉTICO: Equivalencia entre las secuencias de tres nucleótidos de ARN (64 codones posibles) y los aminoácidos (20 diferentes), que condiciona la fabricación de proteínas a partir de la información genética, durante la fase de traducción.

CODÓN: Secuencia de tres nucleótidos de ADN o ARN que determinan un aminoácido determinado en la traducción de proteínas:

CRISPR/CAS9: Tecnología de edición genética que permite modificar el ADN o ARN con la máxima precisión descrita hasta la fecha.

CROMATINA: Conjunto de ADN y proteínas asociadas a este que se encuentran en el material genético del núcleo celular.

CROMOSOMA: Molécula portadora de ADN, que puede ser lineal o cíclica.

CUELLO DE BOTELLA GENÉTICO: Fenómeno por el cual se reduce el tamaño de una población durante al menos una generación. Las poblaciones pequeñas están más expuestas a la deriva genética, pudiendo dar lugar a que disminuya mucho la variabilidad genética de una población.

DELECIÓN: Tipo de mutación que consiste en la pérdida de uno o más nucleótidos de ADN o de ARN.

DELETÉREO: Los genes deletéreos o genes letales son aquellos que poseen una combinación alélica con efectos negativos para el individuo, e incluso pueden provocar su muerte. Si la letalidad es muy alta, los individuos con esta combinación no llegan a reproducirse y el gen es purgado de la población. Pero aquellos que solo reducen su eficacia biológica o no afectan a los heterocigóticos pueden mantenerse en una población.

DESEXTINCIÓN: Conjunto de técnicas genéticas que permiten traer de vuelta a especies o subespecies extintas, como la clonación, el retrocruzamiento o la edición génica.

DIPLOIDE: Tipo de célula que contiene en su núcleo pares de cromosomas homólogos.

DOMESTICACIÓN: Proceso mediante el cual una especie pasa a

controlar la evolución de otra a base de modificar las presiones selectivas a las que la segunda está sujeta. Normalmente, este proceso se da en forma de control reproductivo, es decir, determinando qué individuos dejamos que se reproduzcan. El resultado son especies adaptadas a una serie de usos que le interesan a la especie domesticadora (habitualmente la humana), como un ganado menos agresivo o con cuernos más pequeños, con mayor masa corporal, que produzca leche siempre, o que tenga una capa de lana que no deja de crecer y que nosotros podemos explotar.

DOMINANTE: Característica de un alelo que le permite preservar sus características respecto a otros.

EDICIÓN GENÉTICA: Conjunto de herramientas utilizadas en ingeniería genética para modificar la secuencia de moléculas de ADN o ARN en sistemas vivos, como células u organismos.

EFECTO FUNDADOR: Reducción en la variación genética que se produce cuando un pequeño conjunto de una población grande se establece en un nuevo lugar e inicia una nueva colonia. La composición genética de la nueva población puede llegar a ser muy diferente de la de la población original, con muy poca variabilidad respecto a ella, así como con una muestra de la original que no tiene por qué ser aleatoria (por ejemplo, aquellos individuos que tienen mayor capacidad de desplazamiento, resistencia, etc.). Estas diferencias pueden contribuir en el proceso de diferenciación y a largo plazo en la formación de nuevas especies.

ENDOGAMIA: Es el producto de la reproducción de individuos estrechamente relacionados entre sí, que suele resultar en un aumento de homocigosis y, por tanto, de la expresión de genes y rasgos recesivos. Tiene lugar de forma natural en poblaciones pequeñas, así como en la cría selectiva de organismos. En humanos, históricamente, ha ocurrido en las personas de algunas familias que se cruzaban entre ellas para mantener su linaje social, religiosos o étnico.

ENDOSIMBIOSIS: Relación simbiótica en la que un organismo habita dentro de otro. En el origen y evolución de las células eucariotas se produjeron diversos eventos de endosimbiosis por entrada en su citoplasma de distintos tipos de bacterias, entre ellos los que originaron las mitocondrias y (en los linajes fotosintéticos) los cloroplastos.

ENFERMEDAD RARA: Está establecido que una enfermedad rara o poco frecuente es aquella que tiene una baja prevalencia en la población. Cada país o región tiene estipulado cuál es el número absoluto de personas afectadas por una enfermedad para ser denominada «rara». En Europa se considera que una enfermedad es rara cuando afecta a menos de 1 persona por cada 2.000 habitantes. Sin embargo, una enfermedad puede ser rara en una región pero habitual en otra. La Organización Mundial de la Salud (OMS) reconoce la existencia de entre 6.000 y 8.000 enfermedades raras, de las cuales una gran mayoría (> 80%) son de origen genético. La mayoría de las enfermedades raras suelen desembocar en una discapacidad crónica o grave, o implican una merma notable de la calidad de vida del paciente.

ENZIMA: Tipo de proteína que cataliza una reacción química, por ejemplo, cada una de las que constituyen el metabolismo celular.

ENZIMAS DE RESTRICCIÓN: Enzima con capacidad para cortar el ADN reconociendo una secuencia específica presente en él.

EPIGENÉTICA: Disciplina que aborda el estudio de los cambios que alteran la expresión de los genes sin alterar la secuencia del ADN, influidos por el ambiente y con capacidad de alterar significativamente el fenotipo de una célula, manteniéndose incluso después de la división celular.

EX VIVO: Referido a experimentos que se han realizado en laboratorio sobre muestras obtenidas de individuos vivos, como es el caso de los realizados en cultivos celulares.

EXÓN: Región de un gen que se transcribe a ARN para producir una parte (dominio) de la futura proteína. El conjunto de los exones de un genoma constituye el ADN codificante.

FACTORES DE TRANSCRIPCIÓN: Proteínas celulares con la capacidad de unirse a regiones concretas del ADN, produciendo así la activación de la información contenida en dichas regiones, de forma dinámica y en respuesta a las necesidades fisiológicas celulares.

FENOTIPO: Conjunto de caracteres visibles que un organismo presenta como resultado de la interacción entre su información genética (genotipo) y el ambiente.

FILOGENIA: Estudio de las relaciones de parentesco entre especies o grupos relacionados (taxones)

GAMETO: Célula reproductora. En humanos los gametos son los óvulos y los espermatozoides.

GEN: Secuencia de ADN con capacidad de transcribirse en ARN, utilizando determinados sistemas de regulación.

GENÉTICA: Disciplina de la biología que estudia los genes, su variación y su herencia biológica.

GENÉTICA DE POBLACIONES: Disciplina que estudia cómo cambia la proporción de los diferentes alelos (frecuencias alélicas) de los individuos que componen una población a lo largo del tiempo y el espacio. Su estudio permite identificar los diferentes mecanismos de cambio evolutivo que provocan dichas variaciones. Es una herramienta fundamental para estudiar los procesos evolutivos, incluidos los de domesticación. Esta rama de la biología nos permite comparar las secuencias genómicas de diferentes individuos con un ancestro común y así establecer la relación entre ellos, lo que lleva a estimar qué tipo de procesos padecieron estas poblaciones y cuándo sucedieron.

GENOMA: Conjunto de genes comprendido en los cromosomas de un individuo.

GENOMA MITOCONDRIAL: Material genético de las mitocondrias, orgánulos de la célula eucariota encargados de generar energía para la célula. En humanos, el ADN mitocondrial se hereda solo por vía materna con lo cual su estudio sirve para estudiar la ascendencia matrilineal.

Genoma sintético: Conjunto de genes formados en el laboratorio a partir de sus componentes químicos, sin la intervención de sistemas vivos como células u organismos.

Genómica: Disciplina que estudia a gran escala el genoma.

Genotipo: Conjunto de información genética que posee un individuo.

Haploide: Tipo de célula que contiene en su núcleo una única copia de cada cromosoma.

Haplotipo: Región cromosómica que se transmite a la herencia de forma conjunta.

Hemoglobina: Proteína de la sangre presente en los glóbulos rojos, implicada en el transporte de oxígeno a los tejidos.

Histona: Proteína que se une al ADN formando la cromatina.

Hominino: El nombre que se otorga a la subtribu de primates homínidos que poseen o poseían una postura erguida y una locomoción bípeda. En la actualidad solo sobrevivimos nosotros, *Homo sapiens*, pero a lo largo de historia de la Tierra, ha habido varias especies, desde los neandertales y denisovanos, hasta los grupos más antiguos como *Australopithecus*, los primeros en nuestra familia en erguirse y caminar de manera bípeda.

Homólogo: Referido a los pares de cromosomas que codifican el mismo tipo de información genética y que se emparejan entre sí durante la meiosis.

In silico: Referido a experimentos de simulación que se realizan utilizando computadoras.

In vitro: Referido a experimentos que se han realizado sobre muestras cultivadas en laboratorio.

In vivo: Referido a experimentos que se han realizado sobre individuos vivos.

Inserción: Tipo de mutación que consiste en la adición de uno o más nucleótidos extra en el ADN.

Ingeniería genética: Tecnología basada en la manipulación de los genes de una célula u organismo.

INMUNOSUPRESOR: Compuesto químico capaz de inhibir determinados componentes del sistema inmunitario.

INTROGRESIÓN: Movimiento de genes de una especie o población a otra mediante un proceso de hibridación. El individuo híbrido se cruza posteriormente con individuos de una de las especies progenitoras posibilitando así que los genes de la otra especie acaben fijándose en ella.

INTRÓN: Región de un gen que se transcribe a ARN pero es eliminada durante la maduración del mismo, y por tanto no dará lugar a proteínas. Forma parte del ADN no codificante.

KNOCKOUT O KO: Se refiere a ratones modificados por ingeniería genética para que uno o más de sus genes estén inactivados mediante una técnica llamada bloqueo de genes. La finalidad es estudiar la función de ese gen comparando este ratón con otro donde sí se expresa.

LIGASA: Enzima que une (*in vivo* o *in vitro*) dos fragmentos de ADN o de ARN.

LUCA: Último antepasado común universal (por sus siglas en inglés). Hace referencia al ser vivo hipotético a partir del cual evolucionaron el resto de seres vivos de la Tierra.

MACHINE LEARNING: También llamado aprendizaje automático, es una técnica que permite a los ordenadores aprender a realizar tareas de forma autónoma.

MEIOSIS: Proceso de división de las células reproductoras en el que se reduce a la mitad el número de cromosomas.

METILACIÓN: Modificación epigenética por la que se añade un grupo metilo (-CH3) al ADN. Normalmente la metilación se encuentra asociada al silenciamiento de la expresión génica.

MITOSIS: Proceso de división celular que resulta en la formación de dos células genéticamente idénticas.

MUTACIÓN: Cambio producido aleatoriamente en la secuencia de ADN o en su localización cromosómica. Los sistemas replicativos basados en ARN (como los virus con genoma de ARN y los viroides) también sufren mutaciones en él.

NGS: Siglas en inglés de las técnicas de secuenciación de nueva generación, también llamadas de secuenciación masiva o ultrasecuenciación. Estas tecnologías permiten determinar la secuencia de millones de moléculas de ADN o ARN de forma simultánea.

NUCLEÓTIDO: Monómero que forma el ADN o ARN. Cada nucleótido está compuesto por una base nitrogenada, una molécula de azúcar y un grupo fosfato.

OPTOGENÉTICA: Técnica experimental que combina métodos de ingeniería genética para transferir la información genética necesaria para sintetizar proteínas sensibles a la luz (opsinas) a un grupo específico de neuronas y métodos ópticos (aplicación de luz láser o LED) que estimulen las opsinas. Con esta tecnología se pretende manipular la actividad neuronal al activar o inhibir a voluntad un grupo concreto de neuronas mediante la aplicación de luz de la frecuencia específica que interactúa con las opsinas que comienzan a expresar las neuronas.

PALEOGENÉTICA: Conjunto de tecnologías que permiten estudiar los organismos vivos del pasado a través de material genético conservado en restos antiguos.

PARES DE BASES: Unión de dos bases nitrogenadas. En el ADN las bases nitrogenadas forman pares A-T y G-C, mientras que en el ARN se forman apareamientos A-U, G-C y G-U.

PATÓGENO: Microorganismo capaz de producir enfermedad o daño. ¡No todos los microorganismos lo son!

PCR: Reacción en Cadena de la Polimerasa (por sus siglas en inglés). Técnica de amplificación de ADN que tiene gran número de aplicaciones en biotecnología, incluyendo la detección de regiones específicas en dicho ADN.

PLÁSMIDO: Molécula de ADN con forma circular y capacidad de replicación autónoma. Puede encontrarse de forma natural en algunas células y se hereda de forma independiente a los cromosomas. También se utiliza comúnmente para introducir secuencias de ADN en células.

POLIMERASA: Familia de enzimas capaces de replicar y/o transcribir ácidos nucleicos, tanto ADN como ARN.

POLIPLOIDE: Tipo de célula que contiene en su núcleo más de un par de cromosomas homólogos.

PROMOTOR: Región de un gen que controla el inicio de su transcripción de ADN a ARN.

PROTEÍNA: Macromolécula formada por aminoácidos, que constituye el punto final de la expresión génica (ADN→ARN→proteína).

PROTEÓMICA: Disciplina que estudia las proteínas a gran escala, y las interacciones entre ellas.

QUIMERA: Individuo formado por células con genomas distintos entre sí.

RECESIVO: Alelo cuyas características se encuentran enmascaradas respecto a otro (el dominante).

RECOMBINACIÓN: Proceso mediante el cual una hebra de ADN se corta y empalma con otra molécula de ADN diferente, resultando una molécula de ADN distinta.

REGULACIÓN DE LA EXPRESIÓN GÉNICA: Procesos que determinan cuándo, cómo y dónde se expresan o no un conjunto determinado de genes.

RETROCRUZAMIENTO: Cruce de un descendiente híbrido de primera generación con un individuo cuyo genotipo es muy similar al de uno de los progenitores.

RIBOZIMA: Enzima de ARN.

SECUENCIACIÓN: Técnica o técnicas que permiten determinar la secuencia de una región específica de ADN, ARN o proteínas.

SECUENCIOTIPO: Clasificación basada en secuenciar varios fragmentos de genes que se utiliza en microbiología para distinguir «grupos» dentro de una especie.

SILENCIAMIENTO GÉNICO: Conjunto de mecanismos que impiden la expresión de un gen o conjunto de genes determinados.

SNP: Polimorfismo de nucleótido único (por sus siglas en inglés). Hace referencia a una mutación en la secuencia de ADN que afecta a un único nucleótido en una secuencia determinada.

TAXONOMÍA: Disciplina que estudia los principios, métodos y fines de la clasificación de los organismos vivos. La taxonomía clasifica a los seres vivos de una manera ordenada y jerarquizada rigiéndose por un sistema universal y consensuado. Existen muchas categorías (Dominio, Phylum, Clase, Superorden, Orden, Superfamilia, Familia, Tribu, Género y Especie), si bien la categoría taxonómica fundamental es la especie, que ofrece el taxón discreto más pequeño y claramente definido. Las especies siguen la nomenclatura binomial introducida por Carlos Linneo, en la que cada especie queda designada por un «nombre genérico» que pueden compartir varias especies del mismo género (*Homo*, en el caso humano), y el «adjetivo específico» que hace alusión a alguna característica o propiedad distintiva de la especie (*sapiens*, en el caso humano), quedando *Homo sapiens*.

TELÓMERO: Región situada en los extremos del cromosoma eucariótico formada por secuencias repetitivas de ADN.

TRADUCCIÓN: Conversión de la información genética contenida en el ARNm (procedente del ADN) en proteínas, que se realiza en los ribosomas en función de las equivalencias entre codones y aminoácidos dictadas por el código genético.

TRANSCRIPCIÓN: Transferencia de la información genética contenida en el ADN a una molécula de ARN (ARNm, ARNr o ARNt).

TRANSCRIPTÓMICA: Disciplina que estudia a gran escala el conjunto de transcritos, formados por ARN mensajero y ARN no codificante.

TRANSFERENCIA GÉNICA HORIZONTAL: Intercambio de material genético entre organismos sin que sea de padres a hijos (vertical), sino tomándose del medio, pasando de célula a célula (de especies más o menos próximas entre sí) o transmitiéndose mediante virus. Posee una gran importancia en la evolución de las especies.

TRANSFORMACIÓN GENÉTICA: cambio genético heredable y permanente en una célula u organismo, que es producido por la introducción y establecimiento de un ADN exógeno

TRANSGÉN: Gen transferido de un organismo a otro, ya sea por vía natural o artificial.

TRANSGÉNICO: Organismo en el que se ha introducido un fragmento de ADN de otro organismo mediante técnicas de ingeniería genética.

TRANSLOCACIÓN: Tipo de mutación que consiste en el desplazamiento de una región cromosómica.

TRANSPOSICIÓN: Proceso mediante el cual algunas secuencias del genoma, conocidas como transposones, pueden copiarse o moverse a una posición distinta del genoma.

TRANSPOSÓN: Secuencias genómicas que son capaces de moverse (mediante un proceso de «corta y pega», los denominados transposones de ADN) o copiarse (mediante un proceso de «copia y pega», los denominados retrotransposones) a otra posición del genoma.

VECTOR VIRAL: Virus que se ha modificado *in vitro* para transportar material genético al interior de las células, prescindiendo de su actividad patógena. Estos virus modificados resultan fundamentales para la elaboración de algunos tipos de vacunas.

NOTA BIOGRÁFICA
DE LOS AUTORES

Óscar Huertas Rosales • Licenciado en Bioquímica. Máster en Biotecnología Agroforestal. Máster en Comunicación Científica y Dr. en Microbiología. CEO de la empresa de comunicación y divulgación científica LANIAKEA desde 2016. Coordinador de Desgranando Ciencia desde 2013. Socio de Hablando de Ciencia, Socio de ARP-SAPC, Socio y tesorero de AEC2.

Paula Ruiz Hueso • Licenciada en Biotecnología y Doctora en Biomedicina y Biotecnología. Realizó su tesis en epidemiología genómica dentro del equipo @EpimolG estudiando *P. aeruginosa* resistentes de origen hospitalario y, mientras tanto, se aficionó a divulgarla. Actualmente es Manager del proyecto de SARS-CoV-2 del Servicio de Secuenciación de FISABIO. Es socia de Hablando de Ciencia, miembro de la organización de Desgranando Ciencia desde 2017 y ha participado en diversos proyectos que acercan la ciencia a los más jóvenes.

Rosa Porcel • Doctora en Bioquímica y Biología Molecular. Recibió el Premio Nacional de Investigación en Relaciones Hídricas y ha publicado numerosos artículos sobre la relación planta-microorganismo. Investigadora en el Instituto de Biología Molecular y Celular de Plantas (CSIC-UPV) y profesora en la UPV. Autora del libro *Eso no estaba en mi libro de Botánica* Ed. Guadalmazán (Premio Prismas 2021). Colaboradora habitual en medios de comunicación sobre temas relacionados con la biotecnología vegetal. Premio Antama de divulgación científica. Su cuenta de twitter es @bioamara.

Pedro Morell Miranda • Biólogo, Bioinformático y estudiante doctoral por el Programa de Evolución Humana de la Universidad de Uppsala. Investiga los procesos de domesticación y expansión de las especies domesticadas, con especial énfasis la expansión de las ovejas hacia Europa.

Alex Richter-Boix • Doctor en Biología por la Universidad de Barcelona, especializado en el campo de la ecología evolutiva, combinando la genética de poblaciones con la genética cuantitativa y el trabajo en el campo para entender los procesos de adaptación y diferenciación de las poblaciones de animales silvestres. Tras haber viajado por diversos países buscando ranas y tritones, en la actualidad ha vuelto a Barcelona donde colabora en el proyecto de ciencia ciudadana Mosquito Alert.

Víctor García Tagua • Doctor en Biología, concretamente en Biología Molecular y Genética por la Universidad de Sevilla. Actualmente investigador en la Universidad de La Laguna, tras haber pasado por varios centros de investigación del CSIC anteriormente, aunque el futuro del científico no sabe dónde le puede llevar. Como miembro de Hablando de Ciencia, ha participado en varias y organizado todas las ediciones de Desgranando Ciencia y ha participado en diversos eventos divulgativos como el Pint of Science, La Noche de los Investigadores o la MacaroNight.

Adrián Villalba • Doctor en Inmunología y divulgador. Anteriormente ha escrito dos libros de divulgación: *Atrapats!* y *Madre no hay más que una*. También ha conducido el podcast VillaCiencia y escribe una columna semanal con el mismo nombre en Substack. Actualmente combina divulgación e investigación como científico del Institut Cochin de París.

CARLOS ROMÁ MATEO • Profesor del Departamento de Fisiología en la Facultad de Medicina y Odontología de la Universitat de València. Desarrolla su investigación en el laboratorio de Fisiopatología de las Enfermedades Raras (INCLIVA-CIBERER), buscando nexos de unión entre la señalización intracelular y los mecanismos de regulación epigenética que entrelazan las patologías minoritarias con otras enfermedades de mayor prevalencia. Es redactor en la revista Principia y guionista del cómic de divulgación OOBIK junto al ilustrador Gerardo Sanz.

GUILLERMO PERIS RIPOLLÉS • Doctor en Ciencias Químicas y profesor del Departamento de Lenguajes y Sistemas Informáticos de la Universitat Jaume I de Castellón. Actualmente centra su investigación en bioinformática, en colaboración con el grupo de Biología de Retroelementos del Centro de Genómica y Oncología (Genyo) de Granada, analizando la influencia de elementos genéticos móviles y microRNA en diversos tipos de tumores y en el síndrome 22q11. Escribe artículos sobre genética en la plataforma de divulgación científica Naukas.

ISABEL LÓPEZ CALDERÓN • Catedrática de Genética jubilada. Licenciada y Doctora en Biología por la Universidad de Sevilla, realizó estancias postdoctorales en las Universidades de Berkeley y Oxford. Implicada durante más de 40 años en la enseñanza de la Genética molecular y la clásica, y de Ética en la investigación e implicada en la divulgación en estas materias. Su actividad científica está centrada en la manipulación genética de levaduras de uso industrial. Ha participado activamente en gestión universitaria.

Conchi Lillo • Bióloga, Doctora en Neurociencias y profesora titular de la Facultad de Biología de la Universidad de Salamanca. Investiga patologías visuales en el Instituto de Neurociencias de Castilla y León y el Instituto de Investigación Biomédica de Salamanca y es directora del Servicio de Microscopía Electrónica de la USAL. Es socia de la Asociación de Mujeres Investigadoras y Tecnólogas (AMIT) y de la Asociación Española de Comunicación Científica (AEC2) y en la actualidad es vocal de la Sociedad Española de Neurociencias.

Ignacio Crespo • Médico y divulgador científico. Coordina la sección de ciencia del diario La Razón, tanto en su web como en la versión impresa. Asimismo, dirige y presenta el podcast Noosfera del mismo diario, colabora con Transmite la SER y con los podcasts *Coffee Break* y *A Ciencia Cierta*. En 2020 publicó *Una Selva de Sinapsis* y actualmente está terminando un máster en Neurociencia Cognitiva y cursando la carrera de Filosofía.

Ana J Cáceres • Conocida en redes como Myles, está a punto de terminar Biología por la UGR, divulga en redes y escribe un poco de todo. Se especializa en mamíferos marinos y su bienestar y conservación.

Sara Robisco Cavite • Ingeniera superior en Informática, especializada en Ingeniería del conocimiento y la información. Es propietaria del blog de turismo científico Viajando con Ciencia, durante la pandemia dirigió el podcast en directo Enciérrate con la Ciencia, además colabora en otras actividades de divulgación científica como Ciencia a la Carta y el podcast *Coffee Break: Señal y ruido*. En sus ratos libres realiza videojuegos que acercan contenido científico a la gente de un modo interactivo, como *Space Explorer*.

CARLOS BRIONES • Doctor en Ciencias Químicas, especialidad en Bioquímica y Biología Molecular. Investigador del CSIC en el Centro de Astrobiología (CSIC-INTA, asociado al NASA Astrobiology Program), dirige un grupo que trabaja sobre el origen y la evolución temprana de la vida, los virus con genoma de ARN y el desarrollo de biosensores con aplicaciones en biotecnología o astrobiología. Tiene amplia experiencia en divulgación científica como organizador de ciclos, conferenciante, autor de libros y colaborador en medios de comunicación.

CIRENIA ARIAS BALDRICH • Ilustradora científica. Doctora en Biología Molecular (Universidad de Sevilla) con extensa experiencia internacional como investigadora postdoctoral en los campos de genética y bioinformática, ayuda a instituciones y otros investigadores a comunicar la ciencia de una forma visual mediante el proyecto @ CireniaSketches, acercando al público temas tan diversos como la paleoecología, biomedicina o conservación e ilustrando numerosas conferencias científicas y eventos de divulgación en diferentes países. Además, imparte cursos especializados y ponencias para promover la comunicación científica de forma gráfica.

Otros títulos en
Libros en el **Bolsillo**

Eso NO ESTABA
en mi LIBRO *de*

BOTÁNICA

ROSA PORCEL

@bioamara

Complejas, atrevidas, sensibles e
incluso apasionadas, las plantas
son las grandes olvidadas pese a
que sin ellas no podríamos vivir.
Descubre sus grandes proezas,
sus formas más curiosas, sus
comportamientos más feroces... y
cómo han influido en la Historia.

Desde el caucho a la morfina, un fabuloso recorrido
por la ciencia y la historia de las sustancias más letales
y provechosas de la crónica de la humanidad.

DROGAS
FÁRMACOS
y VENENOS

por

DAVID SUCUNZA

Eso NO ESTABA *en mi* LIBRO *de* HISTORIA *de los* DINOSAURIOS

por

FRANCESC GASCÓ LLUNA

¿Sabías que los dinosaurios han sido protagonistas de relatos de ficción desde hace más de un siglo? ¿Y que se han usado de manera recurrente como reclamo publicitario desde hace décadas?

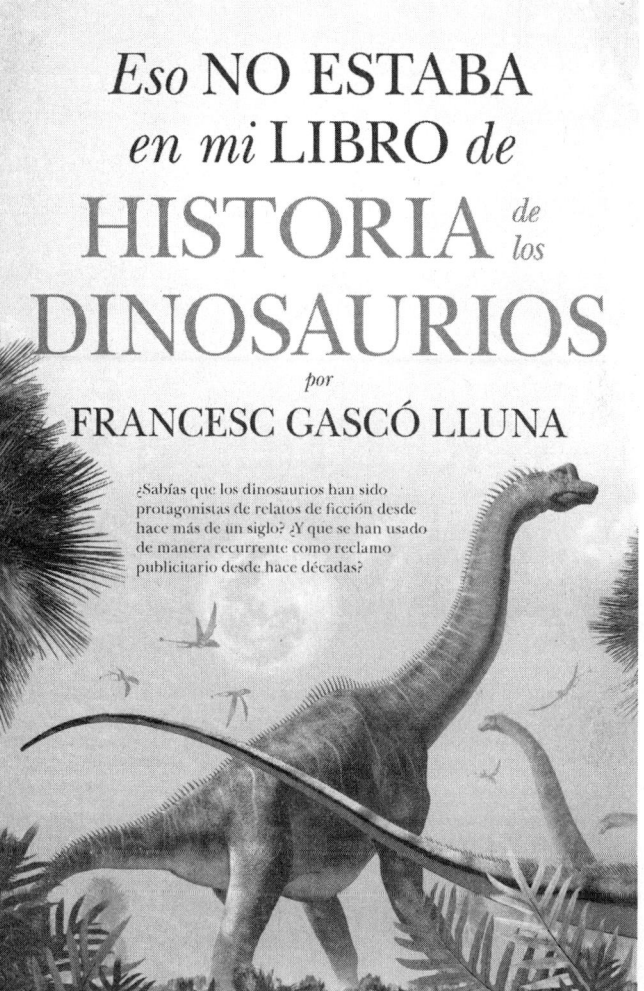

VICENTE MEAVILLA

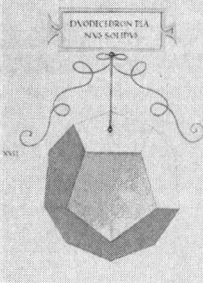
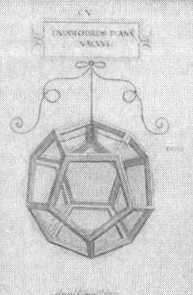

APRENDIENDO
MATEMÁTICAS
con los GRANDES MAESTROS

Conoce como se descifraron los grandes enigmas de las Matemáticas de la mano de Euclides de Alejandría, Savasorda, Fibonacci, Stevin, Descartes, Fermat, Pascal, Newton, L'Hôpital, Saunderson, Maclaurin, Euler... y muchos más.

La
INTELIGENCIA
de *los* BOSQUES

UN VIAJE CIENTÍFICO AL CORAZÓN DEL BOSQUE:
ESTRATEGIAS, BIOLOGÍA E HISTORIAS DEL FABULOSO
ECOSISTEMA DONDE REINAN LOS ÁRBOLES

Por el ingeniero forestal y naturalista
ENRIQUE GARCÍA GÓMEZ

De la fuerza del RAYO a la HÉLICE de la vida

Científicas

por

JORGE BOLÍVAR

Del autor de
*El HUEVO
de DINOSAURIO*
*y La SONRISA
del ÁTOMO*

LA APASIONANTE
HISTORIA DE LAS
MUJERES DETRÁS
DE LOS GRANDES
DESCUBRIMIENTOS
DE LA CIENCIA

PREMIO
PRISMAS
Casa de las Ciencias
DIVULGACIÓN
CIENTÍFICA